浙江省重点教材建设项目
高等职业教育园林园艺类专业系列教材

园林硬质景观施工技术

主　编　张金炜
副主编　陆清水　沈国庆
参　编　李耀健　牟少华　吴立威
　　　　曾　科　黄　艾　潘　良
主　审　祝志勇

机械工业出版社

本书分为六大项目，系统介绍了土方工程施工、硬质铺地工程施工、假山工程施工、水景工程施工、园林建筑小品工程施工、照明及给水排水工程施工。所编内容是根据编者多年的实际工程施工经验，从典型的施工工作流程、学习操作步骤、考核与评价到知识链接，最后附上工程案例，表现形式一目了然，易于理解，可作为高职高专园林工程技术专业、园林技术专业及相关专业学生的学习用书；同时，也可以作为园林施工单位技术人员、园林工程施工人员考证及相关岗位培训学习的参考用书。

为方便教学，本书配有电子课件，凡使用本书作为教材的教师可登录机械工业出版社教材服务网 www. cmpedu. com 注册下载。咨询邮箱：cmp-gaozhi@ sina. com。咨询电话：010-88379375。

图书在版编目（CIP）数据

园林硬质景观施工技术/张金炜主编. —北京：机械工业出版社，2012. 8
（2026. 1 重印）
高等职业教育园林园艺类专业系列教材
ISBN 978-7-111-39102-9

Ⅰ. ①园…　Ⅱ. ①张…　Ⅲ. ①园林-工程施工-高等职业教育-教材
Ⅳ. ①TU986. 3

中国版本图书馆 CIP 数据核字（2012）第 152552 号

机械工业出版社（北京市百万庄大街 22 号　邮政编码 100037）
策划编辑：覃密道　责任编辑：覃密道　陈将浪
版式设计：纪　敬　责任校对：刘秀芝
封面设计：马精明　责任印制：单爱军
北京盛通数码印刷有限公司印刷
2026 年 1 月第 1 版第 7 次印刷
184mm×260mm · 13. 5 印张 · 331 千字
标准书号：ISBN 978-7-111-39102-9
定价：38. 00 元

电话服务　　　　　　　　　网络服务
客服电话：010-88361066　　机　工　官　网：www. cmpbook. com
　　　　　010-88379833　　机　工　官　博：weibo. com/cmp1952
　　　　　010-68326294　　金　　书　　网：www. golden-book. com
封底无防伪标均为盗版　　机工教育服务网：www. cmpedu. com

前　言

在《关于全面提高高等职业教育教学质量的若干意见》文件的指导下，宁波城市职业技术学院展开了项目课程的建设，大力推行工学结合，积极与企业合作开发课程，根据技术领域和职业岗位（群）的任职要求，参照相关的职业资格标准，改革课程体系和教学内容。“园林硬质景观施工技术”作为园林工程技术专业和园林技术专业的核心课程，不仅需要适应当前职业技术教育的特点，更应该结合生产实际，以培养高素质、复合型的高级技术人才为己任。为此，我们编写了本书。编写人员收集了大量实际工作中经常用到的资料，结合自身实践经历，对本书的课程标准进行了认真细致的研究和讨论，经过了有关行业专家和专业教师的多次论证。在编写过程中力求突出工作中的具体项目和任务，突出硬质景观施工技术的特色，做到概念简要、图表实用，并收集了大量新的施工工艺技术。

本书的内容主要包括园林建设中所涉及的一系列工程技术和施工方法，即土方工程、硬质铺地工程、假山工程、水景工程、园林建筑小品工程、照明及给水排水工程施工等。“园林硬质景观施工技术”是一门实践性很强的课程，它讲授各单项工程的施工技术，包括施工技术流程、工程原理和养护管理，主要侧重点在工程施工技术方面。通过以项目为单元的教学活动，以任务驱动理论与实践一体化，将教、学、做进行一体化组合，从而突出和强化了实践活动，使学生在案例学习和自己的操作训练中掌握园林硬质景观施工技术的基础知识和基本方法。在完成本课程的工作任务中，需要注意贯穿培养诚信、刻苦、善于沟通和合作的品质，树立全面、协作和团结意识，为发展职业能力奠定良好的基础。

本书由宁波城市职业技术学院张金炜主编，参加编写的人员还有宁波清水环境景观设计工程有限公司陆清水；宁波市世纪园林有限公司沈国庆；宁波城市职业技术学院李耀健、吴立威、黄艾；金陵科技学院潘良；丽水职业技术学院曾科；内蒙古扎兰屯林业学校牟少华；全书由张金炜统稿，由宁波城市职业技术学院祝志勇主审。本书在编写的过程中得到了浙江省教育厅、浙江省高职教育农林牧渔类教学指导委员会，以及宁波城市职业技术学院各级领导的大力支持，在此表示由衷地感谢。

由于水平所限，书中缺点和不当之处在所难免，恳请读者批评指正。

张金炜

目　录

前言

项目1　土方工程施工 ········ 1

任务1　土方平衡与调配 ········ 1

任务2　土方工程施工 ········ 20

项目2　硬质铺地工程施工 ········ 31

任务1　园路工程施工 ········ 32

任务2　广场铺装工程施工 ········ 48

项目3　假山工程施工 ········ 65

任务1　天然假山施工 ········ 66

任务2　塑石假山施工 ········ 87

项目4　水景工程施工 ········ 96

任务1　水池工程施工 ········ 97

任务2　驳岸与护坡工程施工 ········ 109

任务3　喷泉工程施工 ········ 118

项目5　园林建筑小品工程施工 ··· 133

任务1　花坛的施工 ········ 134

任务2　园林挡土墙的施工 ········ 143

任务3　亭的施工 ········ 154

任务4　花架的施工 ········ 164

任务5　园桥的施工 ········ 172

项目6　照明及给水排水工程施工 ········ 180

任务1　园林照明工程施工 ········ 181

任务2　园林给水排水工程施工 ········ 189

任务3　园林喷灌工程 ········ 200

参考文献 ········ 209

项目1

土方工程施工

【工作任务】

1. 任务1　土方平衡与调配
2. 任务2　土方工程施工技术

【知识目标】

1. 掌握土方平衡与调配的方法。
2. 熟悉土方工程施工的流程和技术。
3. 了解土方施工中的常见机具。

【技能目标】

1. 会使用方格网法计算公式进行土方工程量计算，并进行土方调配。
2. 能通过地形营造技术对场地进行改造和施工。
3. 能进行土方工程的定点放样。

【教学建议】

1. 基本原理的学习及土方平衡计算与调配图的绘制可在制图一体化教室完成。
2. 土方施工操作在室外专门场地进行。
3. 土方大型施工机具可利用录像和现场观摩进行学习。

在园林工程建设中，涉及的第一项工程就是土方工程。它是在原有地形的基础上，从园林的实用功能出发，对园林地形、地貌、建筑、绿地、道路、广场、管线等进行统筹安排。在进行土方施工前，先要在竖向设计图的基础上进行土方平衡计算，并进行合理的土方调配设计，再通过土方施工形成整个工程的基本轮廓。因此进行土方工程施工主要有两大任务，一是完成土方平衡与调配，二是进行土方施工。

任务1　土方平衡与调配

【技能要求】

1. 会应用方格网法进行土方计算。

2. 会应用估算法、截面法进行土方平衡与调配。

3. 能通过计算结果确定土方最优调配方案，并进行现场施工土方的平衡和调配。

在园林工程施工中，土方工程施工质量的好坏直接影响景观质量和以后的日常维护。通过进行土方工程的计算可以明确地了解园内各部分的挖、填情况及动土量的大小。因此，在土方工程施工前对土方量的计算尤为重要，特别是在建园过程中，地形改造除挖湖堆山的工作外，还有许多大大小小的各种用途的地坪、缓坡地需要平整。土方量计算有许多方法，方格网法是最常见的土方量计算方法。在施工前要进行土方平衡和调配，其目的是在土方运输量或土方运输成本为最低的条件下，确定挖、填区土方的调配方向和数量，从而达到缩短工期和提高经济效益的目的。

【工作流程】

土方平衡与调配流程如图 1-1 所示。

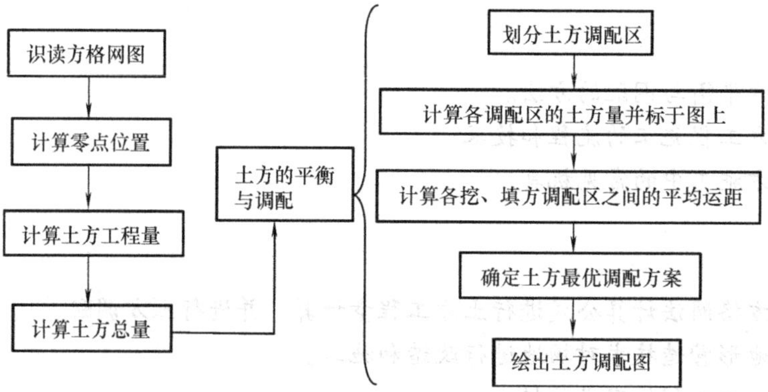

图 1-1　土方平衡与调配流程

【学习与操作】

方格网法是把平整场地的设计工作和土方量计算工作结合在一起进行的，适用于如停车场、集散广场、体育场、露天演出场等场地的土方量的计算。其工作步骤如下：

步骤一：识读方格网图

方格网图由设计单位将场地划分为边长 $a=10\sim40\text{m}$ 的若干方格（一般在 1∶500 的地形图上），与测量的纵、横坐标相对应，在各方格角点规定的位置上标注角点的原地坪标高（H）和设计标高（H_n），如图 1-2 所示。

【提示】 在有等高线的地形图上作方格网，方格各边最好与测量的纵、横坐标系统对应，并对方格及各角点进行编号；然后，将各角点的设计标高和原地形标高分别标注于方格角点的右上角和右下角；再将原地形标高与设计地面标高的差值（即各角点的施工标高）填于方格点的左上角，挖方为“+”、填方为“-”。

其中，原地形标高用插入法求得。方法是：设 H_x 为所求角点的原地面高程（图 1-3），过此点作相临两等高线间最小距离 L。则

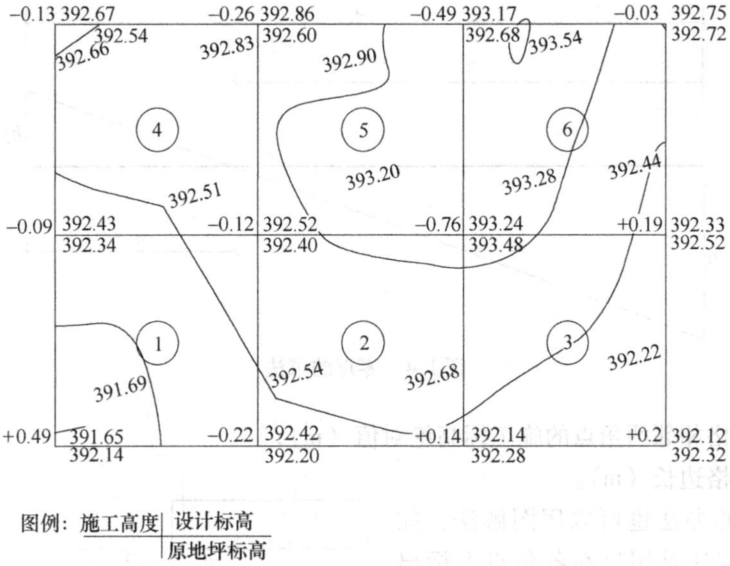

图 1-2　方格网法计算土方工程量（网格 40m×40m）

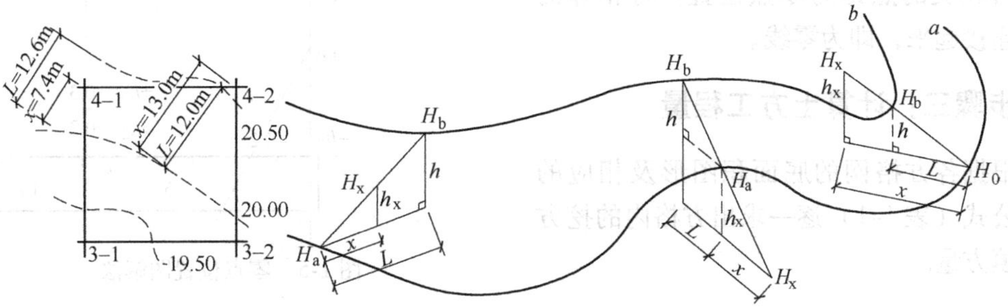

图 1-3　插入法求原地形标高图示（单位：m）

$$H_x = H_a \pm \frac{xh}{L}$$

式中　H_a——低边等高线的高程（m）；

x——角点至低边等高线的距离（m）；

h——等高差（m）。

步骤二：计算零点位置

零点是指不挖不填的点，零点的连线即为零点线，它是填方与挖方的界定线，因而零点线是进行土方计算和土方施工的重要依据之一。要识别是否有零点存在，求出方格的零点并标于方格网上，再将零点相连即可分出挖、填方区域，该连线即为零点线。

零点可通过下式求得（图 1-4）

$$x = \frac{h_1}{h_1 + h_2} \times a$$

式中　x——零点距 h_1 一端的水平距离（m）；

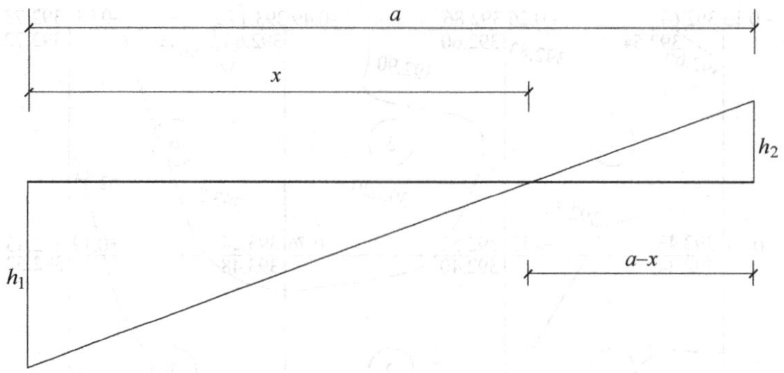

图 1-4　零点的求法

h_1，h_2——方格相邻两角点的施工标高绝对值（m）；

a——方格边长（m）。

确定零点的办法也可以用图解法，如图 1-5 所示。方法是用尺在各角点上标出挖、填方施工高度的相应比例，用尺相连，与方格相交的点即为零点位置。将相邻的零点连接起来，即为零线。

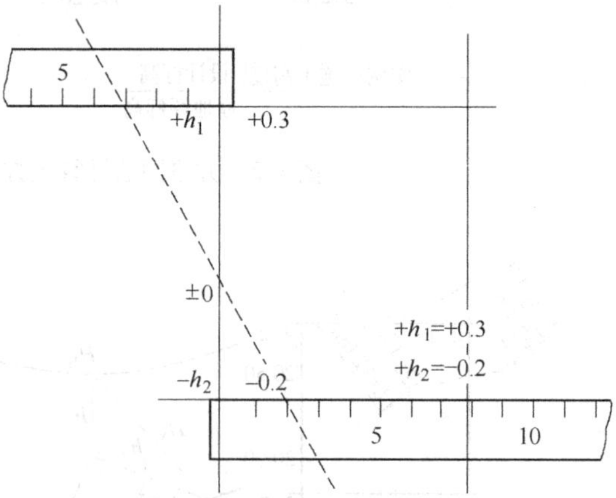

图 1-5　零点位置图解法

步骤三：计算土方工程量

根据各方格网的底面积图形及相应的体积公式（表 1-1）逐一求出方格内的挖方量或填方量。

表 1-1　方格网计算土方量公式

序号	挖填情况	平面图式	立体图式	计算公式
1	四点全为填方（或挖方）时	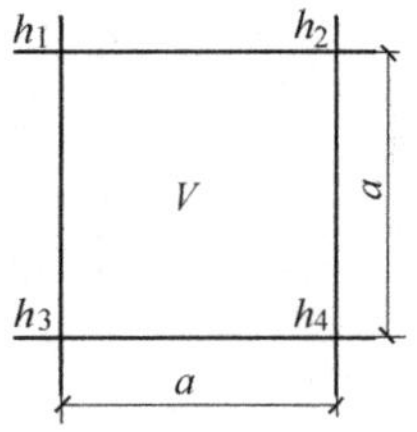	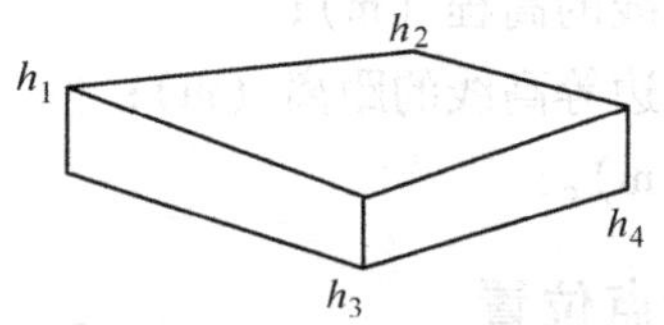	$\pm V = \frac{a^2 \sum h}{4}$
2	两点填方、两点挖方时	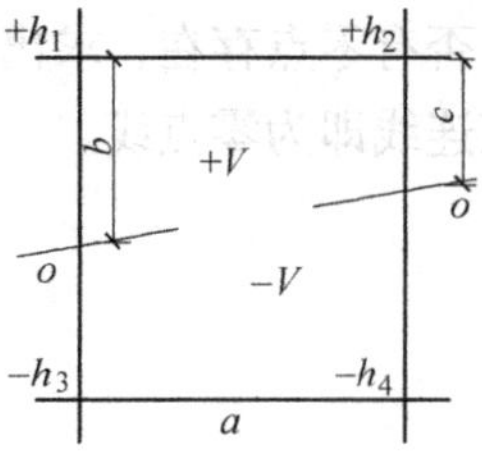	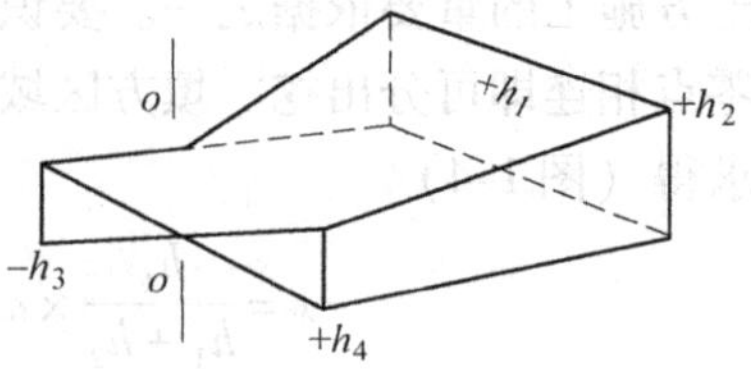	$\pm V = \frac{a(b+c)\sum h}{8}$

（续）

序号	挖填情况	平面图式	立体图式	计算公式
3	三点填方（或挖方）时，一点挖方（或填方）时	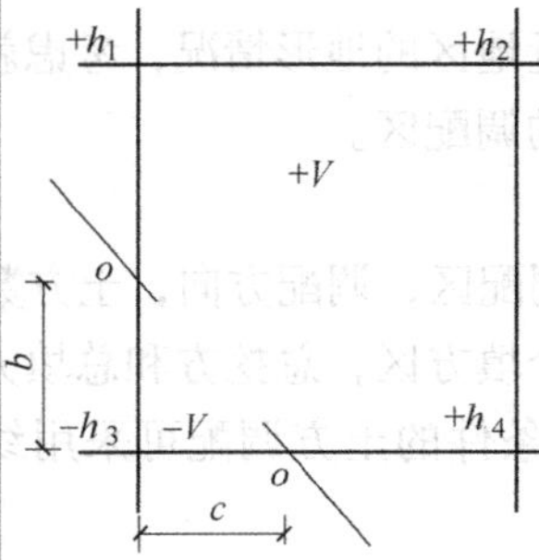	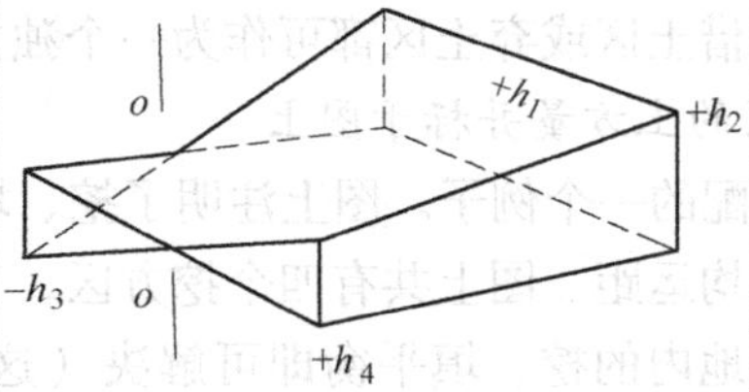	$\pm V=\frac{bc\sum h}{6}$ $\pm V=\frac{(2a^2-bc)\sum h}{10}$
4	相对两点为填方（或挖方），其余两点为挖方（或填方）时	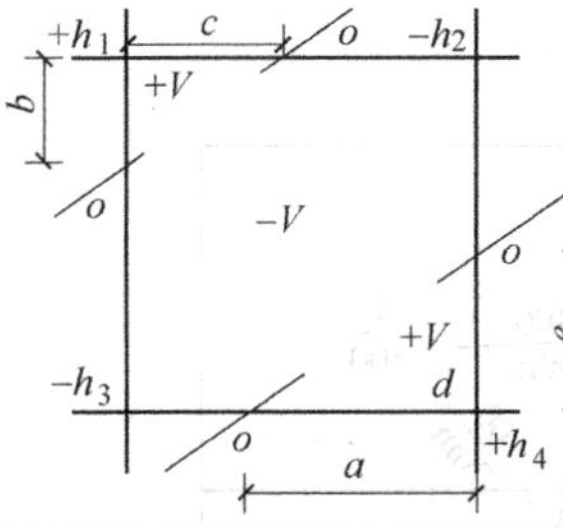	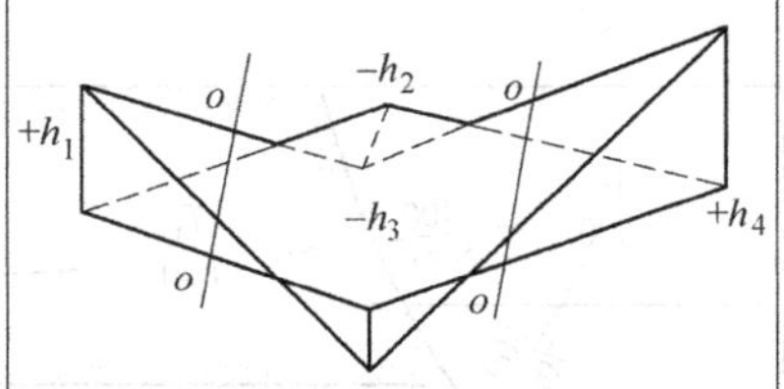	$\pm V=\frac{bc\sum h}{6}$ $\pm V=\frac{de\sum h}{6}$ $\pm V=\frac{(2a^2-bc-de)\sum h}{12}$

注：计算公式中：“+”表示挖方，“-”表示填方。

步骤四：计算土方总量

将填方区所有方格的土方量（或挖方区所有方格的土方量）累加汇总，即得到该场地填方和挖方的总土方量，最后填入土方量汇总表（表1-2）。

表1-2　土方量汇总

方格编号	挖方/m^3	填方/m^3	备注
1			
2			
…			
总计			

步骤五：土方的平衡与调配

土方量计算后，在考虑了挖方时因土壤松散而引起填方中填土体积的增加、地下构筑物施工余土和各种填方工程的用土量之后，整个工程的填方量和挖方量应当平衡。如果发现挖、填方数量相差较大时，则需研究余土或缺土的处理方法，甚至可能修改设计标高。如修改设计标高，则需重新计算土方工程量。

1. 划分土方调配区

先在平面图上画出挖、填方区的分界线，然后在挖、填方区分别画出若干个调配区，确定调配区的大小和位置。

划分调配区时应注意：一是调配区应考虑填方区拟建设施的种类和位置，以及开工顺序和分期施工顺序；二是调配区的大小应满足土方施工机械（如铲运机、挖土机等）的技术要求（如行驶及操作范围等），调配区的面积应与施工段的大小相适应，调配区的范围要与土方工程量计算用的方格网协调，通常可由若干个方格组成一个调配区；三是当土方运距较远或场地范围内的土方调配不能达到平衡时，可根据附近地区的地形情况，考虑就近借土或弃土，此时任意一个借土区或弃土区都可作为一个独立的调配区。

2. 计算各调配区的土方量并标于图上

图1-6是土方调配的一个例子。图上注明了挖、填调配区，调配方向，土方数量及每对挖、填方区之间的平均运距。图上共有四个挖方区，三个填方区，总挖方和总填方相等。土方的调配，仅考虑场地内的挖、填平衡即可解决（这种条件的土方调配可采用线性规划的方法计算确定）。

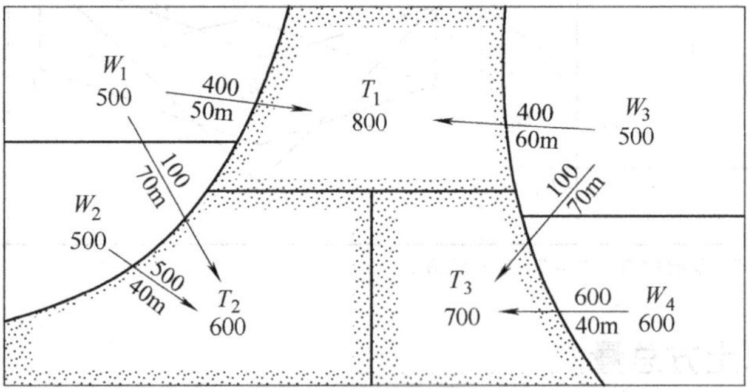

图1-6　土方调配

3. 计算各挖、填方调配区之间的平均运距

各挖方调配区和各填方调配区之间的平均运距，亦即各挖方调配区重心至填方调配区重心之间的距离。

土方调配区之间的平均运距取场地或方格网中的纵、横两边为坐标轴，以一个角作为坐标原点（图1-7），按下式求出各挖方或填方调配区土方重心坐标 x_0 及 y_0

$$x_0 = \frac{\sum (x_i V_i)}{\sum V_i}$$

$$y_0 = \frac{\sum (y_i V_i)}{\sum V_i}$$

式中　x_i，y_i——i 块方格的重心坐标；

V_i——i 块方格的土方量。

填、挖方区之间的平均运距 L_0 为

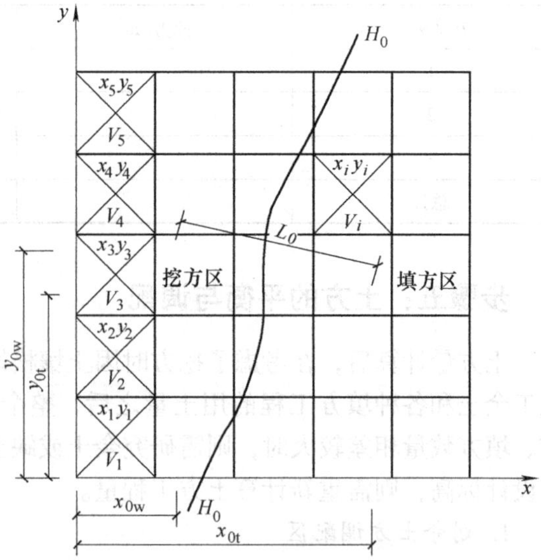

图1-7　土方调配区之间的平均运距

$$L_0 = \sqrt{(x_{0t} - x_{0w})^2 + (y_{0t} - y_{0w})^2}$$

式中 x_{0t}、y_{0t}——填方区的重心坐标；

x_{0w}、y_{0w}——挖方区的重心坐标。

对于平均运距也可采用在图上标出重心坐标后用比例尺量出的方法。一般当填、挖方调配区之间距离较远或运土工具沿工地道路或规定线路运土时，其运距按实际计算。

4. 确定土方最优调配方案

使总土方运输量 W 为最小值，即为最优调配方案，其计算式为：

$$W = \sum_{i=1}^{m} \sum_{j=1}^{n} L_{ij} \cdot x_{ij}$$

式中 L_{ij}——各调配区之间的平均运距（m）；

x_{ij}——各调配区的土方量（m^3）。

5. 绘出土方调配图（图1-6）

根据以上计算，标出调配方向，土方数量及运距（平均运距加上施工机械前进、倒退和转弯所需的最短距离）。

【提示】 在土方调配工作中，应注意掌握以下几点：

1. 充分考虑填土的适用性，如种植区、道路广场区、建筑基础等。
2. 充分尊重设计，不可在园基内随意借土或弃土。
3. 分区调配应与全场调配相协调，避免只顾局部平衡，任意挖填。
4. 土方调配应与地下构筑物的施工相结合。
5. 选择合理的调配方向、运输路线、施工顺序，避免土方运输出现混乱现象，同时要求便于机具调配和机械化施工。

【考核与评价】

单元考核与评价见表1-3。

表1-3 单元考核与评价

考核内容	考核要求与标准（100分）	学生自我评价	教师评价
1. 网格及地形标高的确定	（1）方格各边能与测量的纵、横坐标系统对应，并对方格及各角点进行正确编号（5分） （2）能将各点设计标高和原地形标高分别标注于方格桩点的右上角和右下角，并正确计算原地形标高与设计地面标高的差值（15分）		
2. 零线的确定	能正确地在相邻角点施工高度为一挖一填的方格边线上，用插入法求出零点的位置，将各相邻的零点连接起来即为零线。零线计算值正确（20分）		
3. 土方量计算	能正确地根据各方格网的底面积图形及相应的体积公式求出方格内的挖方量或填方量（20分）		
4. 划分调配区	调配区划分合理，面积与实际相符（20分）		
5. 平均运距	标出调配方向，土方数量及最优化的运距（20分）		

【知识链接】

1. 土方中的相关概念

(1) 园林地形和园林微地形

园林地形是指在一定范围内承载树木、花草、水体和园林建筑等物体的地面。园林微地形是指在一定园林绿地范围内的植物种植地的起伏状况。在造园工程中，适宜的微地形处理有利于丰富造园要素、形成景观层次，进而达到加强园林艺术性和改善生态环境的目的。在规则式园林中，一般表现为不同标高的地坪、层次；在自然式园林中，往往因为地形的起伏，形成平原、丘陵、山峰、盆地等地貌。

(2) 园林地貌和地物

园林地貌是指园林用地范围内的峰、峦、坡、谷、湖、潭、溪、瀑等山水地形外貌。它是园林的骨架，是整个园林赖以生存的基础。地物是指地表面的固定性物体（包括自然形成的物体和人工建造的物体），如居民点、道路、江河、树林、建筑物等。

(3) 地形设计

地形设计又称为竖向设计，是对原有地形、地貌进行工程结构和艺术造型的改造设计。园林地形设计不能局限于原有现状，而要充分体现总体规划的意图，实行必须的工程措施。地形设计的任务是从最大限度地发挥园林的综合功能出发，统筹安排园内各景点、设施和地貌景观之间的关系，使地上设施和地下设施之间、山水之间、园内与园外之间在高程上有合理的关系。图 1-8 所示为某小区中心公园的地形设计。

图 1-8 某小区中心公园的地形设计

(4) 地形图

地形图是按一定比例表示地貌、地物的平面位置和高程的一种正射投影图。其基本特征是：

1) 以大地测量成果作为平面和高程的控制基础，并印有经纬网和直角坐标网，能准确表示地形要素的地理位置，便于目标定位和图上量算。

2) 以航空摄影测量为主要手段进行实地测绘，或根据实测地图编绘而成，内容详细、准确。

3) 地貌一般用等高线表示，能反映地面的实际高度、起伏状态，具有一定的立体感，能满足在图上分析、研究地形的需要。

4) 有规定的比例尺系列。

5) 有统一的图式符号，便于识别、使用。

(5) 等高线

等高线是表示地势起伏的等值线。它是地面上高程相同的各相邻点所连接成的封闭曲线，垂直投影到平面上的图形（图 1-9、图 1-10）。一组等高线不仅可以显示地面的高低起伏，而且还可以根据等高线的疏密和图形判断地貌的形态类型和斜坡的坡度陡缓。因此，熟悉等高线的特性对测绘和应用地形图是非常重要的。等高线的特征通常可以归纳为以下几点：

图 1-9 等高线地貌示意

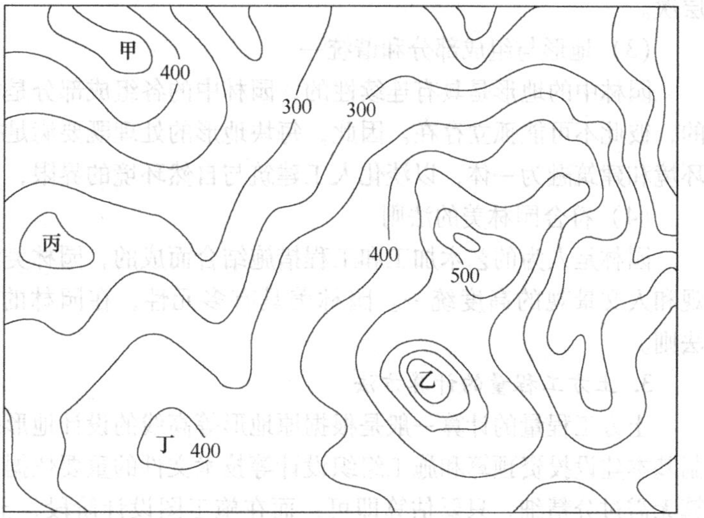

图 1-10 等高线表示地形

1）在同一条等高线上，各点的高程均相等。

2）等高线是闭合曲线，但不一定在一幅图内闭合。

3）在一幅图内，等高线越密，表示地面坡度越陡，反之则缓。

4）除悬崖外，等高线不能相交，也不能重叠，而悬崖、峭壁则用特殊符号表示。

5）等高线与山脊线、山谷线成正交。

（6）土壤的自然倾斜面和安息角

自然堆积的土壤经沉落稳定后，会形成一个稳定的、坡度一致的土体表面，此表面即称为土壤的自然倾斜面。自然倾斜面和水平面的夹角称为土壤的自然倾斜角，即安息角（图 1-11）。

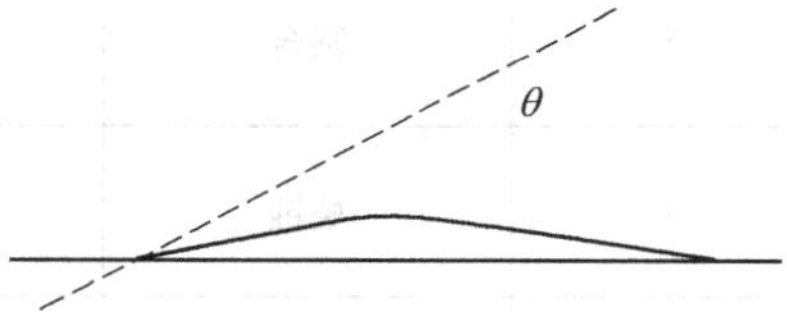

图 1-11 土壤的自然倾斜面和安息角

2. 园林绿地的地形处理原则

园林中的地形可分为陆地及水体两部分。地形的处理直接影响到园林空间的美学特征和人们的空间感受，以及园林的布局方式、景观效果、排水设施等要素。因此，园林地形的处理必须遵循一定的原则。

（1）结合地形，因景得宜，充分体现自然风貌

大自然是最美的景观，结合景点的自然地貌进行地形处理，使人备感亲切。地形处理是造园的基础，也是造园的必要条件。《园冶·兴造论》中："因者：随基势高下，体形之端正，碍木删桠，泉流石柱，互相借姿；宜亭斯亭，宜榭斯榭，不妨偏径，顿置婉转……"，即因不同的地点和环境条件灵活地组景，有山靠山，有水依水，充分攫取自然的美景为我所用。因此，地形的处理对景点的布置起着决定性的作用，在造园前必须进行地形处理。

（2）以小见大，适当造景

地形在高度、大小、比例、尺度、外观、形态等方面的变化可形成丰富的地表特征。在

较大的场景中需要宽阔的绿地、大型草坪或疏林草地来展现宏伟壮观的场景；在较小的区域内，可以从水平和垂直两个方向打破整齐划一的感觉，通过适当的地形处理，创造更多的层次。

（3）地形与组成部分和谐统一

园林中的地形是具有连续性的，园林中的各组成部分是相互联系、相互影响、相互制约的，彼此不可能孤立存在。因此，每块地形的处理既要满足排水及种植要求，又要与周围的环境和建筑融为一体，以淡化人工建筑与自然环境的界限，力求达到自然过渡的效果。

（4）符合园林美的法则

园林是人为的艺术加工和工程措施结合而成的，园林美源于自然又高于自然，是自然景观和人文景观的高度统一。园林美具有多元性，在园林的地形处理中必须遵循园林美的法则。

3. 土方工程量的计算方法

土方工程量的计算一般是根据原地形等高线的设计地形图来进行的，计算所得资料是编制基本建设投资预算和施工组织设计等技术文件的重要依据。在规划阶段，土方工程量的计算无需过分精细，只要估算即可；而在施工图设计阶段，土方工程量的计算则要求比较精确。计算土方工程量的方法很多，除了前面介绍的方格网法，常见的还有估算法和截面法。

（1）估算法

山丘、池塘等形状比较规则，可用相近的几何体体积公式来快速计算，表1-4中所列公式可供选用。此法简便，但精确度较差，多用于估算。

表1-4 估算体积公式

序　号	几何体形状	体　积
1	圆锥	$V=\frac{1}{3}\pi r^2 h$
2	圆台	$V=\frac{1}{3}\pi h({r_1}^2+r_2^2+r_1 r_2)$
3	棱锥	$V=\frac{1}{3}Sh$
4	棱台	$V=\frac{1}{3}h(S_1+S_2+\sqrt{S_1+S_2})$
5	球缺	$V=\frac{\pi h}{6}(h^2+3r^2)$

式中 V——体积；r——半径；S——底面积；h——高；r_1、r_2——上、下底半径；S_1、S_2——上、下底面积

（2）截面法

截面法是以一组等距（或不等距）的相互平行的截面将拟计算的地块、地形单体（如山、溪涧、池、岛、堤、沟渠、路槽等）分截为“段”，分别计算这些“段”的体积。再将各“段”的体积累加，以求得该计算对象的总土方量。

截面法根据其截取截面的方向不同可分为垂直截面法和水平截面法（等高面法）两种。

1）垂直截面法。设每段均为棱台，则每段的体积计算公式如下

$$V=\frac{S_1+S_2}{2}L$$

式中　S_1——棱台的上底面积；

S_2——棱台的下底面积；

L——棱台的高（两相邻截面间的距离）。

此法适用于带状地形单体或土方工程（如带状山体、水体、沟、堤、路槽等）土方量计算（图1-12）。

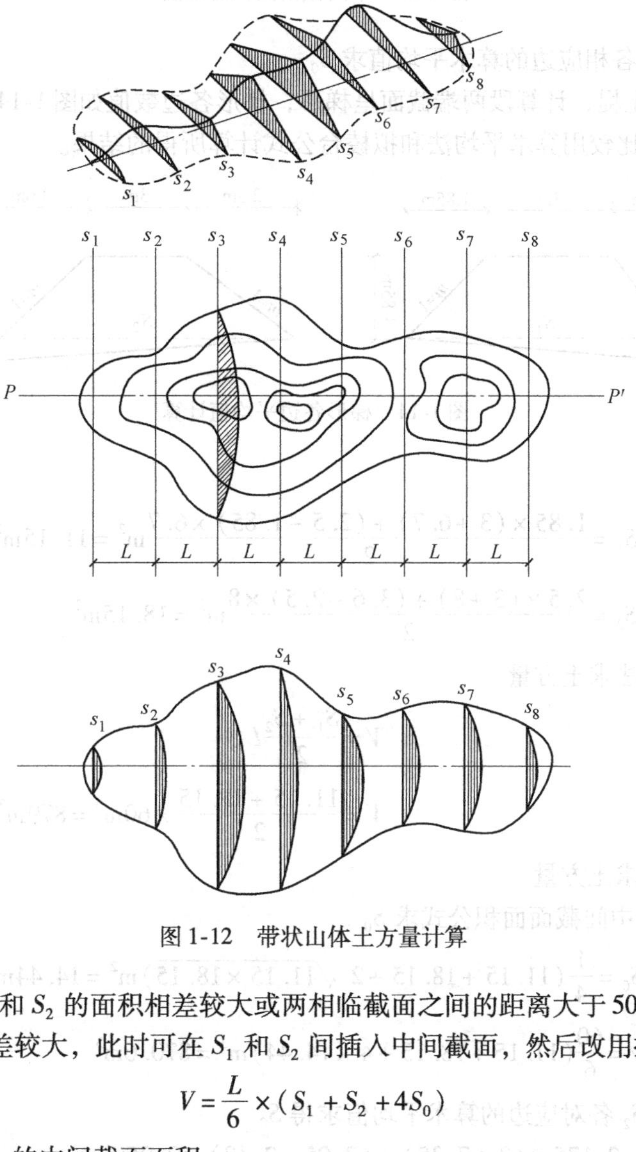

图1-12　带状山体土方量计算

计算中，如 S_1 和 S_2 的面积相差较大或两相临截面之间的距离大于50m时，用算术平均值法计算的结果误差较大，此时可在 S_1 和 S_2 间插入中间截面，然后改用拟棱台公式计算

$$V=\frac{L}{6}\times(S_1+S_2+4S_0)$$

式中　S_0——所插入的中间截面面积，

S_0 的求法有两种：如图1-13所示。

① 求棱台中间的截面面积公式

$$S_0=\frac{1}{4}(S_1+S_2+2\sqrt{S_1S_2})$$

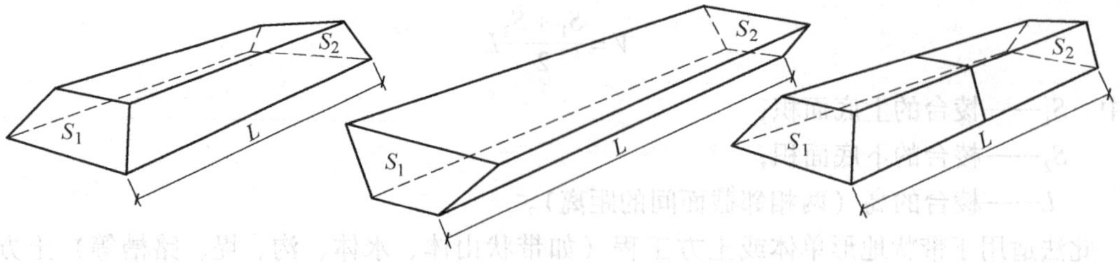

图 1-13　中间截面面积的求法

② 用 S_1 和 S_2 各相应边的算术平均值求 S_0

【例】设有一土堤，计算段两端截面呈梯形，梯形各边数值如图 1-14 所示。两截面之间的距离为 60m，试比较用算术平均法和拟棱台公式计算所得的结果。

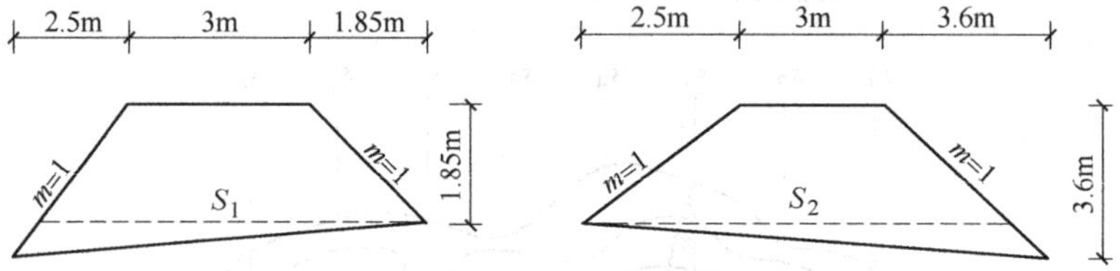

图 1-14　梯形各边平均值计算

先求 S_1、S_2：

$$S_1=\frac{1.85\times(3+6.7)+(2.5-1.85)\times6.7}{2}\text{m}^2=11.15\text{m}^2$$

$$S_2=\frac{2.5\times(3+8)+(3.6-2.5)\times8}{2}\text{m}^2=18.15\text{m}^2$$

用算术平均值法求土方量

$$V=\frac{S_1+S_2}{2}L$$

$$V=\frac{11.15+18.15}{2}\times60\text{m}^3=879\text{m}^3$$

用拟棱台公式求土方量

（1）用该棱台中间截面面积公式求 S_0

$$S_0=\frac{1}{4}(11.15+18.15+2\sqrt{11.15\times18.15})\text{m}^2=14.44\text{m}^2$$

$$V=\frac{60}{6}(11.15+18.15+4\times14.44)\text{m}^3=870.6\text{m}^3$$

（2）用 S_1 及 S_2 各对应边的算术平均值求得 S_0

$$S_0=\frac{2.175\times(3+7.35)+(3.05-2.18)\times7.35}{4}\text{m}^2=14.465\text{m}^2$$

$$V=\frac{(11.15+18.15+4\times14.465)}{6}\times60\text{m}^3=871.6\text{m}^3$$

由上述计算可知，两种计算 S_0 的方式，其所得结果相差无几，而两者与由算术平均值法所得结果相比较，则相差较多。

垂直截面法也可以用于平整场地的土方量计算，如某公园有一地块，地面高低不平，拟整理成一块10%坡度的场地，用垂直截面法求挖、填土方量的计算图示，如图1-15所示。

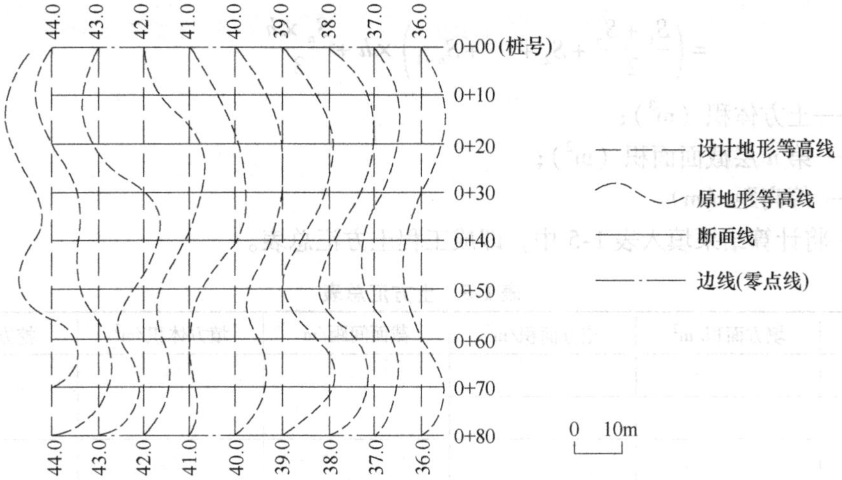

图1-15 垂直截面法求挖、填土方工程量

由此可知，用垂直截面法求土方体积，比较繁琐的工作是截面面积的计算。截面面积的计算方法多种多样，对形状不规则的截面既可用求积仪求其面积，也可用“方格纸法”、“平行线法”或“割补法”等方法进行计算。

2）水平截面法。水平截面法（等高线法）是沿等高线取截面，等高距为两相临截面的垂直距离，如图1-16所示。

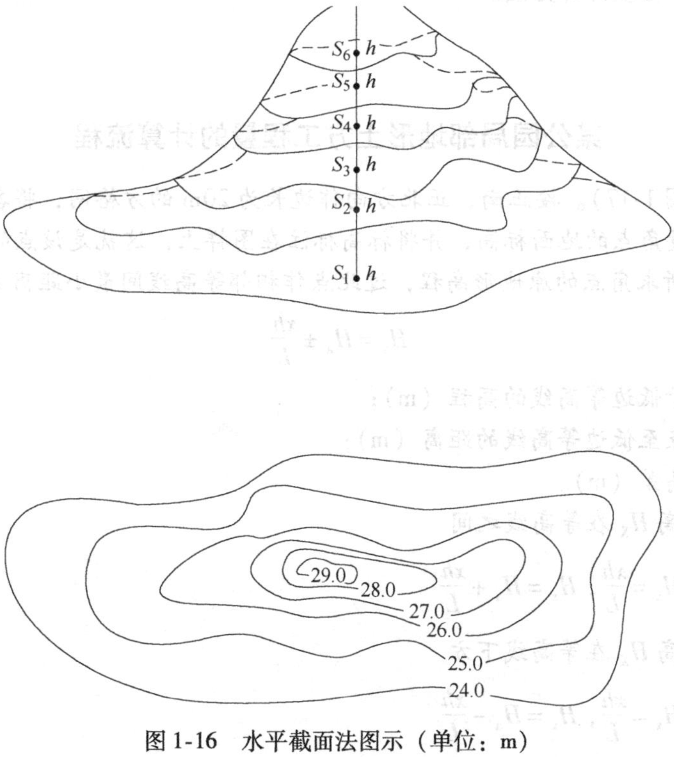

图1-16 水平截面法图示（单位：m）

计算公式如下

$$V=\frac{S_1+S_2}{2}\times h+\frac{S_2+S_3}{2}\times h+\cdots+\frac{S_{n-1}+S_n}{2}\times h+\frac{S_n\times h}{3}$$

$$=\left(\frac{S_1+S_n}{2}+S_2+\cdots+S_{n-1}\right)\times h+\frac{S_n\times h}{3}$$

式中 V——土方体积（m^3）；

S_n——第 n 层截面面积（m^2）；

h——等高距（m）。

最后，将计算结果填入表1-5中，即成工程土方汇总表。

表1-5 土方汇总表

截面	填方面积/m^2	挖方面积/m^2	截面间距/m	填方体积/m^3	挖方体积/m^3
合计					

由于园林设计图样上的原地形和设计地形均用等高线表示，所以水平截面法在园林工程中是很好的土方工程量计算方法。

【工程案例】

某公园局部地形土方工程量的计算流程

作方格网（图1-17）。按正南、正北方向作边长为20m的方格网，将各方格角点测设到地面上，同时测量角点的地面标高，并将标高标注在图样上，这就是该点的原地形标高。

1）设 H_x 为所求角点的原地形高程，过此点作相邻等高线间最小距离 L。

则
$$H_x=H_a\pm\frac{xh}{L}$$

式中 H_a——位于低边等高线的高程（m）；

x——角点至低边等高线的距离（m）；

h——等高差（m）。

① 待求点标高 H_X 在等高线之间

$H_x:h=x:L$，$H_x=\frac{xh}{L}$，$H_x=H_a+\frac{xh}{L}$

② 待求点标高 H_X 在等高线下方

$H_x:h=x:L$，$H_x=\frac{xh}{L}$，$H_x=H_a-\frac{xh}{L}$

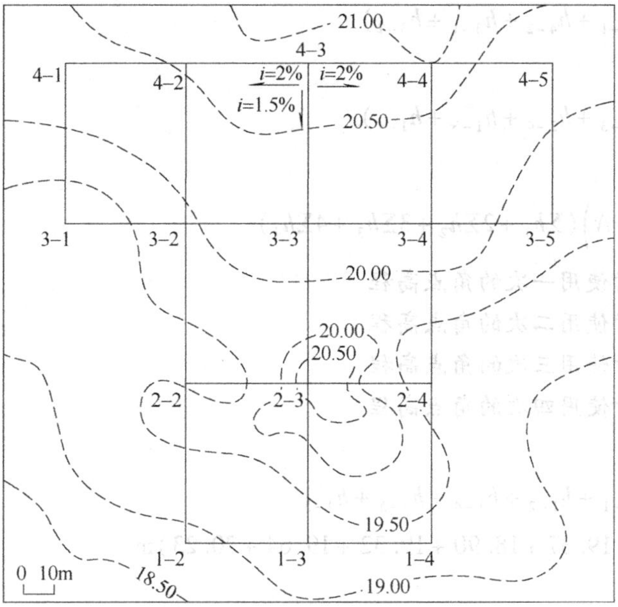

图 1-17 某公园地形上作方格网

③ 待求点标高 H_X 在等高线上方

$H_x : h = x : L$，$H_x = \dfrac{xh}{L}$，$H_x = H_a + \dfrac{xh}{L}$

根据图 1-18，过点 4-1 作相邻等高线之间的最短距离线，得 $L = 12.6\text{m}$，$x = 7.4\text{m}$，等高线高差 $h = 0.5\text{m}$。

$$H_{4-1} = \left(20.00 + \frac{7.4 \times 0.5}{12.6}\right)\text{m} = 20.29\text{m}$$

$$H_{4-2} = \left(20.00 + \frac{13 \times 0.5}{12}\right)\text{m} = 20.54\text{m}$$

同理得：$H_{4-3} = 20.89\text{m}$，$H_{4-4} = 21.00\text{m}$，$H_{4-5} = 20.23\text{m}$，$H_{3-1} = 19.37\text{m}$，$H_{3-2} = 19.91\text{m}$，$H_{3-3} = 20.21\text{m}$，$H_{3-4} = 20.15\text{m}$，$H_{3-5} = 19.65\text{m}$，$H_{2-2} = 19.50\text{m}$，$H_{2-3} = 20.30\text{m}$，$H_{2-4} = 19.39\text{m}$，$H_{1-2} = 18.90\text{m}$，$H_{1-3} = 19.35\text{m}$，$H_{1-4} = 19.32\text{m}$

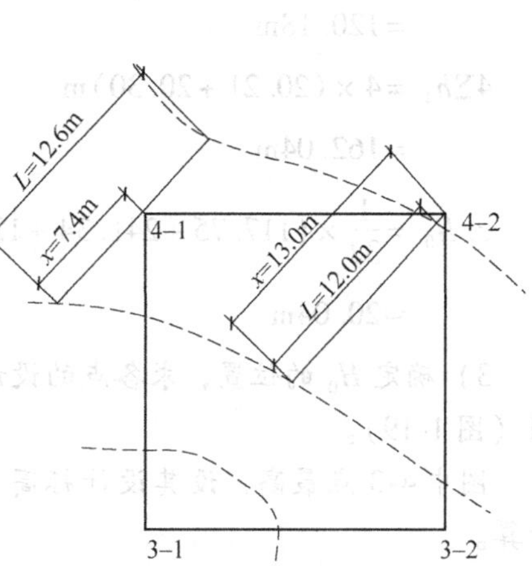

图 1-18 过点 4-1 作相邻等高线之间的最短距离线

2）求平整标高。设平整标高为 H_0

$$V = H_0 N a^2$$

$$H_0 = \frac{V}{Na^2}$$

式中 N——方格数；

a——方格边长（m）。

$$V' = V'_1 + V'_2 + V'_3 + \cdots\cdots + V'_8$$

$V_1' = (a^2/4)(h_{4-1} + h_{4-2} + h_{3-1} + h_{3-2})$

……

$V_8' = (a^2/4)(h_{2-3} + h_{2-4} + h_{1-3} + h_{1-4})$

因为 $V = V'$

简化为 $H_0 = \left(\frac{1}{4}N\right)(\Sigma h_1 + 2\Sigma h_2 + 3\Sigma h_3 + 4\Sigma h_4)$

式中 h_1——计算时使用一次的角点高程

h_2——计算时使用二次的角点高程

h_3——计算时使用三次的角点高程

h_4——计算时使用四次的角点高程

根据题意

$$\Sigma h_1 = h_{4-1} + h_{3-1} + h_{1-2} + h_{1-4} + h_{3-5} + h_{4-5}$$
$$= (20.29 + 19.37 + 18.90 + 19.32 + 19.64 + 20.23)\text{m}$$
$$= 117.75\text{m}$$

$$2\Sigma h_2 = 2 \times (20.54 + 19.50 + 19.35 + 19.39 + 20.89 + 21.00)\text{m}$$
$$= 241.34\text{m}$$

$$3\Sigma h_3 = 3 \times (19.91 + 20.15)\text{m}$$
$$= 120.18\text{m}$$

$$4\Sigma h_4 = 4 \times (20.21 + 20.30)\text{m}$$
$$= 162.04\text{m}$$

$$\therefore H_0 = \frac{1}{32} \times (117.75 + 241.34 + 120.18 + 162.04)\text{m}$$
$$\approx 20.04\text{m}$$

3）确定 H_0 的位置，求各点的设计标高。应用数学分析法按图 1-17 所给条件画成立体图（图 1-19）。

图中 4-3 点最高，设其设计标高为 X，则依据给定的坡向、坡度和方格边长进行后续计算。

点 4-2 在点 4-3 的下坡方向，平距为 $L = 20\text{m}$，设计坡度 $i = 2\%$，则点 4-2 和 4-3 间的高差为 $h = iL = 0.02 \times 20\text{m} = 0.4\text{m}$。

故点 4-2 的假定设计标高为 $X - 0.4\text{m}$，而在纵向方向的点 3-3，其设计坡度为 1.5%，所以该点较 4-3 点低 0.3m，其假定设计标高则为 $X - 0.3\text{m}$，依此类推便可将所有角点的假定标高求出。

$$\Sigma h_1 = X - 0.8\text{m} + X - 0.8\text{m} + X - 1.1\text{m} + X - 1.1\text{m} + X - 1.3\text{m} + X - 1.3\text{m} = 6X - 6.4\text{m}$$

$$2\Sigma h_2 = 2(X - 0.4\text{m} + X - 0.4\text{m} + X - 1.0\text{m} + X - 1.0\text{m} + X - 0.9\text{m} + X)$$
$$= 12X - 7.4\text{m}$$

$$3\Sigma h_3 = 3(X - 0.7\text{m} + X - 0.7\text{m}) = 6X - 4.2\text{m}$$

$$4\Sigma h_4 = 4(X - 0.3\text{m} + X - 0.6\text{m}) = 8X - 3.6\text{m}$$

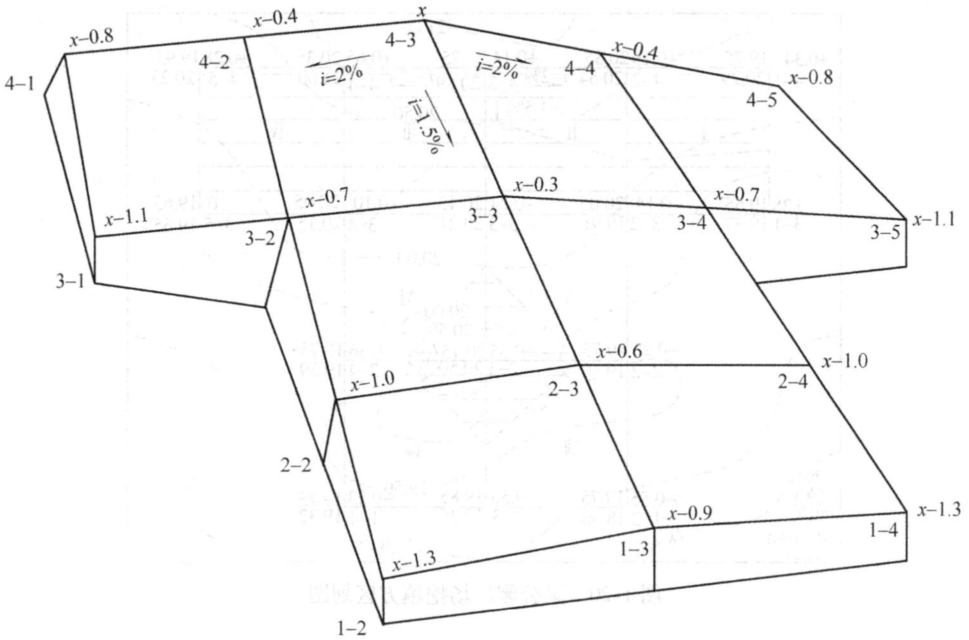

图 1-19 应用数学分析法求 H_0 的位置图示

因为 $H_0 = 1/32(6X-6.4\text{m}+12X-7.4\text{m}+6X-4.2\text{m}+8X-3.6\text{m})$

$= X-0.675\text{m}$

$H_0 = H_0' = 20.04\text{m}$

故 $20.04 = X-0.675\text{m}$

$X \approx 20.72\text{m}$

故各点的设计标高为 $H_{4-1}=19.95\text{m}$，$H_{4-2}=20.35\text{m}$，$H_{4-3}=20.75\text{m}$，$H_{4-4}=20.35\text{m}$，$H_{4-5}=19.95\text{m}$，$H_{3-1}=19.65\text{m}$，$H_{3-2}=20.04\text{m}$，$H_{3-3}=20.45\text{m}$，$H_{3-4}=20.05\text{m}$，$H_{3-5}=19.65\text{m}$，$H_{2-2}=19.75\text{m}$，$H_{2-3}=20.15\text{m}$，$H_{2-4}=19.75\text{m}$，$H_{1-2}=19.45\text{m}$，$H_{1-3}=19.85\text{m}$，$H_{1-4}=19.45\text{m}$，如图 1-20 所示。

4）求施工标高。施工标高 = 原地形标高 - 设计标高，得数为正数时为挖方，负数时为填方。

各点的施工标高为：$H_{4-1}=+0.34\text{m}$，$H_{4-2}=+0.19\text{m}$，$H_{4-3}=+0.14\text{m}$，$H_{4-4}=+0.65\text{m}$，$H_{4-5}=+0.28\text{m}$，$H_{3-1}=-0.28\text{m}$，$H_{3-2}=-0.14\text{m}$，$H_{3-3}=-0.24\text{m}$，$H_{3-4}=+0.10\text{m}$，$H_{3-5}=0\text{m}$，$H_{2-2}=-0.25\text{m}$，$H_{2-3}=+0.35\text{m}$，$H_{2-4}=-0.36\text{m}$，$H_{1-2}=-0.55\text{m}$，$H_{1-3}=-0.50\text{m}$，$H_{1-4}=-0.13\text{m}$

5）求零点线。零点是指不挖不填的点，零点的连线就是零点线，它是挖方和填方区的分界线，零点线是土方计算的重要依据之一。

相邻两角点，如施工标高值一为正数，另一为负数，则它们之间必有零点存在，其位置可用下式求得（图 1-21）

根据图 1-21 所示

因为 $X/h_1 = (a-X)/h_2$　故 $X = h_1 \cdot a/h_1 + h_2$

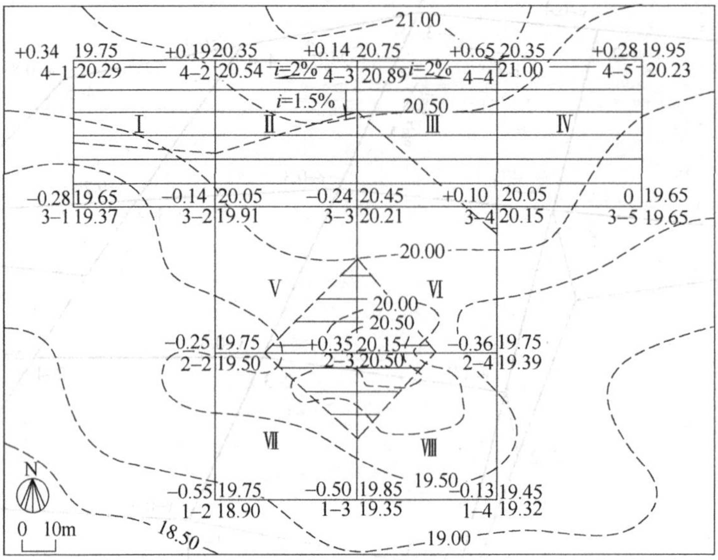

图 1-20　某公园广场挖填方区划图

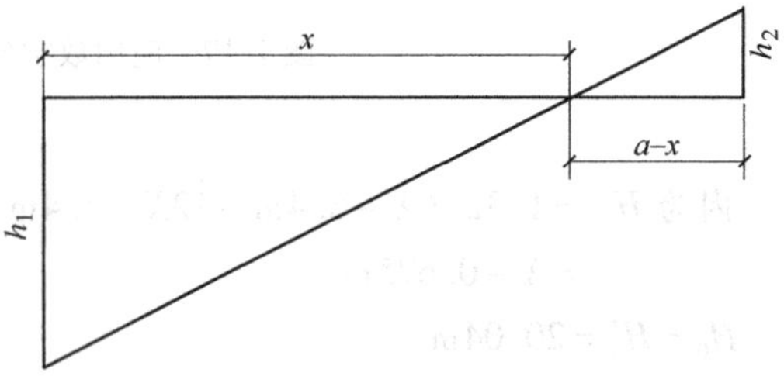

图 1-21　某零点位置图示

式中　X——零点距；

a——一端的水平距离（m）；

h_1，h_2——方格相邻两角点的施工标高绝对值（m）。

以方格Ⅰ的点 4-1 和 3-1 为例，求其零点位置。点 4-1 的施工标高为 +0.34m，点 3-1 的施工标高为 -0.28m，取绝对值代入上式

因为 $h_1=0.34\text{m}$，$h_2=0.28\text{m}$，$a=20\text{m}$

$X_1=0.34\text{m}/(0.34\text{m}+0.28\text{m})\times 20\text{m}\approx 10.97\text{m}$

故零点位于距点 4-1 的 10.97m 处（或距点 3-1 的 9.03m 处）

同理得

$X_2=0.19/(0.19+0.14)\times 20\text{m}\approx 11.52\text{m}$，所以零点位于距点 4-2 的 11.52m 处。

$X_3=0.14/(0.14+0.24)\times 20\text{m}\approx 7.36\text{m}$，所以零点位于距点 4-3 的 7.36m 处。

$X_4=0.24/(0.24+0.1)\times 20\text{m}\approx 14.12\text{m}$，所以零点位于距点 3-3 的 14.12m 处。

$X_5=0.10/(0.10+0.36)\times 20\text{m}\approx 4.35\text{m}$，所以零点位于距点 3-4 的 4.35m 处。

$X_6=0.24/(0.24+0.35)\times 20\text{m}\approx 8.14\text{m}$，所以零点位于距点 3-3 的 8.14m 处。

$X_7=0.25/(0.25+0.35)\times 20\text{m}\approx 8.33\text{m}$，所以零点位于距点 2-2 的 8.33m 处。

$X_8=0.35/(0.35+0.36)\times 20\text{m}\approx 9.86\text{m}$，所以零点位于距点 2-3 的 9.86m 处。

$X_9=0.35/(0.35+0.50)\times 20\text{m}\approx 8.24\text{m}$，所以零点位于距点 1-3 的 11.76m 处。

6）土方计算。在本案例中：方格Ⅰ中两点为挖方，两点为填方

因为 $\pm V=a(b+c)\Sigma h/8$，$a=20\text{m}$，$b=10.97\text{m}$，$c=11.52\text{m}$，$\Sigma h=(0.34+0.19)\text{m}=0.53\text{m}$

所以 $+V=20(10.97+11.52)\times 0.53/8\text{m}^3\approx 29.80\text{m}^3$

$-V=20(9.03+8.48)\times 0.42/8\text{m}^3\approx 18.39\text{m}^3$

方格Ⅱ

$+V=20(11.52+7.37)\times0.33/8\text{m}^3\approx15.58\text{m}^3$

$-V=20(8.48+12.63)\times0.38/8\text{m}^3\approx20.05\text{m}^3$

方格Ⅲ，三点挖方，一点填方

$\pm V=(2a^2-bc)\Sigma h/10$， $\pm V=bc\Sigma h/6$

$+V=(2\times20\times20-7.37\times5.88)(0.14+0.65+0.10)/10\text{m}^3\approx67.34\text{m}^3$

$-V=(12.63\times14.12)\times0.24\text{m}^3\approx7.13\text{m}^3$

方格Ⅳ

$+V=a^2\Sigma h/4=20\times20(0.65+0.10+0.28+0)/4\text{m}^3=103.00\text{m}^3$

方格Ⅴ

$-V=(2a^2-bc)\Sigma h/10=(2\times400-8.33\times8.14)(0.14+0.24+0.25)/10\text{m}^3$

$=46.13\text{m}^3$

$+V=bc\times\Sigma h/6=(11.67\times11.86)\times0.35/6\text{m}^3\approx8.07\text{m}^3$

方格Ⅵ相对两点为挖方，其余为填方时

$+V=bc\Sigma h/6=5.88\times4.35\times0.10/6\text{m}^3\approx0.43\text{m}^3$

$+V=11.86\times9.86\times0.35/6\text{m}^3\approx6.82\text{m}^3$

$-V=(2a^2-bc-de)\Sigma h/12=(2\times400-14.12\times15.65-8.14\times10.14)\times0.6/12\text{m}^3$

$\approx24.82\text{m}^3$

方格Ⅶ

$-V=(2\times400-8.33\times11.76)(0.25+0.55+0.36)/10\text{m}^3\approx81.44\text{m}^3$

$+V=(11.67\times8.24)\times0.35/6\text{m}^3\approx5.61\text{m}^3$

方格Ⅷ

$-V=(2\times400-11.76\times10.14)(0.50+0.13+0.36)/10\text{m}^3\approx67.39\text{m}^3$

$+V=(8.24\times9.86)\times0.35/6\text{m}^3\approx4.74\text{m}^3$

7）绘制土方平衡表及土方调配表（表1-6、表1-7）。土方平衡表和土方调配图是土方施工中必不可少的图样资料，是编制施工组织设计的重要依据。从土方平衡表上可以看清各调配区的进、出土量，调拨关系和土方平衡情况。在调配表上（表1-7）则能更清楚地看到各区的土方盈缺情况，土方的调拨方向、数量及距离。再根据表1-7绘制出土方调配图（图1-22）。

表1-6 土方平衡

方格编号	挖方/m³	填方/m³	备 注
Ⅰ	29.80	18.39	
Ⅱ	15.58	20.05	
Ⅲ	67.34	7.13	
Ⅳ	103.00	0.00	
Ⅴ	8.07	46.13	
Ⅵ	7.25	24.82	
Ⅶ	5.61	81.44	
Ⅷ	4.74	67.39	
合计	241.39	265.35	缺土23.96m³

表 1-7　土方调配

挖方及进土		填方及弃土	填方区	Ⅰ	Ⅱ	Ⅲ	Ⅳ	弃土	总计
			体积/m^3						
挖方区	体积/m^3			84.57	31.95	81.44	67.39		265.35
A	45.38			13.57		31.81			
B	170.34			71.00	31.95		67.39		
C	25.67					25.67			
进土	23.96					23.96			
总计	265.35								

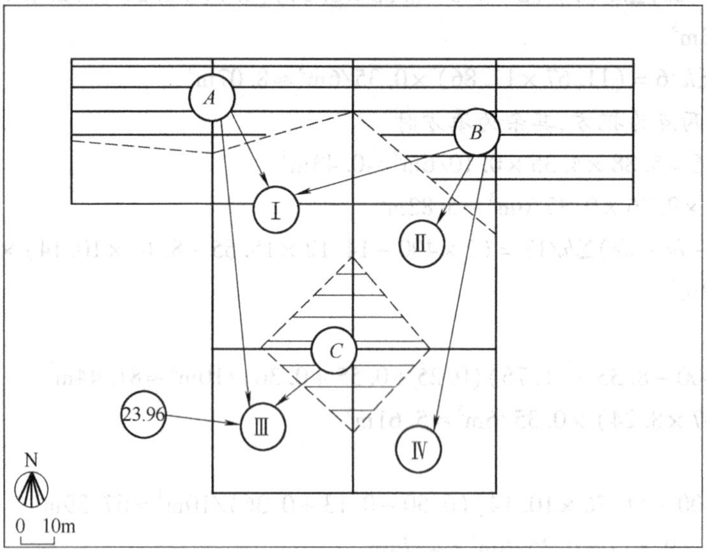

图 1-22　土方调配图

【思考与练习】

1. 怎样灵活运用插入法求角点的原地形标高？
2. 怎样求角点的设计标高？
3. 怎样求解施工标高？
4. 零点线如何确定？
5. 列出各种形状的棱柱体的土方量计算公式。
6. 土方调配与平衡应注意的问题。

任务 2　土方工程施工

【技能要求】

1. 能在施工现场勘察并进行园林工程施工的定点放线。

2. 会进行一般人工挖方和回填。

土方工程是整个园林工程的基础，土方工程施工主要包括挖土工程施工和回填工程施工。土方工程的施工质量直接关系到整个工程项目的生命力及持续性，如种植区域的土方会影响到植物的生长和排水等，所以土方工程是一项比较艰巨的工作。

【工作流程】

土方工程施工流程如图1-23所示。

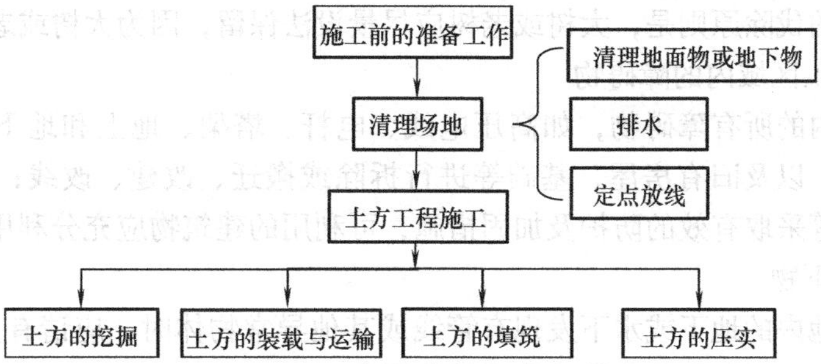

图1-23 土方工程施工流程

【学习与操作】

步骤一：施工前的准备工作

预备工作和组织工作不仅应该先行，而且要做得周全仔细，否则会因为场地大或施工点分散而造成窝工甚至返工，影响工效。施工以前，要做以下工作：

1. 审阅土方工程施工设计图

检查图样和资料是否齐全，核对平面尺寸和标高，图样相互间有无错误和矛盾；掌握设计内容及各项技术要求，了解工程的规模、特点、工程量和质量要求；熟悉地质情况、水文勘察资料；会审图样，搞清构筑物与周围地下设施或管线的关系；研究开挖程序，明确各工序间的配合关系、施工工期要求，并向施工人员进行技术交底。

2. 收集与施工现场有关的资料

摸清工程场地的情况，收集施工需要的各项资料，包括施工场地的地形、地貌、地质条件、水文条件、气象、运输道路、植被、邻近建筑物、地下基础、管线、电缆坑基、防空洞、地面上施工范围内的障碍物和堆积物状况，供水、供电、通信情况，防洪排水系统等，以便为施工规划和准备提供可靠的资料和数据。

3. 编制施工方案

研究制定现场场地整平、土方开挖施工方案；绘制施工总平面布置图和土方开挖图，确定土方开挖的路线、顺序、范围、底板标高、边坡坡度、排水沟水平位置，以及土方存放地点；提出施工机具、劳力及推广新技术的专项计划；如是深开挖还应提出边坡支护及保护方案和降水方案。

步骤二：清理场地

1. 清理地面物或地下物

在施工范围内，凡有碍工程的开展或影响工程稳定的地面物或地下物都应进行清理，如不需要保留的树木、废旧建筑物或地下构筑物等。

（1）伐除树木

凡土方开挖深度不大于50cm或填方高度较小的土方施工，现场及排水沟中的树木必须连根拔除；清理树墩时，除用人工挖掘外，直径在50cm以上的大树墩可用机械挖除或用爆破法清除。树木的伐除原则是，大树或老树应尽量设法保留，因为大树或老树非常难得。

（2）清除施工区域内的障碍物

将施工区域内的所有障碍物，如高压电线、电杆、塔架、地上和地下管道、电缆、坟墓、树木、沟渠，以及旧有房屋、基础等进行拆除或搬迁、改建、改线；对附近原有建筑物、电杆、塔架等采取有效的防护及加固措施，可利用的建筑物应充分利用。

（3）检查地下物

假如施工场地内的地下或水下发现有管线或其他异常物体时，应请有关部门协同查清，未查清前不可动工，以免发生危险或造成其他损失。

2. 排水

场地积水不仅不便于施工，而且会影响工程质量，在施工之前，应设法将施工范围内的积水或水位过高的地下水排走。

（1）排除地面积水

在施工前，根据施工区的地形特点在场地四周挖好排水沟（在山地施工时，为防山洪危害，应在山坡上方挖设截洪沟），使场地内排水通畅，而且场外的水也不致流入施工场地。在低洼处或挖湖施工时，除挖好排水沟外，必要时还应加筑围堰或防水堤。为了排水通畅，排水沟的纵坡不应小于2%，边坡坡度不应大于1:1.5，宽度及深度不应小于50cm。

（2）地下水的排除

排除地下水的方法有很多，但一般多采用明沟将地下水引至集水井后用水泵排出，此方法简单、经济。一般按排水面积和地下水位的高低来安排排水系统，先定出主干渠和集水井的位置，再定出支渠的位置和数量。因土壤含水量大而要求迅速排水时，支渠间距为1.5m左右，反之可增大间距。

在挖湖施工中，应先挖排水沟。排水沟的深度应深于水体挖深；沟可一次挖掘到底，也可以根据施工情况分层下挖，采用哪种方式可根据出土方向决定。图1-24所示是排水沟挖掘示意图，水体开挖顺序可根据图上*A*、*B*、*C*、*D*、*E*、*F*依次进行。

3. 定点放线

在清理场地之后，为了确定施工范围及挖土或填土的标高，应按设计图样的要求，用测量仪器在施工现场进行定点放线工作。为使施工充分表达设计意图，测设时应尽量精确。

（1）平整场地的放线

用经纬仪将图样上的方格测设到地面上，并在每个交点处立木桩，边界上的木桩根据图样要求设置。木桩的侧面应平滑，并把下端削尖，以便打入土中；桩上应标示出桩号（施工图上方格网的编号）和施工标高（挖土用“+”号，填土用“-”号）。

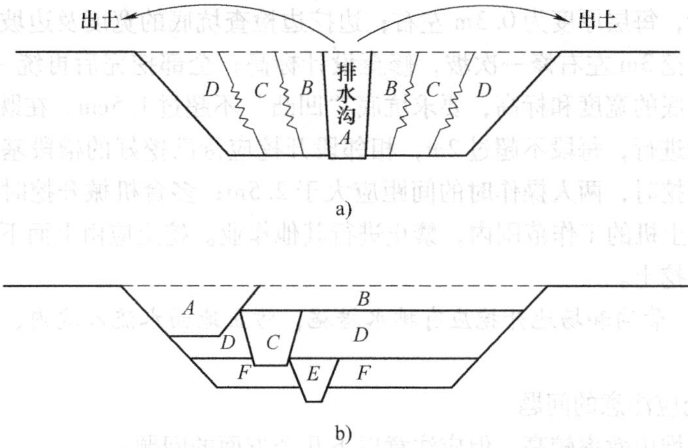

图 1-24 排水沟挖掘示意
a）排水沟一次挖到底，双向出土挖掘施工示意 b）排水沟分层挖掘，单向出土挖掘施工示意

(2) 自然地形的放线

挖湖堆山时，应首先确定堆山或挖湖的边界线，但把这样的自然地形测设到地面上去是较难的，特别是在缺乏永久性地面物的空旷地上。在这种情况下，应先在施工图上画出方格网，再把方格网测设到地面上，然后把设计地形等高线和方格网的交点测设到地面上并打入木桩，木桩上要标明桩号及施工标高。堆山时，由于土层不断升高，木桩可能被土埋没，所以木桩的长度应大于每层填土的高度。土山不高于5m时，可用长竹竿做标高桩，在桩上把每层的标高一次定好。不同层可用不同的颜色标志，以便识别。另一种方法是分层放线、分层设置标高桩，这种方法适用于较高的山体。

挖湖工程的放线工作和山体的放线工作基本相同，但由于水体挖深一般较一致，而且池底常年隐没在水下，所以对放线工作的要求不是很高；但水体底部应尽可能整平，不留土墩，这对养鱼、捕鱼有利；岸线和岸坡的定点放线应该准确，这不仅因为它是水上部分，有关造景，而且和水体岸坡的稳定有很大关系，为了精确施工，可以用边坡样板来控制边坡坡度。

开挖沟槽时，如采用打桩放线的方法，木桩容易被移动甚至被破坏，从而影响校核工作，所以应使用龙门板代替木桩。龙门板构造简单，使用也方便。每隔30~100m设龙门板一块，其间距根据沟渠纵坡的变化情况而定。板上应标明沟渠中心线的位置，以及沟渠上口、沟底的宽度等。板上还要设坡度板，用坡度板来控制沟渠的纵坡。

步骤三：土方工程施工

土方工程施工包括挖、运、填、压四项内容。其施工方法可采用人力施工，也可采用机械化或半机械化施工，这要根据场地条件、工程量和当地施工条件决定。在规模较大、土方较集中的工程中，采用机械化施工较经济；工程量不大、施工点较分散的工程或因受场地限制不便采用机械化施工的地段，应该采用人力施工或半机械化施工。

1. 土方的挖掘

(1) 挖掘的方法

相邻场地、基坑开挖时，应遵循先深后浅或同时进行的施工顺序；挖土应自上而下、水平、分段分层进行，每层厚度为0.3m左右；边挖边检查坑底的宽度及边坡坡度，不符合要求时及时修整；每挖3m左右修一次坡，修至设计标高；全部挖完后再统一进行一次修坡、清底，最后检查坑底的宽度和标高，要求坑底“凹凸”不超过1.5cm。在既有建筑物的一侧挖基坑应间隔分段进行，每段不超过2m，相邻段开挖应待已挖好的槽段基础完成并回填夯实后进行。人工开挖时，两人操作时的间距应大于2.5m；多台机械开挖时，挖土机的间距应大于10m。在挖土机的工作范围内，禁止进行其他作业。挖土应由上而下、逐层进行，严禁先挖坡脚或逆坡挖土。

【提示】基坑、管沟和场地开挖应有排水措施，防止地面水流入坑内、冲刷边坡，造成塌方和破坏基土。

（2）土方开挖应注意的问题

用推土机挖湖堆山效率较高，但应注意以下几个方面的问题：

1）推土前应识图或了解施工对象的情况。在动工之前应向推土机驾驶员介绍拟施工地段的地形情况及设计地形的特点，最好结合模型，使其一目了然；另外，施工前还要了解实地定点放线的情况，如桩位、施工标高等。这样才能使施工人员得心应手地按照设计意图去塑造地形。这一点对提高施工效率有很大的关系，这一步工作做得好，在修饰山体（或水体）时便可以节省许多资源。

2）注意保护表土。在挖湖堆山时，先用推土机将施工地段的表层熟土（耕作层）推到施工场地外围；待地形整理完毕后，再把表土铺回来。这种方法虽然较麻烦，但对公园的植物生长有很大好处，当有条件时应该采用这种方法。

3）桩点和施工放线要明显。推土机施工时，其活动范围较大，施工地面高低不平，加上进车或退车时驾驶员的视线存在某些死角，所以木桩和施工放线很容易受到破坏。

【提示】土方开挖时应加高木桩的高度，木桩上可做醒目的标志（如挂小彩旗或涂刷明亮的颜色），以引起施工人员的注意。施工期间，施工人员应该经常用测量仪器检查桩点和放线情况，把握全局，以免挖错（或堆错）位置。

2. 土方的装载与运输

对小型基坑，挖掘机可位于一侧抓土装载；对较宽的基坑，则在两侧或四周抓土装载；挖掘机应与基坑边保持一定的距离。土方可直接装车运走，或堆弃在基坑旁，或用推土机推到远处堆放。挖淤泥时，抓斗易被淤泥吸住，应避免用力过猛，以防翻车。挖掘机施工时，一般需加配重。

土方运输是较艰巨的任务，人工运土一般用于短途运输。车运人挑，这在有些局部施工或小型施工中还经常采用。运输距离较长时，最好使用机械化或半机械化运输。不论是车运人挑，还是机械化运输（或半机械化运输），运输路线的组织很重要，卸土地点要明确，施工人员应随时指点，避免混乱和窝工。假如使用外来土垫地堆山，运输车辆应设专人指挥。卸土的位置要准确，禁止乱堆乱卸，以免给下一步施工增加不必要的麻烦，从而浪费人力、物力。

3. 土方的填筑

填土应该满足工程的质量要求，土壤的质量要根据填方的用途和要求进行选择。绿化地段的土壤应满足种植植物的要求；而作为建筑用地时，土壤以要求将来地基的稳定为原则。利用外来土垫地堆山时，应对土质进行检验，劣土及受污染的土壤不应进入园内，以免将来影响植物的生长和危害游人健康。

(1) 人工填土的方法

1) 用手推车运土，使用铁锹、耙、锄等工具进行回填。

2) 从场地最低处开始，由一端向另一端自下而上、分层铺填。采用人工夯实时，每层的虚铺厚度为：砂质土为30cm，粘性土为20cm；采用机械夯实时，每层的虚铺厚度不大于30cm。

3) 深、浅坑相连时，应先填深坑，相平后与浅坑全面分层填夯。如采取分段填筑，交接处应填成阶梯形。墙基及管道回填应在两侧用细土同时均匀地回填与夯实，防止墙基及管道中心线产生位移。

4) 人工夯填土时，宜用60~80kg的木夯或铁（石）夯，由4~8人拉绳，两人扶夯，举高不小于0.5m，一夯压半夯，按次序进行。

5) 较大面积的人工回填应采用打夯机夯实。两机平行时，其间距不得小于3m，在同一夯实路线上，前后间距不得小于10m。

(2) 机械填土的方法

1) 推土机填土的方法如下所示：

① 填土应由下而上、分层铺填，每层的虚铺厚度不宜大于30cm。大坡度堆填土时，不得由上至下、不分层次、一次性堆填。

② 推土机运土回填时，可采取分段堆土、依次运送的方法。分段距离宜为10~15m，以减少运土损失。

③ 土方推至填方部位时，推土机应提起一次铲刀，成堆卸土；然后向前行驶0.5~1m，利用推土机将土刮平。

④ 用推土机来回行驶进行碾压，履带应重叠一半。

⑤ 填土宜采用纵向铺填，从挖土区段至填土区段的距离以40~60m为宜。

2) 铲运机填土的方法如下所示：

① 铲运机铺土时，铺土区的长度不宜小于20m，宽度不宜小于8m。

② 铺土应分层进行，每次铺土厚度不大于30~50cm（根据所用压实机械的型号而定），每层铺土后，利用空车返回时将地面刮平。

③ 一般采取横向或纵向分层卸土，以利于车辆行驶时进行初步压实。

【提示】 大面积填方应分层填筑，一般每层厚度为20~50cm，有条件时应层层压实。在斜坡上填土时，为防止新填土方滑落，应先把土坡挖成台阶状，然后再填方，这样可保证新填土方的稳定。

4. 土方的压实

(1) 人工夯实

人力打夯前应将填土初步整平，打夯要按一定的方向进行，一夯压半夯，夯夯相接，行行相连，两遍纵、横交叉，分层打夯。夯实基槽及地坪时，行夯路线应由四周开始，然后再夯向中间。

用蛙式打夯机等小型机具夯实时，铺土厚度不宜大于25cm；打夯前应对回填土进行初步整平；打夯机应依次夯打，均匀分布，不留间隙。

基坑回填应在相对两侧或四周同时进行回填与夯实。

回填管沟时，应用人工先在管子周围填土夯实，并应从管道两边同时进行，直至管顶

0.5m 以上。在不损坏管道的情况下，方可采用机械进行回填。

（2）机械压实

为保证回填土的均匀性及密实度，避免碾轮下陷，提高碾压效率，在碾压机械碾压前，宜先用轻型推土机或拖拉机将回填土推平，低速预压 4～5 遍，使表面平实；采用振动平碾压实爆破石渣或碎石类土时，应先静压，后振压。

碾压机械作业时，应控制行驶速度。一般平碾、振动碾的速度不超过 2km/h，羊足碾的速度不超过 3km/h，并要控制压实遍数。碾压机械与基础或管道应保持一定的距离，防止将基础或管道压坏或使其产生位移。

用压路机进行压实时，应采用“薄填、慢驶、多次”的方法，铺土厚度应为 25～30cm；碾压方向应从两边逐渐压向中间，碾轮每次重叠宽度为 15～25cm，不得漏压；碾轮距填方边缘应大于 500mm，以防发生溜坡倾倒。边角、边坡等机械不能压实的部位，应辅以人力夯或小型夯实机具夯实。除压实密实度另有规定外，应压至轮子下沉量不超过 2cm 为准。每碾压一层后，应用人工或机械（推土机）将回填土表面拉毛以利于与下层回填土结合。土层表面过干时，应洒水湿润后再继续回填，以保证上、下层结合良好。

使用羊足碾碾压时，填土厚度不宜大于 50cm，碾压方向应从填土区的两侧逐渐压向中心。每次碾压应有 15～20cm 的重叠，同时随时清除粘着于羊足之间的土料。为提高上部土层的密实度，羊足碾压过后，宜辅以拖式平碾或压路机压平压实。

使用铲运机及运土工具进行压实时，铲运机及运土工具的移动应均匀分布于填筑层表面，逐次卸土、碾压。

【提示】如土壤过分干燥，应先洒水湿润后再行压实。在压实过程中应注意以下几点：

（1）压实工作必须分层进行。

（2）压实工作要注重均匀。

（3）压实松土时，夯压工具应“先轻后重”。

（4）压实工作应自边缘开始，逐渐向中间收拢。否则会造成边缘土方外挤，易引起土方塌落。

由于土方工程的施工面积和工程量较大，所以施工组织工作很重要。大规模的土方工程应根据施工力量和条件决定工程是全面展开，还是分区、分期进行。施工现场要有人进行指挥调度，各项工作要设专人负责，以确保工程按计划高质量地完成。

【考核与评价】

单元考核与评价见表 1-8。

表 1-8　单元考核与评价

考核内容	考核要求与标准（100 分）	学生自我评价	教师评价
1. 标高的确定	根据控制点使用测量仪器测量，标高符合设计图样的要求（20 分）		
2. 长度和宽度	由设计中心线向两边量取，符合设计图样的要求（20 分）		
3. 边坡	符合设计要求或规范的规定（20 分）		
4. 表面平整度	人工回填：<30cm，机械回填：<50cm（20 分）		
5. 基底土	符合设计要求或地质勘测报告（20 分）		

【知识链接】

1. 土的分类原则与标准

(1) 土的分类原则

自然界的土类众多，工程性质各异，土的分类体系就是根据土的工程性质将土划分成一定的类别。其目的在于通过一种通用的鉴别标准，以便于在不同土类间进行有价值的比较、评价、积累和学术与经验的交流。目前国内外还没有统一的土的分类标准，一般是根据各自的用途特点和实践经验，制定有各自的分类方法，但一般应遵循下列基本原则：

1) 简明的原则。土的分类体系采用的指标，既要能综合反映土的主要工程性质，又要测定方法简单，使用方便。

2) 工程特性差异原则。土的分类体系采用的指标要在一定程度上反映工程土的不同特性，如粗粒土，其工程性质主要取决于土的颗粒特征，常采用土粒的粒度成分指标进行工程分类；而细粒土，其工程性质则主要取决于土粒与土中水的相互作用，因此一般采用反映土粒与水作用的土的塑性指标。当考虑地基土结构时，则采用土的集合体特征，以成因、地质年代为基础进行土类划分，这是因为土作为整体的存在，是自然历史的产物，土的工程性质随其成因与形成年代不同，而有显著差异。

(2) 土的划分标准

工程土分为一般土和特殊土。一般土包括无机土和有机土，其中无机土包括巨粒土、含巨粒土、粗粒土、细粒土等；特殊土包括黄土、膨胀土、红粘土等。

2. 土的现场描述内容

土的现场描述的主要内容是针对影响其工程性质并反映土的组成、结构、构造和状态的主要特征的。因此，对于各种不同的土，描述的侧重点也有所不同。

(1) 碎石类土的描述

碎石类土应描述碎屑物的成分，指出碎屑是由哪些岩石组成的，碎屑物的一般直径和最大直径，并估计其含量；还应指出碎屑物的形状（其形状可分为圆形、亚圆形、棱角形、次棱角形）及碎屑物的坚硬程度。

当碎石类土有充填物时，应描述充填物的成分，并确定充填物的土类和估计其含量；如果没有充填物时，应研究其孔隙的大小，颗粒间的接触是否稳定等。

碎石类土还应描述其密实度。密实度反映了土颗粒排列的紧密程度，越是紧密的土，其强度越大、结构越稳定，压缩性越小；密实度小的土，则工程性质就相对较差。

(2) 砂土的描述

砂类土应描述其粒径和土中颗粒的含量、颗粒的主要矿物成分及有机质和包含物。当土含有大量有机质时呈黄色，含量不多时呈灰色；含较多氧化铁时呈红色，含量不多时呈黄色或橙黄色。

(3) 粘性土的描述

粘性土应描述其颜色、状态、湿度和包含物。在描述颜色时，应注意其次色，一般记录时应将次色写在前面，主色写在后面，如“黄褐色”，表示以褐色为主色，以黄色为次色。

粘性土的状态是指其在含有一定量的水分时，所表现出来的不同的物理状态（粘稠或稀薄），它说明了土的软硬程度，反映了天然结构受破坏后，土粒之间的连接程度及抵抗外力所引起的土粒移动的能力。土的状态可分为坚硬、硬塑、可塑、软塑、流塑等。野外测定土的状态时，可采用重为70g、尖端为30°的金属圆锥的下沉深度来确定。

3. 土方施工机具

（1）人力施工

施工工具主要是锹、镐、钢钎等，人力施工不但要组织好劳动力，而且要注重安全和保证工程质量。

（2）机械施工

主要施工机械为推土机、挖掘机等。在园林施工中，推土机的应用较为广泛，如在挖掘水体时，以推土机推挖，将土推至水体四周，再运走或堆置地形。

1）挖方工具。推土机（图1-25）是土石方工程施工中的主要机械之一，它由拖拉机与推土工作装置两部分组成。其行走方式有履带式和轮胎式两种，传动系统主要采用机械传动和液压机械传动，工作装置的操纵方法分为液压操纵与机械传动。

图1-25　推土机施工现场

反铲挖掘机是最常见的施工机械，其挖掘方式是向后、向下、强制切土；正铲挖掘机是向前、向上、强制切土，适合在地面以上施工时使用（图1-26）。

图1-26　挖掘机示意

2）常用的压实机具有以下4种：

① 平碾压路机（又称光碾压路机）。平碾压路机按装置形式的不同可分单轮压路机、双轮压路机及三轮压路机等几种；按作用于上层荷载的不同，分为静作用压路机和振动压路机两种。

② 羊足碾。这种压路机具有压实质量好，操作工作面小，机动灵活等优点，但需用拖拉机牵引作业。一般羊足碾适用于压实中等深度的粉质粘土、粉土、黄土等。因羊足会使表面土壤翻松，对于砂、干硬土块及石块等压实效果不佳。

③ 小型打夯机。小型打夯机可分为冲击式和振动式。由于其具有体积小、重量轻、构

造简单、机动灵活、操控和维修方便、夯击能量大、夯实工效较高等优点，所以在建筑工程中使用很广泛，但劳动强度较大。常用的小型打夯机有蛙式打夯机、内燃式打夯机、电动立式打夯机等。小型打夯机适用于粘性较低的土方（砂土、粉土、粉质粘土）回填，以及基坑、管沟和各种零星分散的部位与边角部位的填方的夯实，还可配合压路机对边缘或边角碾压不到之处进行夯实。

④ 平板式振动器。平板式振动器为现场常备机具，体形小，轻便，操作简单，但压实深度有限。其适于小面积粘性土薄层回填土振实，较大面积砂土的回填振实以及薄层砂卵石、碎石垫层的振实。

【工程案例】

某住宅小区土方工程施工方案

该工程的概况是：全长230m，宽120m，总面积大约为27600m^2；总的土石方开挖量为125000m^3，区域内回填土石方总量为90000m^3（实际方量以双方实测数据为准）。

1. 全合同段施工程序及原则

1）首先平整别墅范围内的土石方，给别墅施工留出工作范围；再平整楼房范围内的土石方，同时成型路基；最后平整剩余部分。

2）在土石方正式开挖前，对该段的淤泥和草皮进行清除。在处理过程中采用先机械、后人工的方法进行，在机械无法作业的情况下才用人工进行作业。对填方地段的边坡应先安砌挡土墙，再进行台阶式回填，该步骤应先着手进行。

3）为了平衡挡土墙安砌时间，应先外运多余的土石方，再对剩余土石方进行开挖。

4）回填碾压应与挖运大体同步，当天的填料应当天回填完毕。

5）在土石方量的调配中，符合要求的土才允许使用。土石方调配按就近平衡的原则进行。

6）在距一期的位置和距活水公园陡坡的位置采用预裂爆破的方式进行开挖。

2. 施工方法

因该工程地形高差大，土石方量分布以北面最重，在确保工期的前提下，全范围同时施工。根据各段的特点综合采用如下几种施工方法：

（1）清理与掘出

1）入场后先对图样所示和监理工程师提供的各类清理与掘出物进行现场核对和补充调查，调查资料报监理工程师签字确认。

2）不得清理与掘出合同以外的任何构筑物及树木。

3）根据施工要求和现场的实际情况，分期、分批进行清理与掘出工作。

4）原地面的表土、草皮、树木，应按图样所示或监理工程师的指示深度和范围进行清除，并将弃渣运到指定地点。

5）因场地清理与掘出留下的坑穴，应使用监理工程师同意的材料回填，并压实到同周围土层同样的密实度。

6）场地清理后，应将场地修整、铺平，并压实。

7）场地清理并压实后，须经监理工程师批准方能进行路基填挖。

(2) 人工配合简易机械化施工方法

对淤泥地带，由于地形和陷车影响，采用人工挖排水沟；在草皮清理中，部分区域采用人工进行伐树和除草皮，部分区域考虑人工打眼或葫芦炮爆破作业。

(3) 全机械化施工方法

对土石方量较大且集中的地带、调运距离较长的区域和影响工期的关键部位，凿岩、调运、碾压等全部采用机械化施工。

【思考与练习】

1. 土方工程中常用的机械工具有哪些？挖方机具在实际应用中需要注意哪些环节？
2. 土方工程施工前应做好哪些准备工作？
3. 简述土方工程中施工放样的程序。
4. 土壤夯实过程中需要注意哪些环节？
5. 简述土方工程中机械压实的方法。

项目2

硬质铺地工程施工

【工作任务】

1. 任务1　园路工程施工
2. 任务2　广场铺装工程施工

【知识目标】

1. 了解园路及广场铺装的结构，能识读施工图。
2. 知道园路及广场工程的施工放样原理。
3. 掌握场地平整和找坡技术，了解地面铺设施工工序并掌握操作工艺。
4. 了解面层石料的品种、规格，掌握不同铺装面层的施工处理方法，了解铺装质量的验收方法。

【技能目标】

1. 会进行园路及广场工程的施工放样。
2. 能合理安排园路施工。
3. 能独立铺设地面基层。
4. 会使用不同面层的施工工艺。

【教学建议】

1. 园林硬质铺地工程的教学应结合学校的实地训练场地完成施工操作过程，可分成几组施工队分别完成不同类型的硬质铺地工程的施工。
2. 现场操作基础垫层施工部分应以碎石和砂为主，取代混凝土基础；面层施工部分可以用砂代替水泥砂浆或采用干铺法施工，以利于资源再次利用。
3. 组织学生实地参观考察其他类型的硬质铺地工程，以便学生灵活掌握不同类型的施工技术。

园林硬质铺地工程在整个园林硬质工程中占主要部分。在总体布局上，铺装地面需要在尺度和特性上相互连接成一体，在视觉上统一起来。园林硬质铺地工程项目重点讲述其中的园路、广场等工作任务的施工技术。

任务1　园路工程施工

【技能要求】

1. 能根据图样进行园路的施工放样。
2. 会垫层、混凝土基层处理的施工工艺和侧石的安装工艺。
3. 会块料铺装、碎料铺装面层的施工工艺。
4. 会红砖及六方石台阶的施工方法。

园路工程施工是在园林中确定园路布局及园路结构的过程，是园林总体施工的一个重要组成部分。园路工程的重点在于控制好施工面的高程，并注意与园林其他设施在高程上相协调。施工中，园路路基和路面基层的处理只要达到设计要求的牢固和稳定性即可，而路面面层的施工，则要求更加精细，更加强调对质量的要求和艺术效果。

【工作流程】

园路施工流程如图2-1所示。

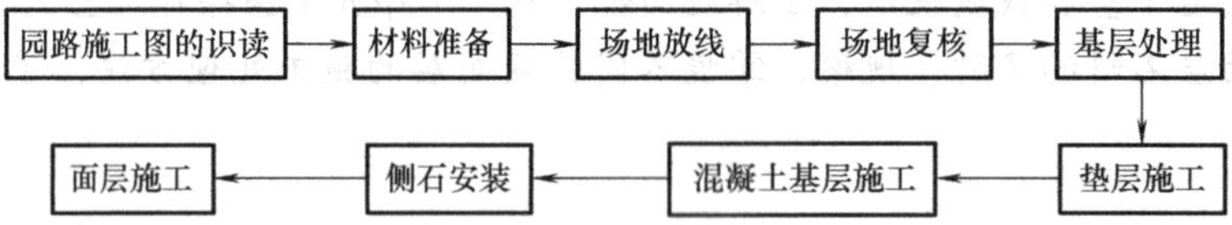

图2-1　园路施工流程

【学习与操作】

步骤一：园路施工图的识读

根据施工图样（图2-2、图2-3）分析，园路的主要路面材料有花岗石、洗米石、卵石、面包砖等。园路结构需要根据路面材料进行选择。识图时，针对园林平面图先找出用细点画线在现状地形图上标出的道路中心线及桩号、转角点；然后再找出用粗实线标出的道路红线（即边线）、人行道与车行道的分界线，以及用细实线标出的绿化带、边沟、雨水口、路灯、桥涵、园林建筑出入口等；最后，找出园路设计的各种尺寸要素。在园林的剖面设计图上，要注意设计高差与不同截面层的厚度，作为放样和土方工程量计算的依据。

步骤二：材料准备

准备施工机具、基层和面层的铺装材料，以及施工中需要的其他材料（如水泥、石灰、砂、混凝土砖、洗米石、铲、水平仪、木锤、灰勺、木桩、放样线及竹签等），同时清理施工现场。

步骤三：场地放样

根据施工图样对所有的中心控制桩进行测量、核实，并测出园路中心线及边线。按园路

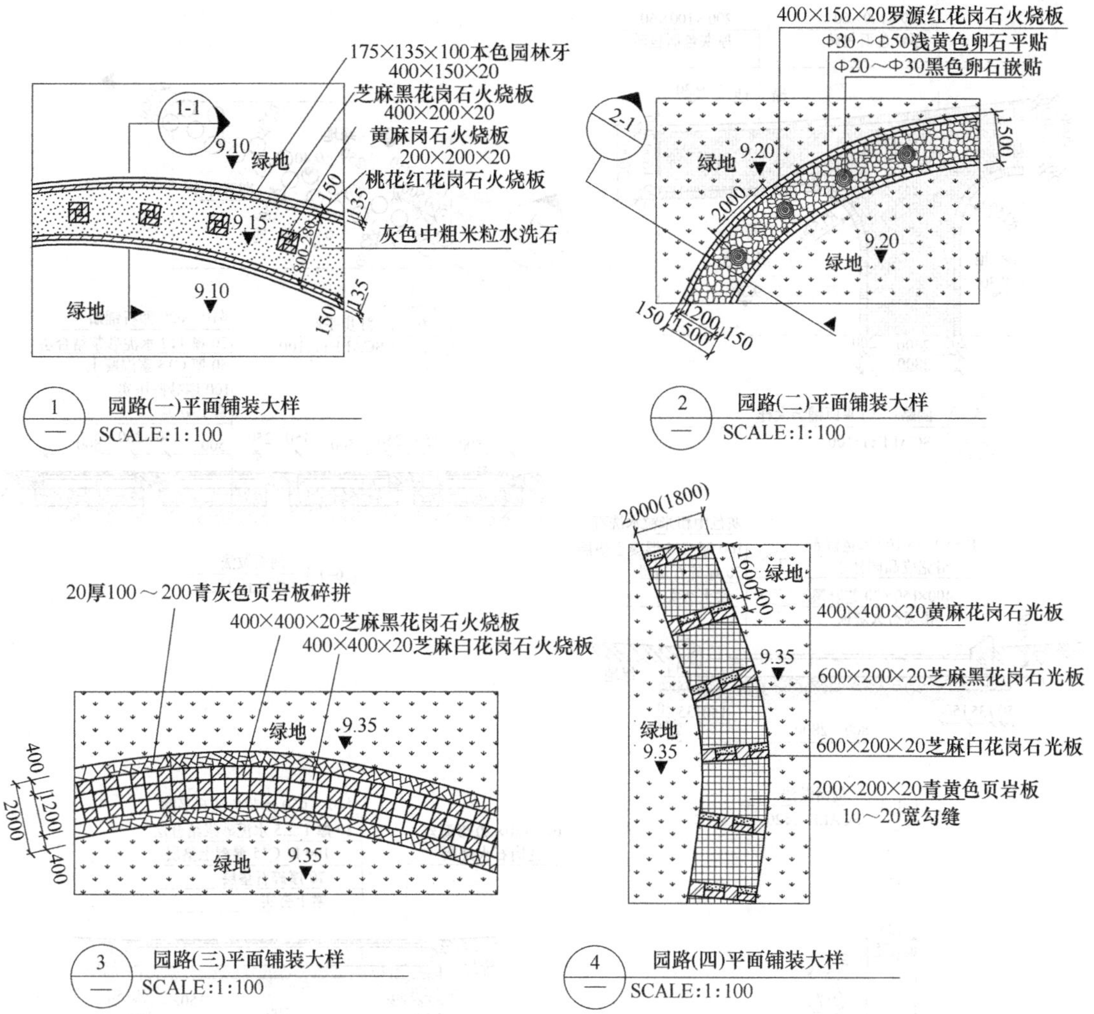

图2-2　园路施工图（一）

的中线，在地面上每隔10～20m测设一根中线桩；如园路为弯道时，应在曲头、曲中、曲尾各放一根中线桩，并在中线桩上写明桩号。最后以中线桩为准，根据园路的宽度和场地的范围钉边桩，最后测出路面和场地的平面线。

步骤四：地形复核

对照施工竖向设计图，复核场地地形及各坐标点、控制点的自然地坪标高数据，有缺漏的要在现场测量补上。

步骤五：基层处理

1）挖土应由边到中，并根据土质情况预留压实厚度。如遇到障碍物，应采取有效的措施及时处理。按设计铺地的宽度和范围，沿边线每侧挖出宽25cm的槽，槽的深度应等于铺地面的厚度，槽底应有2%～3%的横坡。铺地槽做好后，将槽底洒水润湿。

2）整平后，用蛙式打夯机夯土2～3遍，铺地槽平整度的允许偏差不得大于2cm。其中

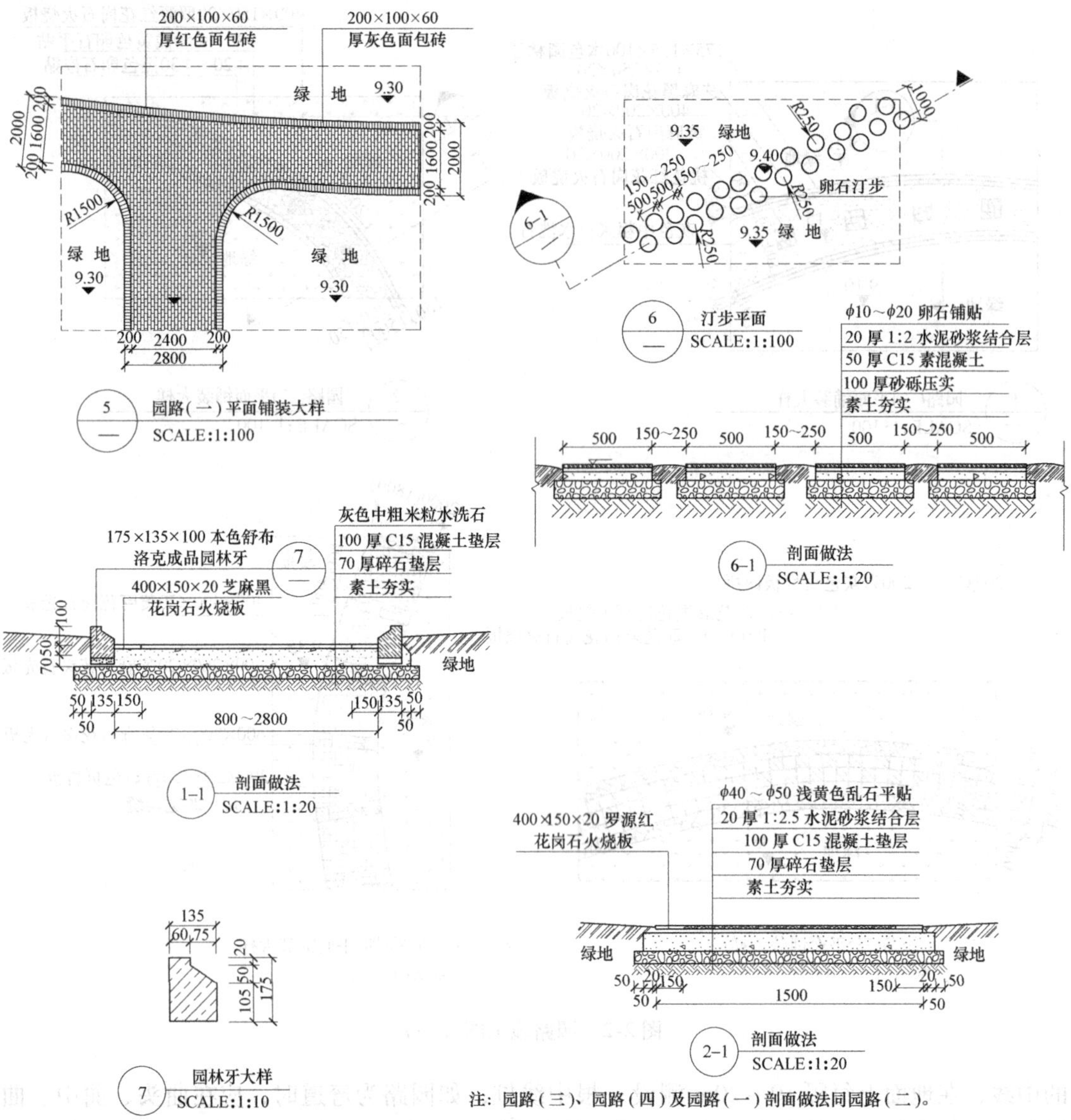

图 2-3　园路施工图（二）

微地形的处理要结合场地现状，适当造型，力争达到一定的艺术效果。

步骤六：垫层施工

常见的干结碎石垫层是在施工过程中不洒水或少洒水，依靠充分压实及嵌缝料充分嵌挤，使石料间紧密锁结所构成的具有一定强度的结构，一般厚度为 8～16cm。用于基层填筑的碎石，要求大小适中，无风化现象，以确保基层的强度。石块之间要求密实、无松动现象，并预先控制好标高、坡向、厚度。碎石摊铺应均匀、平整，要求石料强度不低于 8 级，软硬不同的石料不能掺用。碎石的最大粒径根据垫层厚度而定，一般不宜超过厚度的 0.7 倍，50mm 以上的大粒料占 70%～80%，0.5～20mm 的粒料占 5%～15%，其余为中等粒料。

【提示】选料时先按大小尺寸大致分开，再分层使用。长条、扁片状粒料的含量不宜超过20%，否则应打碎作嵌缝料用。在结构内部的空隙内尽量填充粗砂、石灰土等材料，其数量在20%~30%左右（具体数量根据试验确定）。

步骤七：混凝土基层施工

为保证混凝土的搅拌质量，混凝土基层施工应遵循以下原则：

1）测定现场砂、石的含水率，根据设计配合比，送有关单位做好混凝土级配，并按级配挂牌示意。

2）每天搅拌第一盘混凝土时，水泥用量应加倍。

3）采用平板振捣器振捣时，要求振动均匀，以提高混凝土的密实度。

4）严格控制砂石料的含泥量，选用级配良好的集料。砂应选用粗砂，含泥量小于3%；石子的含泥量不得超过10%。

5）减少环境温度差，提高混凝土抗压强度。混凝土浇筑后应覆盖一层草包，并在12h后进行浇水养护，混凝土的养护时间不得少于7d。

6）混凝土的摊铺宽度应大于铺装面5~10cm，已拌和好的混凝土应当日用完(图2-4)。

图2-4 混凝土基层施工

步骤八：侧石安装

在混凝土垫层上安置侧石前，应先检查轴线标高是否符合设计要求。施工时，圆弧处可采用20~40cm长的侧石拼接，以利于圆弧的顺滑；严格控制侧石顶面的标高，接缝处留缝均匀；外侧细石混凝土浇筑紧密、牢固；嵌缝清晰，侧角均匀、美观。

侧石基础宜与地床同时填挖碾压，以保证整体的均匀密实性。侧石安装要平稳牢固，背后应用灰土夯实。

步骤九：面层施工

1. 板材铺装施工

铺砌花岗石类板材料时，在面层与基层之间所用的结合层的做法有两种：一种是用湿性的水泥砂浆、石灰砂浆或混合砂浆作为材料；另一种是用干性的细砂、石灰粉、灰土（石灰和细土）、水泥粉砂等作为结合材料或垫层材料。

（1）湿法铺筑

用厚度为1.5~2.5cm的湿性结合材料垫在面层混凝土板上面或基层上面作为结合层；砂浆不可过稀，要调配成半硬的黏稠状态，铺砌时才易压入固定而不致陷下；然后在其上砌筑贴面层。

做面层时，首先为使块材排列整齐，每片的间距为1cm。要利用平准线在铺设地点四角插好木桩，用绳张拉作为铺筑块材的平准线。除了纵、横间隔要整齐外，另还需要一条高度准绳，以控制板材面的高度平齐；其次要考虑排水，为使面层不因下雨积水，必要时应在施工时将路面修成两侧为1.5%～2%的斜度。地面铺装应每隔2m设基座，以控制标高，石材板应根据侧石路标高，并于路中高出3%的横坡。板在铺设前，先拉好纵、横控制线，并每排拉线。铺设时用橡胶锤敲击至平整，保证施工质量优良。

（2）干法铺筑

以干性粉砂状材料作面层砌块的垫层和结合层。铺砌时，先将粉砂状材料在基层上平铺一层，厚度为：用干砂、细土作垫层时，厚3～5cm；用水泥砂、石灰砂、灰土作结合层时，厚2.5～3.5cm。铺好并抹平后，按设计拼装图案在垫层上拼砌成面层，并在多处敲击，使所有砌块的顶面都保持在一个平面上；然后用干燥的细砂、水泥粉、细石灰粉等撒在面层上，并扫入砌块间的缝隙中，使缝隙填满；最后将多余的灰砂清扫干净。砌块下面的垫层材料将逐渐硬化，使面层砌块和下面的基层紧密地结合在一起（图2-5）。

图2-5　花岗石干法铺筑

2．混凝土砖面层施工

（1）测量放线

园路连锁砖铺砌前要先放出边线，每隔5m测设一根水平桩，然后以路侧石为另一边线，与水平桩纵、横挂线，用以控制方向和高程。

（2）铺砌

根据图2-6所示，每隔3～5m铺一块砖作为控制点，铺砌时应轻拿轻放，用木锤或橡胶锤轻敲、压平，以免损坏园路连锁砖的边角。铺完后若发现园路连锁砖松动或高低不平，禁止向连锁砖底塞垫碎砖石，要取出块料，将垫层砂夯实、整平，然后再重新铺回。

图2-6　混凝土砖面层施工

（3）填缝

园路连锁砖铺砌完成，并在24h内检验合格后，用水泥砂浆填缝。填缝时，用灰匙捣插砖缝，直到砂浆饱满为止。要求缝内砂浆密实、平整、光滑，边勾边将剩余水泥砂浆清走、擦净。

3. *卵石面层施工*

在基础层混凝土浇筑后3~4d方可铺设面层。卵石要求质地好、色泽均匀、大小均匀，粒径以3~5cm为宜。基础层上的结合层为5cm厚的1:2水泥砂浆，卵石在水泥砂浆层嵌入的部分应大于2/3，并应竖向排列，不得平铺。要求排列美观，面层高低一致，面层卵石无水泥砂浆等污染物。

(1) 材料准备

1) 外观检查。卵石表面色泽光滑，无脱皮、裂缝等现象。

2) 定出卵石地面的边线。

(2) 操作工艺（图2-7）

1) 在填充素土并夯实后，铺150mm厚的碎石并夯实，这一层中需要灌入M5水泥砂浆（水泥: 中砂＝1: 5.23。每立方米砖砌体中，需用M5水泥砂浆0.238m^3，其中水泥67.59kg；中砂354kg，然后在此基础上铺30mm厚的粗砂垫层。

2) 在粗砂垫层上铺60mm厚的细石混凝土，然后嵌入卵石。嵌石应均匀用力，卵石摆放错落有致。

图2-7　卵石面层施工

3) 检查发现卵石有位移、不稳等现象时，应立即处理，同时要保持卵石面清洁。

4) 养护期间禁止上荷载。

(3) 质量标准

1) 铺砌必须平整、稳定，灌缝应饱满，不得有翘动现象。

2) 面层与其他构筑物应连接顺滑，不得有积水现象。

4. *碎拼材料面层施工*

地面镶嵌与拼花施工前，要根据设计图样准备镶嵌地面用的花岗石材料。设计有精细图形时，石料的冰裂纹最好在五边以上，各边应尽量对接上（图2-8）。应精心挑选石料，挑选出的石料应按照颜色、大小、形状分类堆放，铺地拼花时才能方便使用。

施工时，应在已做好的道路基层上铺垫一层结合材料，厚度一般为40~70mm。垫层结合材料一般采用1:3石灰砂或3:7细灰土或1:3水泥砂等。用干法砌筑或湿法砌筑都可以，但干法施工更为方便一些。

图2-8　冰裂纹面层施工

5. 嵌草路面的铺筑

嵌草铺装有两种类型，一种为在块料铺装时留出空隙，其间种草；另一种是制作成可以嵌草的各种纹样的混凝土铺地砖。

施工时，先在整平压实的基层上铺垫一层栽培壤土作为垫层，壤土要求比较肥沃，不含粗颗粒物，铺垫厚度为10～15cm；然后在垫层上铺砌混凝土空心砌块或实心砌块，砌块缝中半填壤土，并播种草籽或贴上草块踩实。

实心砌块的尺寸较大，草皮嵌种在砌块之间的预留缝中。草缝的设计宽度为2～5cm，缝中填土达砌块的2/3高。砌块下面用壤土作垫层并起找平作用。砌块铺砌应平整。

空心砌块的尺寸较小，草皮嵌种在砌块中心预留的孔中。砌块与砌块之间不留草缝，常用水泥砂浆粘接。砌块中心孔的填土高度宜为砌块的2/3高；砌块下面用壤土作垫层找平。嵌草路面应保持平整。要注意的是，空心砌块的设计制作，一定要保证砌块强度，因此其预留孔径不能过大，孔径最好不超过砌块直径的1/3。进行砌块嵌草铺装时，砌块和嵌草层的结构面层下面只能有一层壤土垫层，在结构上没有基层，只有这样的路面才有利于草皮的存活与生长。

6. 汀步

这里主要介绍旱汀步。旱汀步的主要作用是满足造景需要，因此在挑选石块时要求大面平整、大小多变，成品应表现出一种看似随意、实质却颇具匠心的效果；要求埋设要稳固，不得有翘动现象。按要求做好垫层后即可排列面层石料，为保证汀步牢固，石料须入土4/5，露出1/5。汀步设置力求自然协调，与周围环境融为一体。无论何种材质，最基本的汀步条件是：表面要平坦、不滑、不易磨损或断裂；一组汀步中的每块石板在形色上要类似且调和，不可差距太大。汀步的尺寸为直径30～50cm，厚度在6cm以上为宜。

铺设汀步时，石块排列的整体美与实用性要兼备。一般成人的脚步间隔平均是45～55cm，石块与石块的间距则保持在10cm左右。汀步露出土面的高度通常是3～6cm。铺设时，先从确定行径开始。在预定铺设的地点来回走几趟，留下足迹，并把足迹重叠最密集的点找出来，将石板安放在该位置上。经过这种安排的汀步才会是最实用的。施工时先挖土，再安置石块，然后调整石块的高度及间距。确定位置后即可填土，将石块固定。

7. 台阶

台阶是解决地形变化、地坪高差的重要手段。建造台阶除了必须考虑功能上的有关问题外，也要考虑美观与调和的因素。

许多材料都可以做台阶，石材有六方石、圆石、鹅卵石及整形块石、石板等；木材有杉、桧等树木的角材或圆木柱等；其他材料还包括红砖、水泥砖、钢材等；除此之外，还有各种贴面材料，如石板、洗石子、瓷砖、磨石子等。选用材料时要从各方面考虑，基本条件是坚固耐用、耐湿、耐晒，此外，材料的色彩必须与构筑物相调和。

台阶的标准构造是：踢面高度为8～15cm，长台阶则以10～12cm为宜；踏面宽度不宜小于28cm；台阶的级数宜在8～11级，最多不超过19级，否则应在中间设置休息平台，平台宽度不宜小于1m。实践证明，台阶尺寸以15cm×35cm为佳，至少不宜小于12cm×30cm。

下面以红砖台阶及六方石台阶工程为例介绍台阶的施工要点（图2-9～图2-11）。

图 2-9 红砖台阶施工完成效果

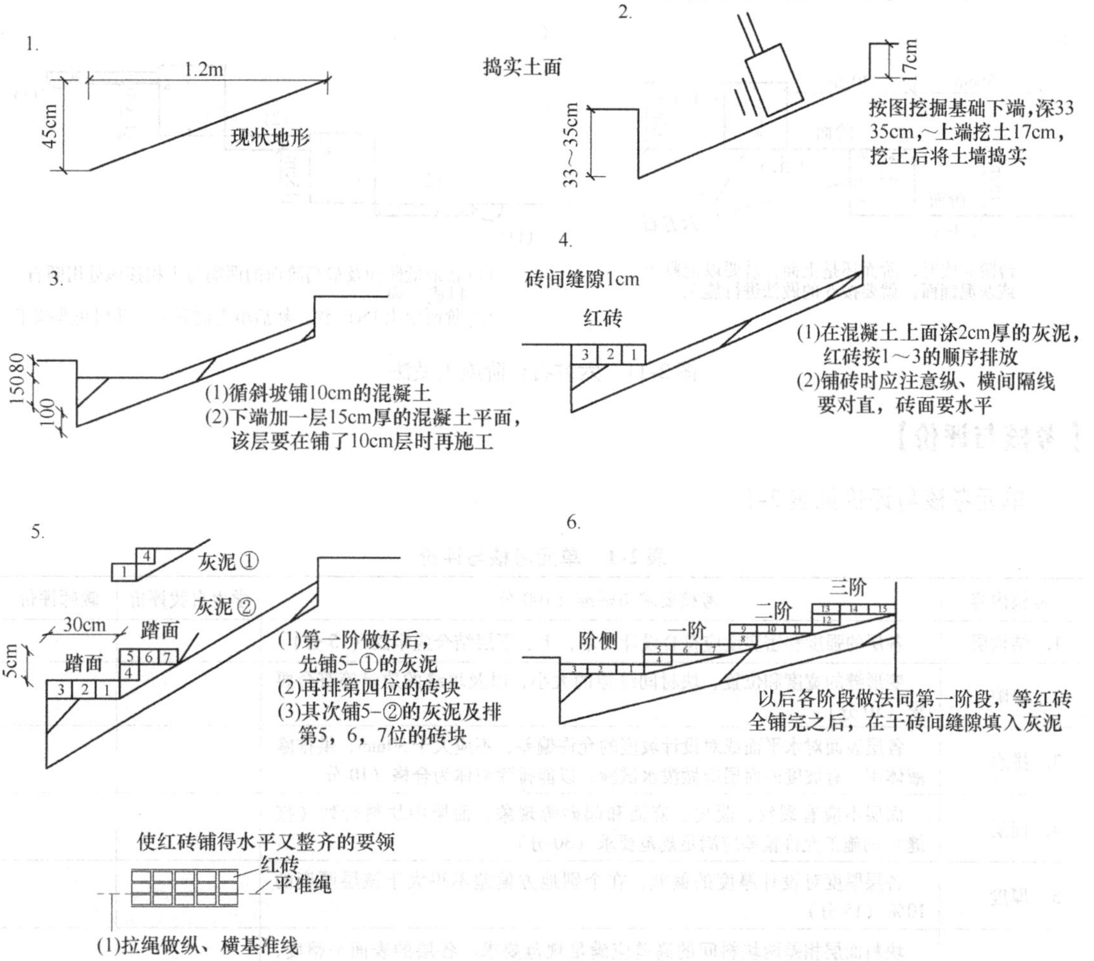

图 2-10 红砖台阶施工要点

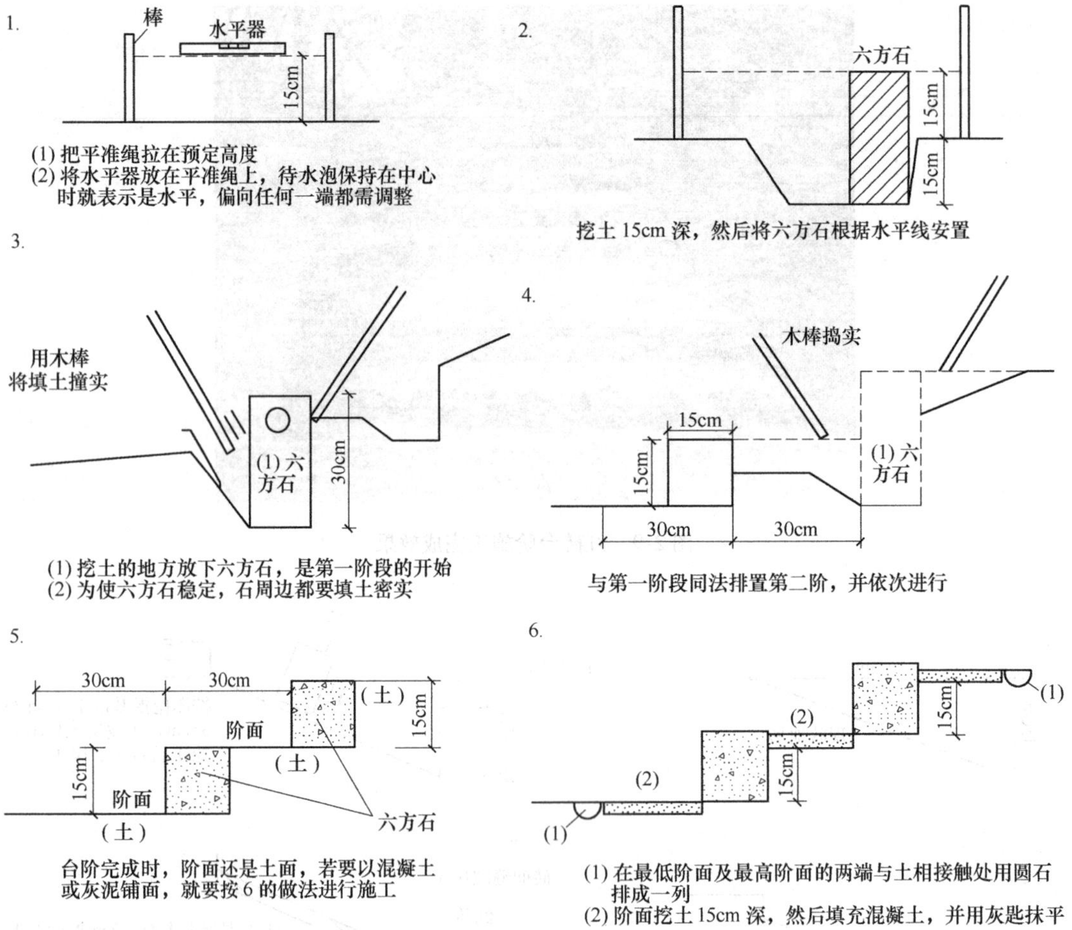

图 2-11　六方石台阶施工做法

【考核与评价】

单元考核与评价见表 2-1。

表 2-1　单元考核与评价

考核内容	考核要求与标准（100 分）	学生自我评价	教师评价
1. 结构层	各层的强度和密实度应符合设计要求，上、下层结合应牢固（15 分）		
2. 缝隙	变形缝的宽度和位置、块材间缝隙的大小，以及填缝的质量等符合要求（10 分）		
3. 排水	各层表面对水平面或对设计坡度的允许偏差，不应大于 30mm，供排除液体用。有坡度的面层应做泼水试验，以能排除液体为合格（10 分）		
4. 面层	面层不应有裂纹、脱皮、麻面和起砂等现象。面层中块料行列（接缝）的施工允许偏差应满足规范要求（30 分）		
5. 厚度	各层厚度对设计厚度的偏差，在个别地方偏差不得大于该层厚度的 10%（15 分）		
6. 平整度	块料面层相差两块料间的高差应满足规范要求。各层的表面平整度，应用 2m 长的钢直尺检查，如为斜面，则应用水平尺和样尺检查。各层表面对平面的偏差，应满足规范要求（20 分）		

【知识链接】

1. 园路的组成

(1) 园路的基本类型

园路一般有三种类型：一是路堑型（图2-12a），二是路堤型（图2-12b），三是特殊型（图2-12c），包括步石、汀步、攀梯等。

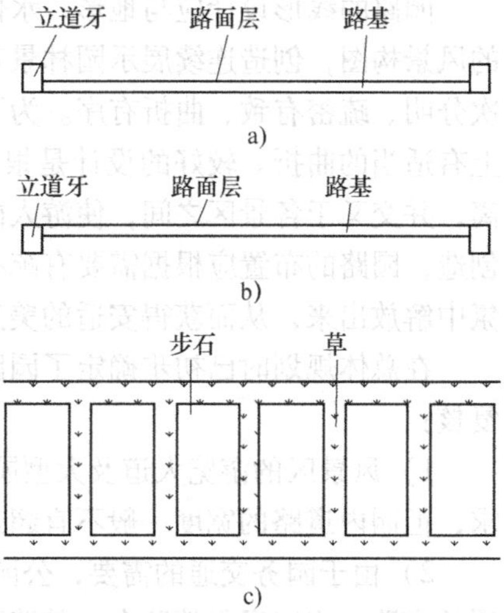

图2-12 园路的基本类型
a）路堑型立面 b）路堤型立面
c）特殊型平面

(2) 园路的分类

路面根据划分方法的不同，可以有许多不同的分类。按使用材料的不同可将路面分为：

1）整体路面：包括水泥混凝土路面和沥青混凝土路面。

2）块料路面：用各种天然块石或各种预制块料铺装的路面。

3）碎料路面：用各种碎石、瓦片、卵石等组成的路面。

4）简易路面：由煤屑、三合土等组成的路面，多用于临时性或过渡性园路。

其中水泥混凝土路面和沥青混凝土路面主要用于车行道，其他类型的路面在园路中有着极其广泛的应用（图2-13）。

a) b)

图2-13 园路面层的应用
a）碎料路面 b）块料路面

2. 园路设计的准备工作

熟悉设计场地及周围的情况，对园路的客观环境进行全面的认识。

勘查现场时应注意以下几点：

1）了解基地现场的地形、地貌情况，并核对图样。

2）了解基地的地质情况、地下水位，以及地表积水的范围及原因。

3）了解基地内原有建筑物、道路、河池及植物种植的情况，要特别注意保护大树和名贵树木。

4）了解地下管线（包括煤气、供电电缆、电话线、给水排水管等）的分布情况。

5）了解园外道路的宽度及公园出入口处园外道路的标高。

3. 园路的平面线形

（1）园路的平面线形设计

园路的线形设计应与地形、水体、植物、建筑物、铺装场地及其他设施结合，形成完整的风景构图，创造连续展示园林景观的空间或欣赏前方景物的透视线。园路的线形设计应主次分明、疏密有致、曲折有序。为了组织风景、延长旅游路线及扩大空间，应使园路在空间上有适当的曲折。较好的设计是根据地形的起伏与周围功能的要求，使主路与水面若即若离，并交叉于各景区之间，使游人能沿主路欣赏到主要的景观。要把路作为景观的一部分来创造，园路的布置应根据需要有疏有密，并切忌互相平行，适当的曲线能使人们从紧张的气氛中解放出来，从而获得安适的美感。

在总体规划时已初步确定了园路的位置，但在进行园路技术设计时，应对下列内容进行复核：

1）风景区的游览大道及大型园林的主干道的路面宽度应满足通行卡车和大型客车的要求，但园内道路的宽度一般不宜超过6m。

2）由于园务交通的需要，公园主干道应能通行卡车。重点文物保护区的主要建筑物四周的道路，应能通行消防车，其路面宽度一般为3.5m。

3）游览步道的宽度一般为1~2.5m，小径的宽度也可小于1m。由于游览的特殊需要，游览步道的宽度可以灵活设计。

4）健康步道是近年来最为流行的足底按摩健身方式，通过行走在卵石路上按摩足底穴位达到健身的目的。

（2）平曲线半径的选择

当道路由一段直线转到另一段直线时，其转角的连接部分均采用圆弧形曲线，这种圆弧的半径称为平曲线半径（图2-14）。

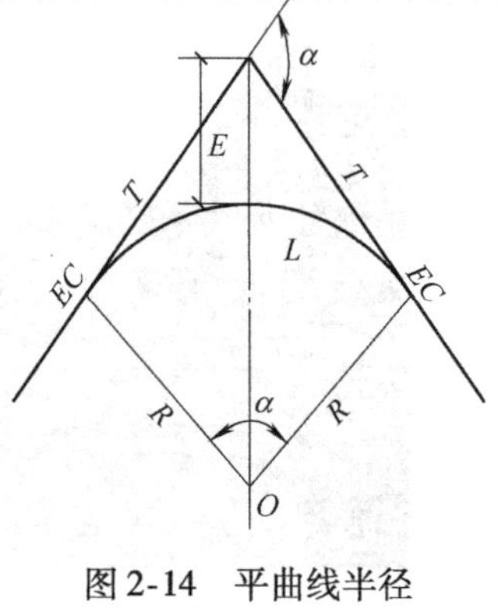

图2-14 平曲线半径

T—切线长 E—曲线外距 L—曲线长

α—路线转折角度 R—平曲线半径

自然式园路曲折迂回，在平曲线变化时主要由下列因素决定：园林造景的需要、当地地形与地物条件的要求及通行机动车的路段上的行车安全要求。在条件困难的个别路段上，园内道路设计可以不考虑行车速度，只要满足汽车本身的最小转弯半径即可（不得小于6m）。

（3）曲线加宽

汽车在弯道上行驶时，由于前、后轮的轮迹不同，前轮的转弯半径大，后轮的转弯半径小。所以，弯道内侧的路面要适当加宽（图2-15）。

4. 园路的纵断面

（1）园路纵断面的要求

1）园路一般根据造景的需要，随地形的变化而起伏变化。

2）在满足造园艺术要求的情况下，尽量利用原地形，保证路基的稳定，并减少土方量。

3）园路与相连的城市道路在高程上应有合理的衔接。

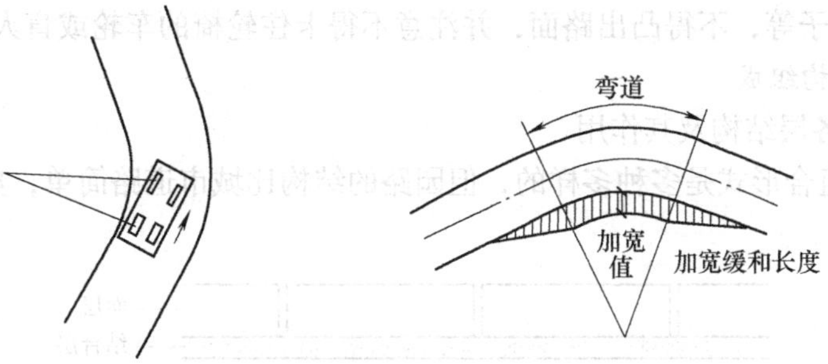

图 2-15 弯道行车道后轮轮迹与弯道加宽

4）园路施工应配合园内地面水的排除作业，并与各种地下管线施工密切配合，共同达到经济合理的要求。

（2）园路的纵、横坡度

一般路面应有8%以下的纵坡和1% ~4%的横坡，以保证路面水的排除。不同材料路面的排水能力不同，因此，不同类型的路面对纵、横坡度的要求也不同。

在游步道上，道路的起伏可以更大一些，一般在12°以下为适宜的坡度，超过12°会使人行走时比较费力。如某公园的园路纵坡为11.5°，既保证了主环路的通车要求，又能使步行者感觉舒适；又如某园路的纵坡为17°，导致在雨、雪天下坡行走时十分危险，所以园路纵坡超过15°时应设台阶。某园路因通车需要，局部纵坡在20°以上，这在一般情况下是不允许的。因为汽车在上坡时能以低挡行驶，但在下坡时，长时间制动易使制动器发热而造成事故，所以一般是不允许的。

（3）竖曲线

一条道路总是上下起伏的，在起伏转折的地方，由一条圆弧连接，这种圆弧是竖向的，工程上把这样的弧线称为竖曲线，竖曲线应考虑会车安全。

（4）弯道与超高

当汽车在弯道上行驶时产生的横向推力称为离心力。这种离心力的大小，与车行速度的平方成正比，与平曲线半径成反比。为了防止车辆向外侧滑移、抵消离心力的作用，应把路的外侧抬高。在设计游览性公路时，还要考虑路面视距与会车视距（图2-16）。

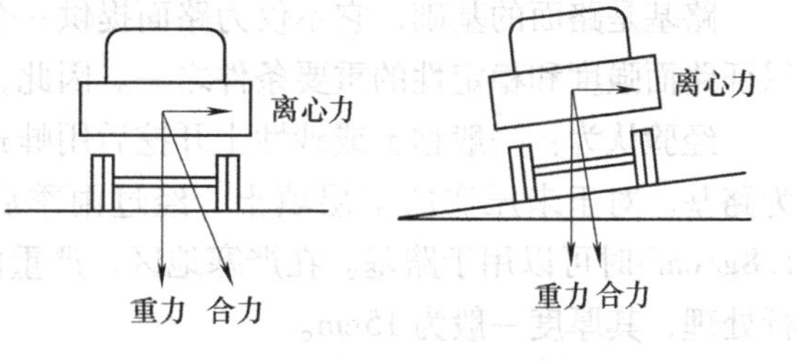

图 2-16 汽车离心力示意

（5）供残疾人使用的园路在设计时的要求

1）路面宽度不宜小于1.2m，会车路段的路面宽度不宜小于2.5m。

2）道路纵坡一般不宜超过4%，且坡长不宜过长，并不应设有台阶。

3）应尽可能减小横坡。

4）坡道的坡度为1/20 ~1/15时，其坡长一般不宜超过9m；每逢转弯处，应设长度不小于1.8m的休息平台。

5）园路一侧为陡坡时，为防止轮椅从边侧滑落，应设高度为10cm以上的挡石，并设扶手栏杆。

6）排水沟箅子等，不得凸出路面，并注意不得卡住轮椅的车轮或盲人的拐杖。

5. 园路的结构组成

（1）园路的各层结构及其作用

道路的结构组合形式是多种多样的，但园路的结构比城市道路简单，典型的园路结构如图2-17所示。

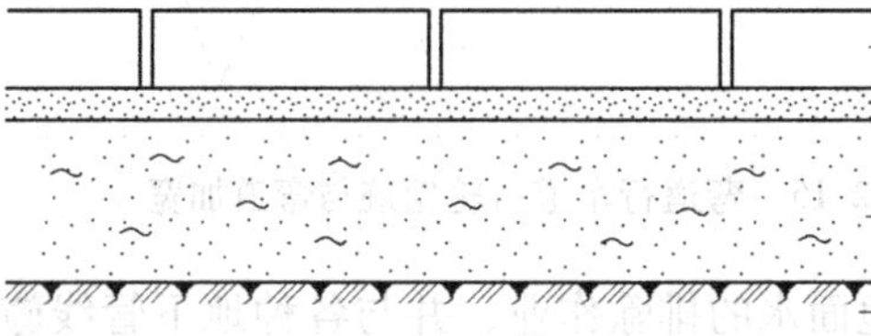

图2-17 典型的园路结构

1）面层是路面最上面的一层，它直接承受人流、车辆和大气因素（如烈日、严冬、风、雨、雪等）的破坏。如面层选择不好，会给游人带来“风天三尺土、雨天一脚泥”或反光刺眼等不利影响。因此从工程上来讲，面层应坚固、平稳、耐磨损，并具有一定的粗糙度，且便于清扫。

2）结合层是在采用块料铺筑面层时，为了结合和找平而在面层和基层之间设置的一层结构。材料一般为粒径3~5mm的粗砂、水泥砂浆或白灰砂浆。

3）垫层是在路基排水不良或有冻胀、翻浆的路线上，为了排水、隔温、防冻的需要，用煤渣土、石灰土等筑成的一层结构。在园林中可以采用加强基层的方法，而不设此层。

4）基层一般在土基之上，起承重作用。基层一方面支承由面层传下来的荷载，另一方面把荷载传给土基。基层不直接受车辆和气候因素的作用，对材料的要求比面层低，一般用碎（砾）石、灰土或各种工业废渣等筑成。

（2）路基

路基是路面的基础，它不仅为路面提供一个平整的基面，承受路面传下来的荷载，也是保证路面强度和稳定性的重要条件之一。因此，路基对保证路面的使用寿命具有重大意义。

经验认为：一般粘土或砂性土开挖后用蛙式打夯机夯实3遍，如无特殊要求，可直接作为路基。对于未压实的下层填土，经过雨季后能使其自身沉陷稳定，其质量干密度大于1.8g/cm^{3}时可以用于路基。在严寒地区，严重的冻胀土或橡皮土宜采用1∶9或2∶8灰土进行处理，其厚度一般为15cm。

6. 园路附属工程

（1）路缘石

路缘石一般分为侧石和平石两种形式（图2-18）。它们安置在路面两侧，连接路面与路肩，并能保护路面，便于排水。路缘石一般用砖、混凝土或花岗石制作，在园林中也可以用瓦、大卵石等制作。

切制花岗岩路缘石的安装顺序为：水泥稳定层施工→路缘石机动车道侧混凝土→安装路缘石→浇筑另一侧混凝土。安装路缘石时应先进行测量放线，定出路缘石的位置，每5m设一个桩位，并在桩顶上测放高程后挂线；然后在混凝土垫层上铺一层厚约2cm的水泥砂浆，铺上路缘石；最后校核边线及高程，无误后浇筑后座混凝土。

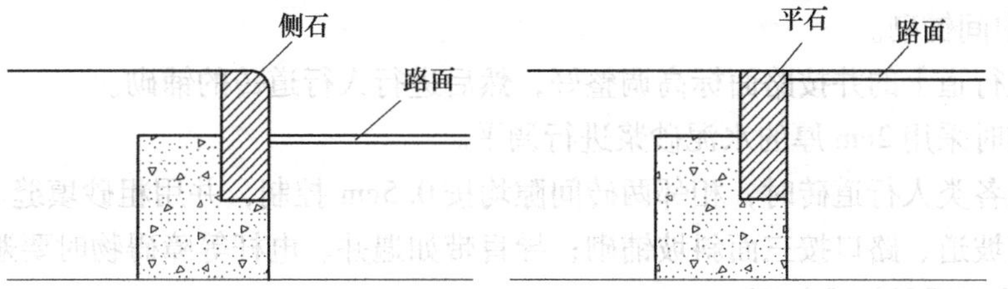

图 2-18 侧石和平石示意

路缘石的质量验收要求：

1）路缘石必须稳固、直线顺直、曲线圆滑，顶面应平整，勾缝应严密。

2）路缘石背后的混凝土浇筑时需加强振捣。

3）破损、变形、尺寸不合格的路缘石不得使用。

4）施工时，路缘石必须湿润，基层坐浆必须饱满。

（2）明沟和雨水井

明沟和雨水井是为收集路面雨水而建的构筑物，在园林中常用砖块砌成。

1）雨水井。一般在完成基层后进行雨水井的施工。施工时，先按设计图中的边线高程挖槽，注意控制位置、方向和高程；然后按道路设计边线及支管位置，定出雨水口中心线，使雨水口长边与路边重合（弯道部分除外）。挖槽时应留有一定余量，如雨水口位置有偏差时以支管位置为准，平行于路边修正位置，并挖至设计深度。井墙为 M10 水泥砂浆砌筑 MU10 烧结普通砖，内壁采用原浆抹灰。砌筑时按井墙位置挂线，先砌井墙一层，边砌边刮平缝，每砌 30cm 高应将墙外肥槽及时回填夯实。砌至雨水支管处应满卧砂浆，砌砖已包满支管时应将管口周围用砂浆抹严抹平，不能有缝隙。管顶砌半圆砖块，管口应与井墙面齐平。支管与井墙必须斜交时，允许管口入墙 2cm，另一侧突出 2cm，超过此限制时应考虑调整雨水口位置。井口应与路面施工配合同时升高，到达设计高程后安装 C25 混凝土井圈，井圈标志点一侧应朝向路缘石。雨水箅子及托座均为铸铁件，铸铁件应平整，棱角整齐，不允许有砂眼、疤痕等缺陷存在。雨水箅子采用热涂沥青防腐，用 1m 普通链条固定。预制井圈内侧应与路缘石或路边成一直线，并应铺满砂浆，找平坐稳；井圈顶与路面齐平或稍低，不得突出。

2）井盖安装。检查井随路基填土及基层面层施工逐步加高，井盖安装应在路面混凝土施工前进行。位于机动车道和非机动车道上的检查井均采用超重型铸铁井盖及井座；位于非铺砌路面的检查井采用重型铸铁井盖及井座。所有井盖均带 1m 防盗链。井盖安装时，设在铺砌路面上的检查井，要求井盖面高出地坪 30mm，并在井口周围以 2% 的坡度向外做好护坡。安装井盖需用 1:2 水泥砂浆坐浆，保证其平稳。路面混凝土施工时，注意振捣时不要引起井盖移动。

（3）人行道

人行道砖块铺砌方法如下：

1）人行道稳定层达到龄期并检验合格后，才能铺砌人行道砖块。

2）人行道铺砌前应放出中线或边线，或以路缘石为边线，隔 5m 左右测设一根木桩，以控制方向及高程。

3）测量放线后，可按水平线及中线纵、横挂线，然后每隔 3～5m 铺一块作为控制点，以后跟线在中间铺砌。

4）把人行道上的井按路面标高调整好，然后进行人行道砖的铺砌。

5）铺砌时采用2cm厚的水泥砂浆进行调平。

6）铺砌各类人行道砖时，相邻两砖间隙均按0.5cm控制，并用粗砂填缝。

7）残疾坡道、路口按三面斜坡铺砌；导盲带如遇井、电杆等障碍物时要避开。

人行道施工质量标准如下：

1）铺砌必须平整稳定，不得有翘动现象。

2）人行道面层与其他构筑物应接顺，不得有积水现象。

3）人行道施工允许偏差和检验方法见表2-2。

表2-2 人行道施工允许偏差和检验方法

项目		允许偏差/mm	检验频率		检验方法
			范围	点数	
压实度	路床	>93%	100m	2	用环刀法或灌砂法检验
	基层	>95%			
平整度		5	20m	1	用3m直尺量取最大值
相邻块高差		3	20m	1	用尺量取最大值
横坡		±0.3%	20m	1	用水准仪测量
纵缝直顺		10	40m	1	拉20m小线，量取最大值
横缝直顺		10	20m	1	沿路宽拉小线，量取最大值
井框与路面高差		5	每座	1	用尺量检查

（4）台阶、礓礤、蹬道、种植池

1）台阶。当路面坡度超过12°时，为了便于行走，在不通行车辆的路段上，可设台阶。台阶的宽度与路面相同，每级台阶的高度为12～17cm，宽度为30～38cm。一般台阶不宜连续使用，如地形许可，每10～18级后应设一段平坦的地段，使游人恢复体力。为了防止台阶积水、结冰，每级台阶应有1%～2%的向下的坡度，以利排水。在园林中根据造景的需要，台阶材料可以用天然山石，或用混凝土做成木纹板、树桩等各种形式，用以装饰园景。为了夸张山势，造成高耸的感觉，台阶的高度也可增至15cm以上，以增加趣味。

2）礓礤。在坡度较大的地段上，一般纵坡超过15%时，本应设台阶，但为了能通行车辆，将斜面做成锯齿形坡道，称为礓礤。其形式和尺寸如图2-19所示。

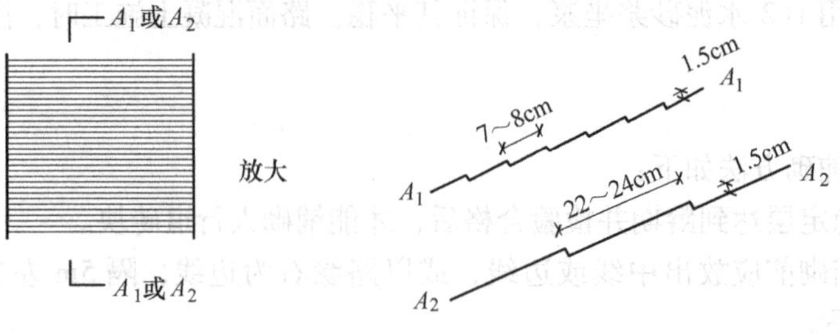

图2-19 礓礤做法

3）磴道。在地形陡峭的地段，可结合地形或利用露岩设置蹬道。当其纵坡坡度大于60%时，应做防滑处理，并设扶手栏杆等。

4）种植池。在路边或广场上栽种植物，一般应留种植池。在栽种高大乔木的种植池上应设保护栅。

【工程案例】

某居住区的园路施工方案

某居住小区，新建9栋小高层，园林绿化景观设计中，园路采用弯曲围绕建筑的方式。由于小区内设计为不通行机动车，但要符合消防通道的设计要求，所以园路主干线的宽度设计为6m，采用白色方砖铺地、黄色方砖围边，两侧设1m宽人行道，高出主干线5cm。支线主要为彩色水磨石路通往各建筑单元，采用石板汀步铺置在草地上。

园路工程的重点在于控制好施工面的高程，并注意与其他建筑设施相协调。园路路基和路面基层的处理只要达到设计要求的牢固性和稳定性即可，而路面面层的铺装，则要更加精细，更加强调质量方面的要求。

1. 施工准备

根据施工图核对地面施工区域，确认施工程序，勘察、清理施工现场，确认和标示地下埋设物。准备路面垫层、基层和路面面层的材料，确定材料的规格、质量、数量及临时堆放位置。

2. 道路放线

按施工图标示的园路中心线上各编号里程桩，测设到相应的地面位置，用小木桩垂直钉入桩位，并标明桩号。以中心桩为准，根据路面宽度钉上边线桩，最后放出园路的中线和边线。

3. 路基施工

放线完成后，重新确认水准点，调整路基表面高程与其他高程的关系，然后进行路基的填挖、整平和碾压作业。按已定的园路边线，每侧放宽200mm，开挖路基的基槽，深度应等于路面的厚度。按设计横坡进行路基表面整平，再碾压或打夯，压实路槽地面。路槽的平整度允许偏差为不大于20mm。对填土路基，要分层填土、分层碾压；对于软土地基，要做好加固处理。施工中应注意随时检查横截面坡度和纵截面坡度，还要用暗渠、侧沟等排除流入路基的地下水、涌水、雨水等。

4. 垫层施工

园路主干线及支干线均采用10cm厚的2∶8碎石铺设垫层，可用厚10cm的木枋或砖块放在夯实后的素土基础上，以控制摊铺厚度，木块或砖块应边铺边挪动。摊铺碎石应一次上齐，上料应使用铁叉，要求颗粒均匀分布，截面符合要求，厚度一致，料底尘土要清理出去。摊铺完成后用压路机碾压，碾速为25～30m/min，后轮重叠1/2宽。碾压时，先沿整修过的路肩一起碾压，往返压两遍，再由路面边缘压至中心。碾压一遍后，用路拱桥板及小线检验路拱及平整度，局部不平处，要去高垫低。去高时应将多余的碎石均匀捡出，不得用铁锹集中铲除。垫低时应将低洼部分挖松，均匀地铺撒碎石，至符合设计标高后，洒少量水，再继续碾压至碎石初步稳定且无明显位移为止。最后，重复碾压3～4遍。

5. 路面基层施工

确认路面基层的厚度与设计标高，园路主干线及支干线均做20cm厚的水泥稳定石屑基层。在浇筑混凝土稳定层前，应在干燥的基层上洒水或铺1:3水泥砂浆。按设计要求拌制、浇筑、振捣混凝土，然后用长1m以上的刮尺将顶面刮平；顶面稍干后，用抹灰板抹至设计标高。路基必须稳定，无弹簧土现象。路基顶面的压实度必须达到设计要求。石屑材料的级配必须符合规范要求，水泥稳定石屑基层混合料应严格控制水泥剂量，且必须用机械进行拌和。碾压作业应在基层材料处于或略大于最佳含水量时进行。

6. 面层施工

(1) 施工准备

在完成的路面基层上重新定点放线，放出路面的中心线及边线。确定砌块路面的砌块行列数及拼装方式。块料的品种、规格、图案、颜色应按设计图进行验收，并分类存放。

(2) 园路主干线的面层施工

采用方形耐磨砖铺地，用厚度为15mm的1:2.5水泥砂浆铺在路面面层混凝土板上作为结合层；然后砌筑贴面层，砌块之间的结合以及表面抹缝也采用水泥砂浆。园路边缘设置预制混凝土路缘石，以使路边更加整齐和规范。采用块料路面的主要优点是坚固耐用，清洁少尘，养护及修理方便；缺点是需要采用手工铺筑，难以实现机械化施工，块料之间容易出现松动，铺筑进度慢，建筑费用较高。

(3) 园路支线的面层施工

采用彩色水磨石地面，做法是用彩色水泥细石子浆罩面，再经过磨光处理而形成装饰性路面。按照设计要求，在平整、粗糙、已基本硬化的混凝土路面面层上弹线分格，用铝合金条作为分格条；然后在路面刷一道素水泥浆，再用1:(1.25~1.5)的彩色水泥细石子浆铺面，厚度为10mm；铺好后拍平，表面用辊筒辊压密实，待出浆后再用抹子抹平。用作水磨石的细石子采用各种颜色的大理石屑，与米黄色水泥配制成彩色水泥细石子浆。水磨石的开磨时间应以石子不松动为准，磨后将泥浆冲洗干净；待稍干时，用米黄色水泥浆涂擦一遍，将砂眼和脱落的石子补好；第二遍用100号金刚石砂轮打磨，第三遍用200号金刚石砂轮打磨；打磨完成后洗掉泥浆，再用1:20的草酸水溶液清洗，最后用清水冲洗干净。

【思考与练习】

1. 园路施工时如何结合排水做好面层施工？
2. 湿铺法和干铺法的不同用途有哪些？
3. 不同铺装材料在过渡时该如何拼接？

任务2 广场铺装工程施工

【技能要求】

1. 会进行广场的施工放样。
2. 会进行广场结构层的铺设。
3. 能进行广场铺装面层的施工。

4. 能处理其他园林要素交接处的施工问题。

广场铺装是广场构成元素中重要的主体，也是表达设计理念的客观载体，它是广场中组织空间、引导游览、交通联系、散步休息及广场风景中不可缺少的重要组成部分。随着园林艺术的发展和科技水平的提高，现代广场铺装材料的运用和发展呈现出一番新面貌。广场铺装工程的质量直接影响到整体效果，一般在土方工程、地下管道工程完工后方可进行施工，因此合理地选择恰当的施工工艺尤为重要。

【工作流程】

广场铺装施工流程如图2-20所示。

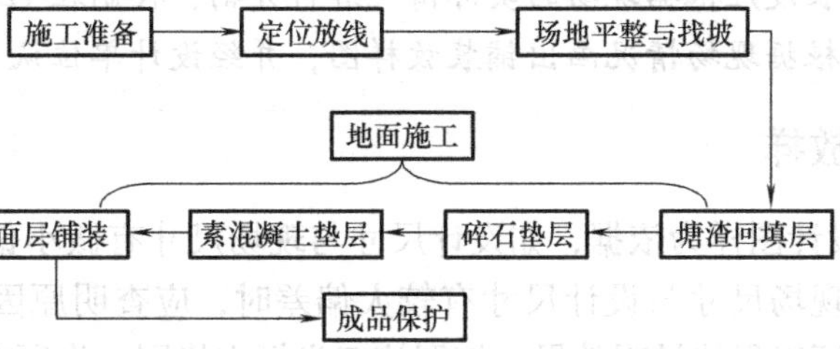

图2-20 广场铺装施工流程

【学习与操作】

步骤一：施工准备

园林铺地工程中，铺装材料的准备工作任务较大，因此在确定方案时应根据铺装广场的实际尺寸进行图上放样，确定方案中边角的方案调节问题及园路交接处的过渡方案；然后再确定各种岩石的数量及边角料的规格及数量。

1）在选购材料时，充分考虑选货及订货的时间周期，其品种、色彩、质地、规格应符合设计要求，所有板材应色泽均匀，无明显杂色。由设计单位与业主检查$2m^2$以上的大料后确定材料品种。订货应在业主、设计单位和施工单位在确定的样品上签字封样后方可下达订单。

2）所有异形板材按大样图应在工厂定制后到现场拼接，严禁以直代曲。异形板材拼接时，如遇到边角拼接无法整合的情况，应根据现场尺寸进行裁切。如边角大样大于标准板面积的1/2时则应重新裁板，其他情况则加长标准板，边角板材的面积不得小于标准板面积的1/2。

3）石质材料的抗压强度应大于30MPa；卵石要求细滑、耐磨、清洁。石质材料加工要求平、直、通、棱角无破损。光面标准分为四级：一级为凿子光，要求找平，凿痕均衡，深度在5mm以内；二级为粗斩光，要求剁痕匀称，残留凿痕深度在2.5mm以内；三级为细斩光，要求剁痕匀细，清除凿痕；四级为磨光，磨光板的磨光度需达到80度以上，必须采用机器磨光。

【提示】铺装面层施工应先会同业主、监理单位对基础垫层进行验收，验收合格后方可进行施工。面层材料到场后，应请业主、监理单位验收，验收合格后方可用于工地。考虑到本项目的实际情况，室外地面玻化砖铺装必须满足消防车的通行要求，还必须满足以下要求，并出具国家专业检测报告：

(1) 吸水率≤0.07%。

(2) 抗破坏强度≥400MPa。

(3) 抗折强度≥38MPa。

(4) 其余技术指标参见国家相关标准。

(5) 产品纹理、色泽必须满足设计要求。

(6) 施工时，严禁出现空鼓现象。

(7) 弧形板材的长度应根据现场的实际情况进行分割，控制在1200～1500mm之间。

(8) 施工前必须根据现场情况画出铺装放样图，并经设计单位认可后，方能备料施工。

步骤二：定位放样

1）定位放线以设计图样为依据，如设计尺寸与现场尺寸有微小偏差时，应按现场尺寸作出相应调整；如遇现场尺寸与设计尺寸有较大偏差时，应查明原因后及时与设计单位沟通，协商解决，以保证工程的景观效果。按照施工坐标方格网，将所有坐标点测设到场地上并打桩定点；然后以坐标桩点为准，根据设计图放出场地的边线、主要地面设施的范围线，以及挖方区与填方区之间的零点线。

2）室外地面高程以业主提供的数据为依据。在实际施工放样中，如遇室外地下管线、地面检查井等设施，在不影响设计效果的前提下，与设计人员和业主确认后，可对局部设计内容做适当调整。

3）按总平面图和各区块铺装定位图在垫层上进行放样，注意交叉口及两种不同的路面材料连接点的放线，尽量四向相交叉。

步骤三：场地平整与找坡

1. 挖方与填方施工

挖方时，应先进行测量放线，定出开挖宽度后分块（段）、分层挖土。根据土质和水文情况，在四侧或两侧进行直立开挖或放坡开挖，必须保证施工操作的安全。当土质构造均匀、水文地质条件良好（即不会发生坍滑、移动、松散或不均匀下沉且无地下水），以及挖方深度不大时，开挖可不放坡，采取直立开挖。基坑宽应稍大于基础的设计宽度。回填土方区的填土顺序应为先深后浅、分层回填；每填一层就夯实一层，直到设计标高。

2. 场地平整与找坡

挖、填方工程基本完成后，对挖、填出的新地面进行整理。要铲平地面，使地面平整度变化限制在0.05m内。根据各坐标桩标明的该点挖、填高度数据和设计坡度对场地进行找坡，保证场地内的各处地面都达到设计坡度。

3. 注意事项

根据场地旁存在的构筑物、园路、管线等因素，确定边缘地带的竖向连接方式，调整连接点的地面标高。还要确认地面排水口的位置，调整排水沟（管）的底部标高，使地面与周边地坪的连接更自然，排水、通道等方面的矛盾降到最低。

步骤四：地面施工

1. 塘渣回填层

基础夯实后，对局部超过设计标高的腐殖土、淤泥等必须做换土处理，然后进行塘渣回填，塘渣回填应符合设计标准，厚度一般在350mm左右。

2. 碎石垫层

填入150mm厚的碎石，夯实两遍。

3. 素混凝土垫层

该层是广场的承重层，强度要求较高，应采用商品混凝土浇筑。浇筑完成后应覆盖保养布，并浇水养护，养护天数为7d。

4. 面层铺装（图2-21）

1）在素混凝土垫层上放样，根据设计标高和位置打好横向桩和纵向桩后拉线。纵向线为每隔1块板拉1条，横向线则按施工进展向前移动，移动距离为1块板的长度。

2）将素混凝土垫层扫净后洒水润湿，略干后先将1∶2水泥砂浆在垫层上平铺一层（厚度为3cm）作为结合层，铺好后抹平。

3）在结合层上浇一层薄薄的水泥浆，然后按设计图案进行各种花岗石的铺装，注意留缝宽度按设计要求保持一致。面层每拼好一块，就用平直的木板垫在顶面，以橡胶锤在多处振击（或垫上木板，锤击打在木板上），使所有的花岗石的顶面均保持在一个平面上，这样可使广场铺装十分平整。

4）路面铺装完毕后，再用干燥的水泥砂粉撒在路面上，并扫入砌块的缝隙中，把缝隙填满，最后将多余的水泥砂粉清扫干净。花岗石下面的水泥砂浆会慢慢硬化，使花岗石与下面的素混凝土垫层紧密结合在一起。

5）施工完成后进行多次浇水养护。

图2-21 花岗岩面层铺装

5. 施工注意事项

1）在铺装前，应按设计要求及“先中心后外缘，先内侧后外侧”的原则，根据板材的颜色、花纹、图案、纹理等进行试拼并编号。应尽可能不使用非整块板，如必须使用时，应将其铺设在不显眼的墙根处。

2）板材应先用水浸湿，待擦干或表面晾干后方可使用。

3）铺设石板（砖）应从基准线处开始，第一行石板（砖）必须对准基准线，以后各行紧贴前行铺设。每块石板（砖）铺设时，基层应湿润，并刷一层掺胶水泥浆作为结合层；然后在铺设处套浆，把干硬性水泥砂浆摊铺并刮平后，将石板（砖）铺贴在水泥砂浆上。要求铺平铺实，如有不平不实，应用橡胶锤进行敲打。石板（砖）拼缝应尽量小，当设计无规定时，拼缝宽度不应大于1mm。边角处不够整板时，应根据边角形状及尺寸，预先将石板（砖）切割，去掉不需要的部分，再铺贴上去；应紧密贴合，不得有空隙，也不得用碎块去拼凑。

4）在实际操作时，干硬性水泥砂浆摊铺并刮平后，操作工双手对角握住板材靠身边一侧落地，然后平衡就位；用橡胶锤或木锤在石板（砖）中间区域敲击，严禁敲击石板（砖）四角，击实后的石板（砖）应略高于基准标高线；双手对握，同时提起石板（砖）四角移至一旁，在已被击实的结合层上均匀地浇一层水泥浆，接着将石板（砖）重新就位，再用锤轻轻敲击石板（砖）中部，边敲边用水平尺检查平整度。用钢直尺和手触摸的办法检查石板（砖）拼缝是否平整，检查石板（砖）是否与基准线对齐，如发现不符合要求时，应立即进行修整。

5）石板（砖）铺装完成后的第二天开始适当的撒水养护，养护时间为5~7d。严禁上人走动和摆放货物。

6）在石板（砖）铺装完成3d后进行嵌缝。先用干净的抹布擦净板面，然后用橡胶刮板将水灰比为0.5的掺色（与板材同色）水泥浆刮入缝内，要求填实、刮满。待收水时，再用海绵抹子添浆抹实一遍，最后用过水海绵擦净。磨光板材的表面应使用干回丝擦净。

7）各种地面施工应符合相关技术规范的要求，每道工序施工完毕后，待监理工程师检查合格后方可进行下一工序的施工。

8）各种地面施工时必须重视原材料质量，过期、受潮或安全性差的水泥严禁使用。采用中粗砂为集料，含泥量不得大于3%。严格控制砂浆水灰比，砂浆稠度不得大于3.5cm，且搅拌要均匀。面层作业开始前，必须认真清理基层，对基础进行浇水湿润，但不得积水。对原作为硬化地坪利用过的基础，必须彻底清除施工过程中的积淀物，尽量使结合层砂浆均匀，避免由于结合层不均匀而造成砂浆凝结、硬化时收缩不均匀，导致产生裂缝、空鼓。

步骤五：成品保护

1）石板（砖）、玻化砖、陶板等材料及其他半成品进场后，经检验合格，在指定地点分类码放整齐，使用时轻拿轻放，不可乱扔乱堆，以免损坏棱角。

2）铺设石板（砖）面层时，操作人员应穿软底鞋，且不得在地面上敲砸，防止损坏面层。在铺装操作过程中，对已安装好的管道及管线要加以保护。

3）切割石板（砖）时，不得在刚铺砌好的面层上操作。

4）铺砌砂浆抗压强度达到1.2MPa时，方可上人进行操作，但砂浆不得存放在板块上。铁管等硬器不得碰坏面层，并对铺好的面层进行覆盖保护。

【考核与评价】

单元考核与评价见表2-3。

表2-3 单元考核与评价

考核内容	考核要求与标准（100分）	学生自我评价	教师评价
1. 结构层	各层的强度、坡度、厚度、标高和平整度等应符合设计要求，上、下层结合应牢固（15分）		
2. 缝隙	变形缝的位置、块材间缝隙的大小及填缝的质量应符合设计要求（20分）		
3. 面层	（1）不同类型面层的结合及图案应正确（5分） （2）各层表面对水平面或对设计的坡度的允许偏差，不应大于30mm；供排除液体用的带有坡度的面层应做泼水试验，以能排除液体为合格（5分） （3）块料面层相差两块料间的高差，不应大于允许偏差（8分） （4）面层不应有空鼓、裂纹、脱皮、麻面和起砂等现象（6分） （5）面层中块料行列（接缝）在5m长度内，直线度的允许偏差不应大于有关规定（6分）		
4. 厚度	各层厚度对设计厚度的偏差，在个别地方偏差不得大于该层厚度的10%，在铺设时检查（15分）		
5. 平整度	各层的表面平整度，应用2m长的杠尺和塞尺检查。如为斜面，则应用水平尺和样尺检查。各层表面对平面的偏差，不应大于规范规定（20分）		

【知识链接】

1. 现代广场铺装材料的应用

（1）材料选择的多样性

现代广场铺装材料既有传统材料也有新材料。传统材料是指古代园林中常用的材料，如石材、鹅卵石、青砖等。这些常见材料在广场铺装中依然焕发生命力，且应用领域越来越广泛。经过加工处理后，不同色彩和质感的花岗石板材作为铺装材料，能使整个环境显得整洁、优雅。陶瓷制品的新品种也不断涌现，如麻面砖、劈离砖等。近年来出现的陶瓷透水砖，由于用其铺设的场地能使雨水快速渗透到地下，增加地下水含量，因此在缺水地区的应用前景十分广阔。混凝土路面有良好的可塑性和经济实用等优点，受到使用者的青睐。用于装饰路面的有彩色混凝土、压印混凝土、混凝土路面砖、彩色混凝土连锁砖、仿毛石砌块等。

（2）科技含量不断提高

技术水平的不断提高显著增强了材料的景观表现力，使现代园林景观更富生机与活力，如压印混凝土又称为强化路艺系统，是在施工阶段运用彩色强化剂、彩色脱模剂、无色密封剂等化学原料对未硬化的混凝土进行固色、配色和表面强化处理后得到的一种混凝土。其强度优于其他材料的路面，甚至优于普通混凝土路面；其图案、色彩的可选择性强，可以根据需要压印出各种图案，产生美观的视觉效果。与传统沥青路面不同，表面用树脂粘附荧光玻璃珠的沥青路面，既在夜晚有助于行车安全，也为原本平淡的道路增色不少。

随着科技的进步，园林材料的种类不断丰富、应用不断拓展是一种必然趋势。园林建设者在选用材料的过程中，一方面要坚持因地制宜、就地取材的基本原则；另一方面，要有与时俱进的精神，勇于推陈出新，不断探索和尝试新材料的使用和推广。

2. 常见的广场铺装施工方法及其特性

(1) 砂、碎石铺装（图2-22）

施工方法：在平整的路基上直接铺设砂粒或碎石。

色调：呈使用砂粒或碎石本身的颜色，根据材料可以有较鲜艳的色彩，也可以是较沉稳的色彩，也有各色碎石或砂粒混合的材料。

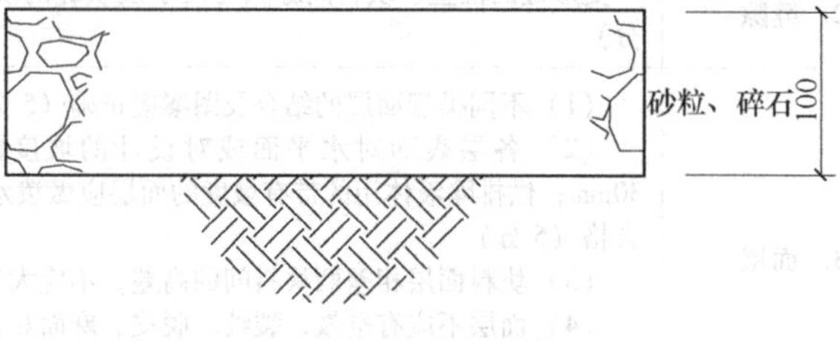

图2-22　砂粒、碎石铺装示意

质感：砂粒或碎石的自然铺设，走起来很舒适。

耐久性：作为维持管理的内容，需要定期补充砂粒或碎石，并平整路基。

(2) 砖铺装（图2-23）

施工方法：参考本项目中园路混凝土砖面层的施工方法。

色调：每块砖的颜色都有微妙的变化，呈现特有的烧制色调。

质感：朴素的烧制肌理，细微变化的表面，具有自然、厚重之感；不易打滑，接缝的线形也有呈现图案状的组合。

耐久性：有耐盐碱的效果，寒冷地区也能使用；但是表面耐冲撞的性能较差，较易出现边角缺损的现象。

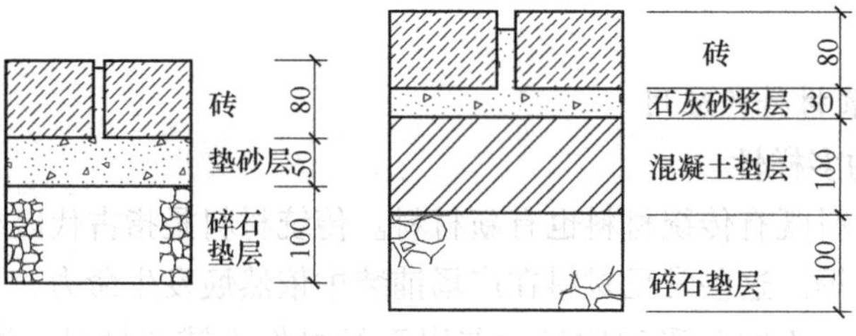

图2-23　砖铺装示意

其他特征：长期使用后的砖都具有不同的颜色与肌理。

(3) 丙烯酸类树脂铺装（图2-24）

施工方法：将带砖缝的模板（厚约2mm）粘贴在基层上，放入材料，并用抹子抹平后，把模板拆掉。材料是丙烯酸类树脂及树脂水泥等，这种铺装也被称为瓷砖状涂刷式树脂铺装。

色调：根据颜料的调配选择色调。

质感：根据使用材料的不同，其表面质感也呈不同种类，砖缝一般为宽10mm、深2mm的凹槽。

耐久性：表面的保护层为2mm左右，作为涂刷式铺装，其耐久性较强。

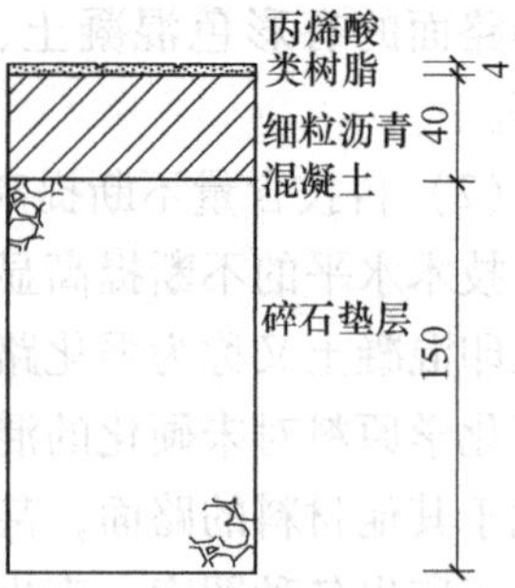

图2-24　丙烯酸类树脂铺装示意

其他特征：因为有自由的可变性，在预制模板上可以方便地设计不同的铺砖尺寸的组合。

(4) 连锁砌块铺装（图2-25）

施工方法：连锁砌块是相对较厚的一种混凝土砌块铺装材料，耐磨耐压。不同的铺装砖之间的组合能够达到很好的效果，能够组合成多种图案。具体的施工方法参考本项目中园路混凝土砖干铺法施工工艺。

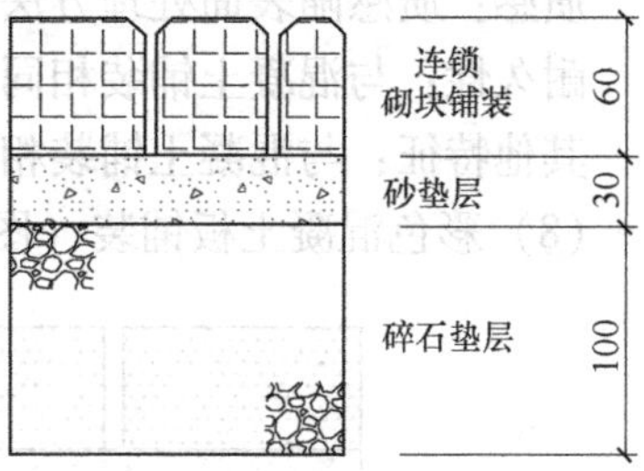

图 2-25　连锁砌块铺装示意

色调：通过砖块色彩的变化可以表现出各种各样的色调。

质感：具有混凝土本身特有的质感，又有几何图形复杂的图案组台。表面处理有水刷石或水磨石型，接缝也有直拼型的，走在上面稍微有些硬质的感觉。

耐久性：车行道也可使用，具有较强的耐久性。

其他特征：被用作停车线标志的情况有很多；使用透水性材料进行施工的情况也较多。

（5）人工草坪铺装（图 2-26）

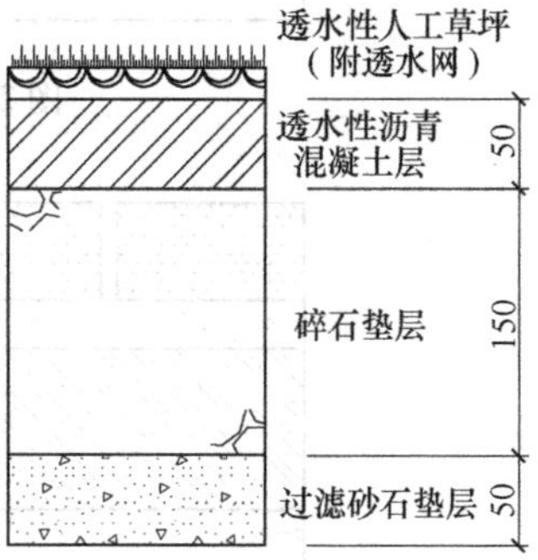

图 2-26　人工草坪铺装示意

施工方法：在基层上铺设人工草坪，有时采用与基层粘接或在透水沥青上铺设人工草坪的方法。

色调：以绿色系材料为多。

质感：不易打滑，能够感受到材质的柔软性。

耐久性：在交通量较多的地方容易引起损坏。

其他特征：一般多用在网球场等体育场所，在道路或广场上使用的例子不是很多。因为走起来有一种柔软、舒适之感，期待着将来开发出耐久性更强的材料。

（6）嵌草预制砖铺装

施工方法：用留有种植物空隙的预制砖通过砂石垫层或干灰土粘接层铺设在路基上，然后在预制砖的空隙中放入砂质种植土，提供草坪生长的条件。空隙制作在预制砖成型制品上，并通过连续的排列使草坪成片。

色调：预制砖的材料有水泥（白色系）、烧制砖（茶色及灰色系）等。生长在嵌草预制砖中的绿叶可以很好地减弱阳光在白色系材料上的反光，如果与茶色或灰色系预制砖配在一起，会给人一种舒适、放松的感觉。

质感：根据季节、生长状态或修剪程度的不同而发生变化，看上去有一种整齐而富有变化的感觉。走在上面有一种与草坪相似的柔软感。但是，如果鞋底的长度及步幅与嵌草预制砖不匹配的话，走起来会不舒服。

耐久性：虽然这种预制砖铺装是按照透水性构造设计的，但是因为排水不良的原因，会影响其耐久性。特别是当施工中采用砂垫层时，容易因受力不均而引起排水不良，进而导致铺装材料破裂。预制砖的损坏与踏压、干湿变化等原因有关，因此施工后应特别注意保持良好的维护管理。

其他特征：夏季可以缓和硬质铺装的反射光。

（7）彩色混凝土铺装（图 2-27）

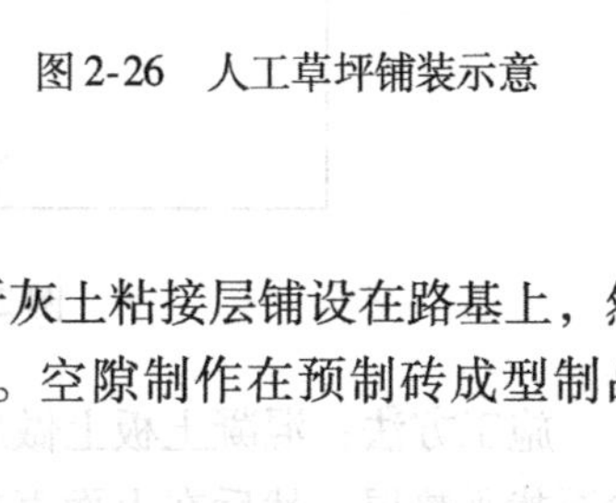

图 2-27　彩色混凝土铺装示意

施工方法：用加入颜料进行着色的彩色混凝土进行铺装。

色调：根据颜料来决定色调。

质感：质感随表面处理方法的不同而改变，走在上面有一种坚实感。

耐久性：与混凝土铺装相同，耐久性较强。

其他特征：与混凝土铺装相同，应设置伸缩缝。

（8）彩色混凝土板铺装（图 2-28、图 2-29）

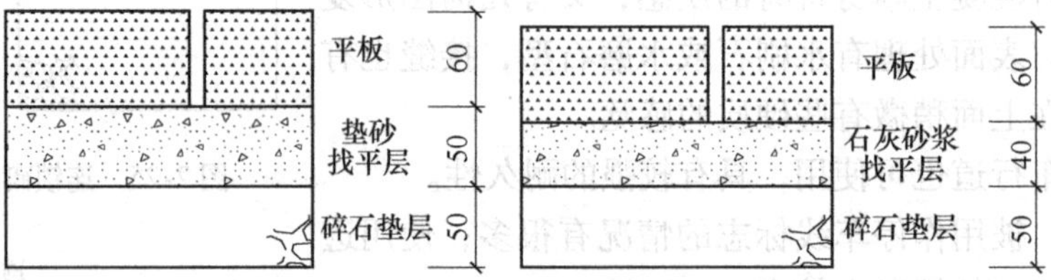

图 2-28　彩色混凝土板铺装示意（人行道）

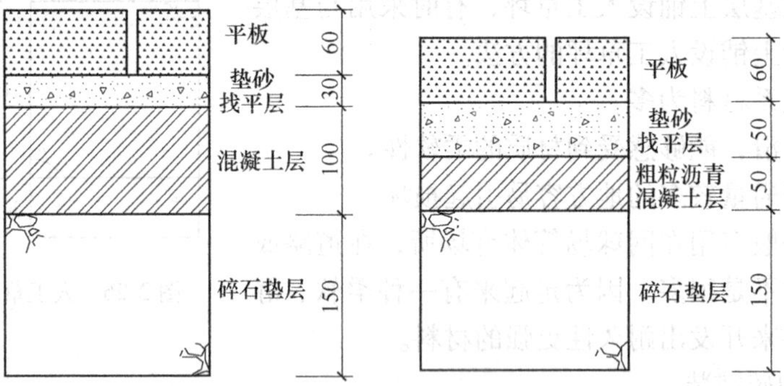

图 2-29　彩色混凝土板铺装示意（车行道）

施工方法：混凝土板上做成表面呈砖型的彩色铺装材料。施工时在路基上铺 30mm 厚的砂石找平垫层，然后在上面直接铺设彩色混凝土板。

色调：使用无机颜料，不易褪色，色调很丰富。

质感：面层平整，表面由各种石粒组成，具有丰富的色彩；表面做成凹凸的图案或采用不同工艺进行加工，不易打滑。

耐久性：有很强的耐压性与耐磨性。

其他特征：除普通的彩色混凝土板外，还有具备透水性及缓和反射光、隔热等其他特性的混凝土板铺装材料。

（9）水刷石混凝土板铺装

施工方法：在混凝土板的表面贴上天然鹅卵石或碎石，在混凝土还未完全硬化时，用水洗刷表面，使其露出卵石或石子，创造出如同大自然中的石质美感。具体施工方法与彩色混凝土板铺装相同。

色调：完全自然的天然卵石或碎石的色调。

质感：因为表面露出卵石或碎石，看上去、走上去都有一种凹凸变化的自然之感。

耐久性：经过较长一段时间的使用后，石粒会出现剥落现象，而且会从此处不断扩大。如果排水沟的边缘采用这种做法时，石粒间的粘接混凝土等较容易被磨损。

其他特征：步行时的感觉十分舒适，但是对于鞋跟较高的步行者会有一些负面的效果，所以应考虑其适用的场所。

(10) 水刷石混凝土铺装（图2-30）

施工方法：在混凝土还没有完全硬化时冲洗其表面，使混凝土内的石粒露出。

色调：通过使用不同颜色的集料，使其呈鲜艳或朴素的色调。

质感：可以从表面直接看到集料的自然质感，随着集料的大小和形状的不同，其表面肌理也不一样；走上去感觉较坚硬。

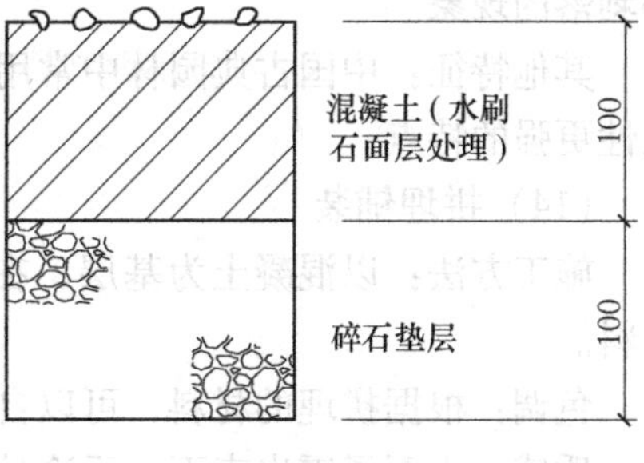

图2-30 水刷石混凝土铺装示意

耐久性：与混凝土铺装相同，耐久性较强，有时会发生局部面层集料脱落的现象。

(11) 水磨石板铺装

施工方法：采用花岗岩或大理石等天然石材作为主要材料，通过磨切表面处理等工艺制成平板，具体施工方法与彩色混凝土板铺装相同。

色调：表面有光泽，具有天然石材的色调。

质感：质感与表面石材的材质有很大关系，有绚丽的色泽，也有凹凸不平的面层设计，给人以豪华感。

耐久性：与混凝土板具有相同的耐久性。

其他特征：因为表面遇水时易打滑，所以作为室内铺装材料最为适合。

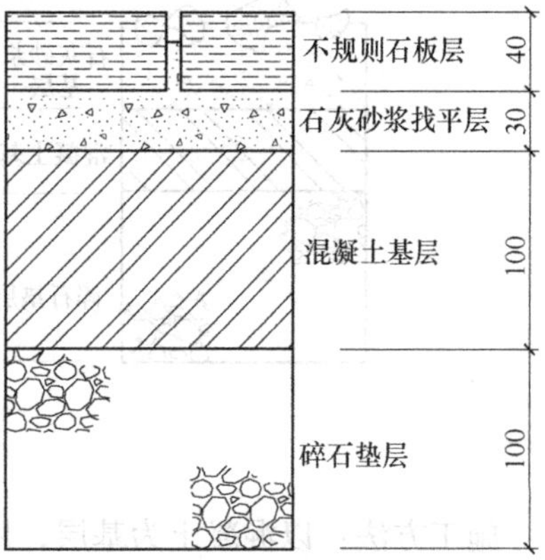

图2-31 不规则形石板铺装示意

(12) 不规则形石板铺装（图2-31）

施工方法：以混凝土为基层，用石灰砂浆粘接不规则形石板。石板的材质多种多样。

色调：比单一的石材有更多的选择余地，可以利用不同色调的石板进行配色组合。

质感：根据石板的材质与表面加工程度的不同，石板的质感可以从细微的凹凸变化的表面到较为平滑的表面进行自由选择；走在上面有一种坚硬感。

耐久性：耐久性较强，如果用厚2～3cm的石板，有时会发生部分剥落的现象。

其他特征：如果石板的厚度达到一定程度，可以省略混凝土基层。

(13) 镶拼地面铺装（图2-32）

施工方法：以混凝土为基层，用石灰砂浆粘接小方琢石、砾石、卵石、陶瓦片等材料组合成图案。

色调：可以自由选择材料的色彩及配色。

质感：根据材质与设计的图案，可以自由选择

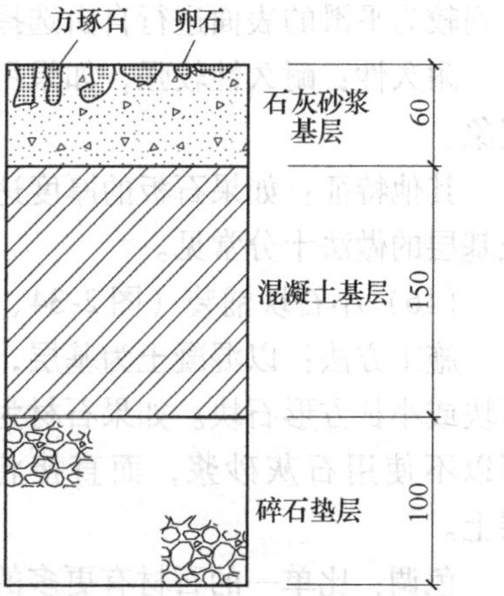

图2-32 镶拼地面铺装示意

各种细微的凹凸变化，也可以选择平滑、有光泽的石材进行铺装。

耐久性：作为步行道的铺装时耐久性较强，但是会出现部分石材因长时间使用而作为局部剥落的现象。

其他特征：中国古典园林中常用灰土基层，如今是普遍使用水泥砂浆，具有更坚固、耐久性更强的特点。

（14）拼埋铺装

施工方法：以混凝土为基层，在石灰砂浆上或直接在混凝土表面按一定间距拼埋铺装材料。

色调：根据拼埋的材料，可以自由选择色调与配色。

质感：小石子露出表面，无论是看上去还是走起来都有一种凹凸不平的感觉，充满着自然的氛围。

耐久性：与混凝土铺装类似，耐久性强，如果交通量不大的话，也可用于车行道铺装。小石块等铺装材料较小时，容易引起发生局部剥落的现象。

其他特征：与混凝土铺装相同，需要设置伸缩缝。

（15）料石铺装（图 2-33）

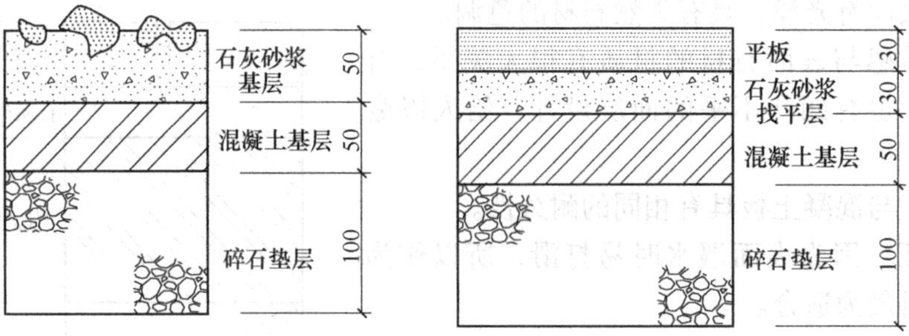

图 2-33　料石铺装示意

施工方法：以混凝土为基层，用石灰砂浆粘接长方形、正方形等整形石板。

色调：可以选择各种色彩的石材，也可以利用不同色彩的石板进行配色的组合。

质感：根据石板的材质与表面加工程度的不同，石板的质感可以从细微的凹凸变化的表面到较为平滑的表面进行自由选择；走在上面有一种坚硬感。

耐久性：耐久性较强，如果用厚 2 ~ 3cm 的石板进行铺装，有时会发生部分板材剥落的现象。

其他特征：如果石板的厚度达到一定程度时，省略混凝土基层的做法十分常见。

（16）小石块铺装（图 2-34、图 2-35）

施工方法：以混凝土为基层，用石灰砂浆粘接小正方形石块或小长方形石块。如果石材为花岗石、砂岩等材料，也可以不使用石灰砂浆，而直接将石块自然连接排列在基层上。

色调：比单一的石材有更多的选择余地，可以利用不同色调的石板进行配色组合。

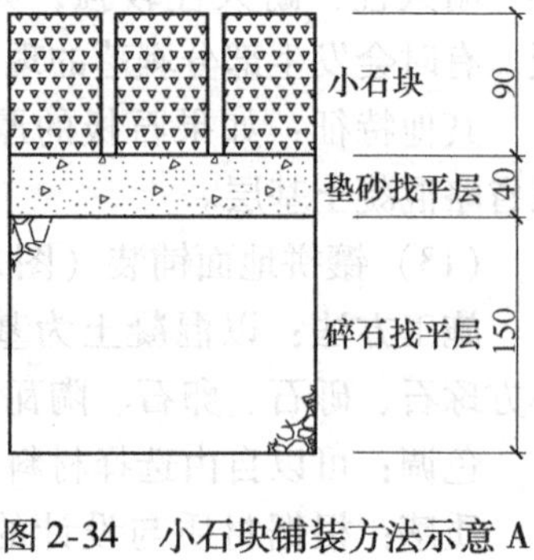

图 2-34　小石块铺装方法示意 A

质感：石材的表面通常呈细微的凹凸变化，经长年使用后会逐渐平滑；有时也使用被打磨加工过的石材。

耐久性：原本是作为行车道的铺装材料，所以其耐久性很强。

（17）混砂粘土铺装（图2-36）

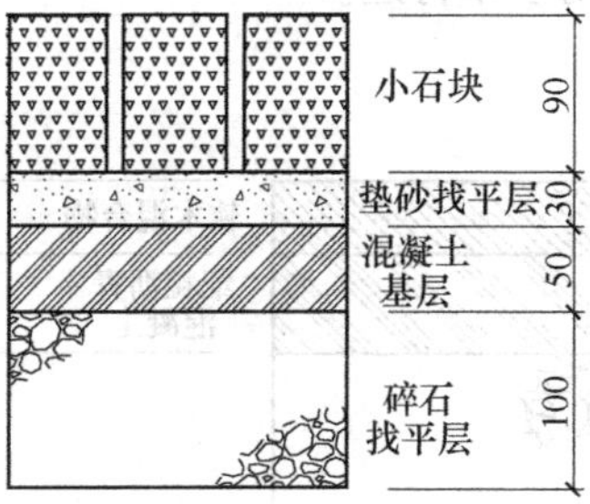

图2-35　小石块铺装方法示意B

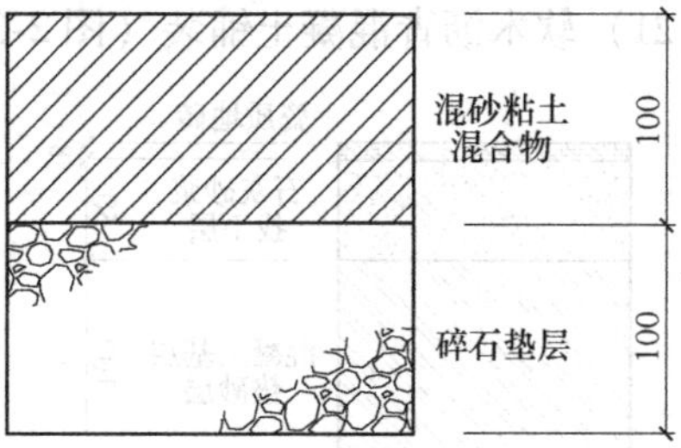

图2-36　混砂粘土铺装

施工方法：用混砂粘土作为原料，并与沥青混凝土面层在常温下进行混合铺设，具体施工方法与一般的沥青混凝土面层施工相同。

色调：呈混砂粘土的色调。

质感：混砂粘土中的粗粒部分可以从面层看到，具有平坦而又有细微的凹凸变化的特征，走在上面有一种柔软的感觉。

耐久性：易被磨损，在交通量较小的地方，可以通过增加铺装厚度的方法来实现通车要求。

（18）仿石地砖铺装

施工方法：仿石地砖是做成仿自然石材表面后烧制成的瓷质地砖的一种，在混凝土基层上用石灰砂浆粘接仿石地砖。

色调：仿石地砖的色彩多种多样，可以自由选择与配色。

质感：与花岗岩的肌理很相似，表面做成细微的凹凸变化的面砖，走在上面不易打滑，有坚硬感。

耐久性：耐久性较强，在交通量不大的地方可以用于车行道。

（19）陶板铺装（图2-37）

施工方法：在混凝土基层上用石灰砂浆粘接陶板。

色调：具有烧制瓷器的色彩变化，具有独特的色调。

质感：虽然表面较平滑，但是还能看到烧制的素朴肌理，色彩浓暗且厚重。

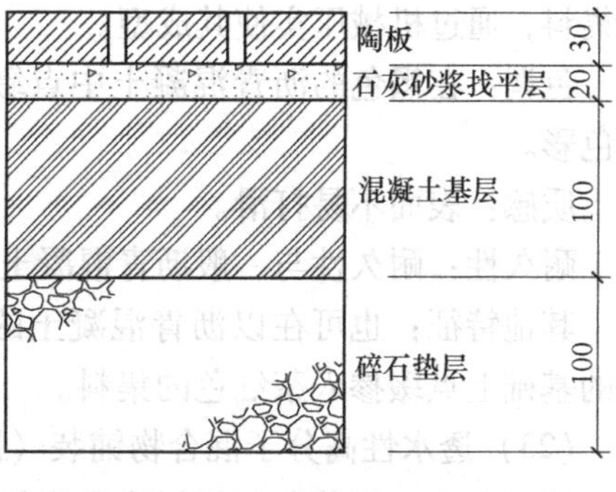

图2-37　陶板铺装示意

耐久性：因为是烧制物，所以耐冲击力差。

其他特征：因为膨胀或收缩的变化较大，需要设置伸缩缝。

（20）瓷质地砖铺装（图2-38）

施工方法：以混凝土为基层，用石灰砂浆粘接瓷质地砖。

色调：瓷质地砖的色彩多种多样，可以进行自由选择与配色。

质感：瓷质地砖有光泽，表面有细微的变化，可选择的类型很多；走在上面有一种坚硬的感觉。

耐久性：耐久性较强，在交通量不大的地方也可以用于车行道。

（21）软木沥青混凝土铺装（图2-39）

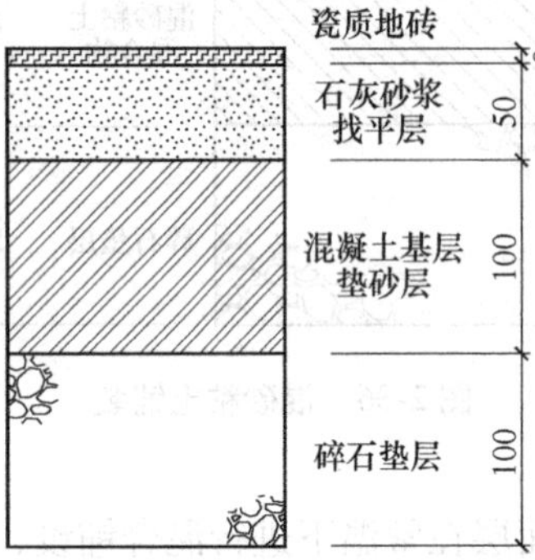

图2-38　瓷质地砖铺装示意

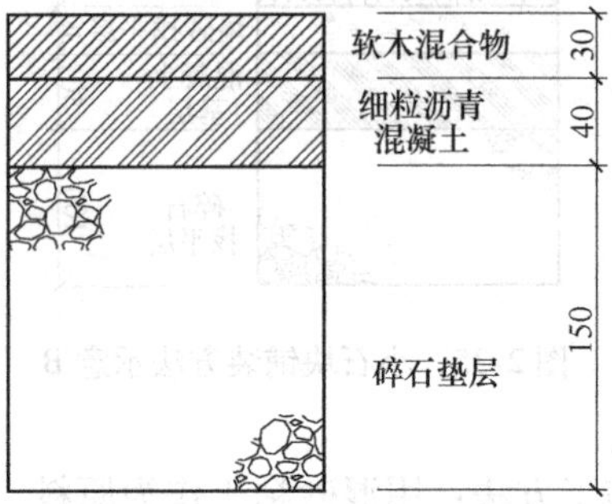

图2-39　软木沥青混凝土铺装示意

施工方法：在垫层上摊铺掺入$\phi 1 \sim \phi 5$mm的轻型有弹性软木颗粒的沥青混凝土混合物，并用机械方法压实、压平。

色调：有沥青混凝土的黑色与添加红色颜料后的茶色两种颜色，通过表面摩擦，会露出颗粒状的软木。

质感：虽然看似平滑，但不易打滑。

耐久性：材料是一种沥青混凝土的混合物，有弹性的轻型软木也是不易被腐蚀的材料，所以耐久性较强。

其他特征：这是一种有弹性的铺装，多被使用在散步道、慢跑道、赛马场等处。

（22）彩色热轧沥青混凝土铺装（图2-40）

施工方法：在细粒沥青混凝土表面均匀散布彩色集料，通过机械压实使其成型。

色调：在黑色的沥青混凝土中点缀着彩色集料的色彩。

质感：表面不易打滑。

耐久性：耐久性与一般沥青混凝土铺装相同。

其他特征：也可在以沥青混凝土的颜色为主色调的基础上点缀掺入茶红色的集料。

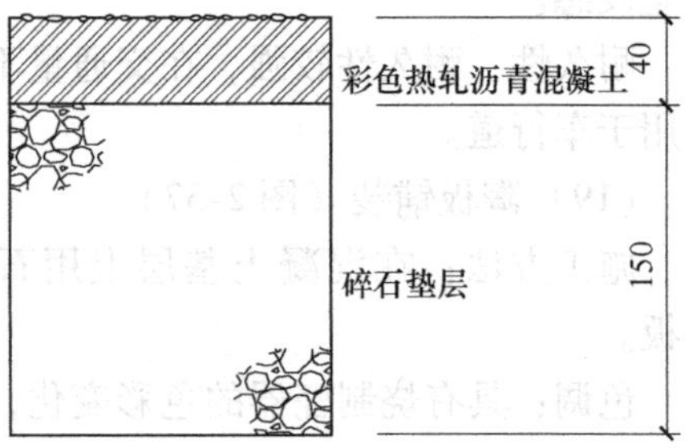

图2-40　彩色热轧沥青混凝土铺装示意

（23）透水性高分子混合物铺装（图2-41）

施工方法：无着色环氧树脂及聚氨酯树脂等高分子材料作为胶粘剂，与直径5mm左右的细砂粒混合，用金属抹子铺设在垫层上。

色调：与使用原料的色调相同，施工后残留下来的高分子树脂光泽将随时间逐渐消去。

质感：因为是透水性铺装，不会积水，能够体验到一种自然砂粒道路的感觉。

耐久性：在沥青混凝土基层不坚固的情况下，容易产生裂缝。

其他特征：此铺装是一种比较新的施工工艺，施工效果十分引人注目。

（24）聚氨酯材料铺装（图2-42）

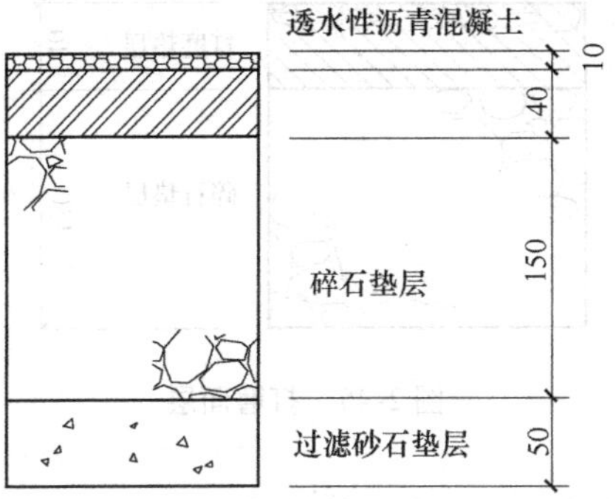

图2-41　透水性高分子混合物铺装示意

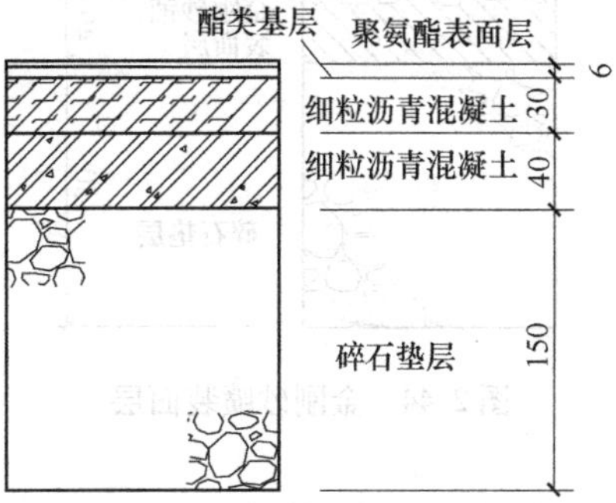

图2-42　聚氨酯材料铺装示意

施工方法：将聚氨酯树脂着色后，用金属抹子或刷子涂刷在基层上，作为聚氨酯树脂的保护面层；采用3mm左右的橡胶颗粒混合物，通过金属抹子或专用铺路机进行铺设。

色调：基本上能够自由选择希望的色调，但由于黑色橡胶颗粒混合物的摩擦，会使其呈黑色调。

质感：通过面层处理，可以做成相对不易打滑的路面。

耐久性：每隔2~3年需要重新喷涂一次面层。

其他特征：在运动场、校园、高尔夫球场的人行道上经常使用这种铺装，有一定的弹性，走在上面比较舒适，将成为应用最广泛的人行道铺装之一。

（25）环氧树脂灰浆铺装（图2-43）

施工方法：将着色的环氧树脂、硅砂和水泥混合后，用金属抹子涂抹在基层上。

色调：环氧树脂的着色相对比较自由，因为有硅砂本色的影响，一般呈白色调。

质感：表面呈粗糙的纸状，不易打滑。

耐久性：耐久性较强，但是在沥青混凝土基层不十分坚固的情况下，较易产生裂缝。

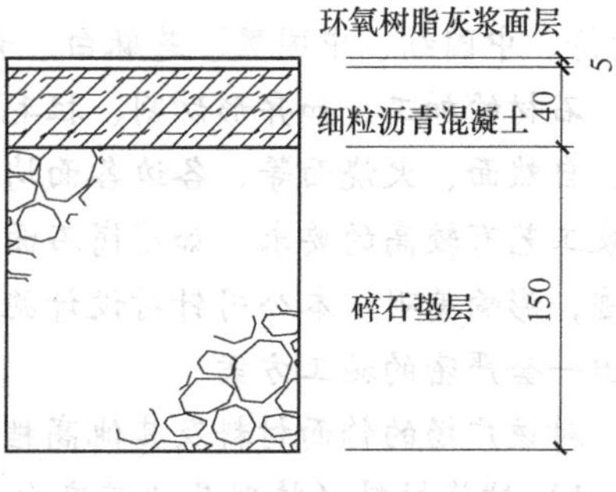

图2-43　环氧树脂灰浆铺装示意

（26）半刚性铺装

在粗粒沥青的间隙中填充添加了具有柔软性的特殊树脂的水泥，可以改善沥青混凝土易流动变形及耐油性差的弱点；同时还可以通过水泥塑胶的着色、打磨等方法，作为彩色铺装来使用。

1）金刚砂喷装面层（图2-44）

施工方法：在半刚性铺装的表面，用金刚砂喷装面层，通过强调材料的质感来表现自然之感。

色调：可以使用彩色颜料或塑胶进行着色。

质感：表面粗糙，不易打滑。

耐久性：耐久性与普通沥青混凝土铺装类似，在交通量大的地段也可以使用。

2）打磨面层（图2-45）

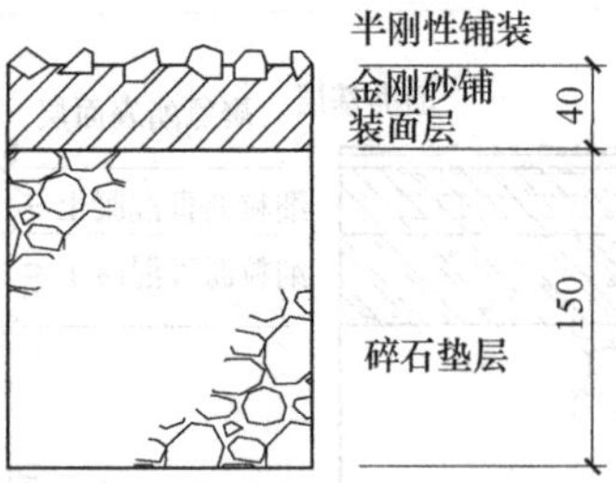

图2-44　金刚砂喷装面层

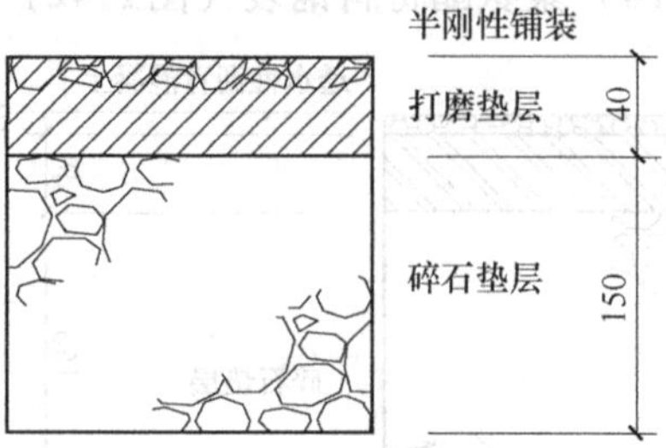

图2-45　打磨面层

施工方法：在半刚性铺装的表面掺入砥石，并对其进行打磨，使铺装表面出现如同水磨石的效果。

色调：通过料材的颜色或塑胶着色来达到希望的色彩。

质感：虽然表面较平滑，但是相对不太容易打滑。

耐久性：与普通沥青混凝土铺装相同。

【工程案例】

某广场铺装工程施工方案

某广场景观绿化工程的铺装工程是整个景观的一大亮点，其形式丰富，材料的选择与铺装施工工艺成为整个工程的最为醒目之处。大面积铺装、材料品种繁多是最能体现施工队伍铺装技术的地方。对铺装材料的挑选应细致认真，可选的铺装材料有大理石，还是花岗岩（黄锈、中国红、中国黑、芝麻白、青石、芝麻灰、）、雨花石等。

石材的加工，如异形切割、拉毛面、拉丝面、斧凿面、小蘑菇面、菠萝面、光面、荔枝面、自然面、火烧面等，各边各面均细致加工，特别是二次加工和三次加工。石材的安装对安装工艺有较高的要求，如花岗石面层，其缺点为花岗岩遇偏酸性水容易泛碱，使地面产生碱迹，影响美观。本公司针对设计施工图样中的景观工程做了细致的研究和分析，归纳和总结出一套严密的施工方案。

对该广场的饰面材料及其他高档景观材料的铺装工艺总结了两个重点：

1）铺装材料（特别是“芝麻白、中国黑”等碱性材料）会在拼缝中出现异色现象，应特别重视这一问题。

2）地面铺设后对水泥浆的残余留痕，本公司将采取“一刷、二擦、再擦”的办法，保证“荔枝面、火烧面”等装饰材料有较好的清晰度。

具体的施工工艺如下：

1. 施工前的准备

(1) 熟悉设计文件

施工前，由施工单位组织有关人员熟悉设计文件，以便编制施工方案，为施工创造条件。

(2) 编制施工方案

施工方案是指导施工并控制预算的文件，一般的施工方案在设计施工图阶段的设计文件中已经确定，但施工单位应做进一步调查研究，根据工程的特点，结合具体的施工条件，编制出更为深入而具体的施工方案。

2. 现场准备工作

(1) 场地清理

在广场道路工程涉及的范围内，凡是影响施工的地上、地下物均应在开工前进行清理，对于保留的大树应确定保护措施。

(2) 备料

现场备料多指自采材料的组织运输、收料和堆放，但外购材料的调运和储存工作也不能忽视。一般在开工前，材料进场应在70%以上；若有运输能力，且运输道路畅通，在不影响施工的条件下可边用边运。自采材料的备置堆放，应根据路面结构、施工方法和材料性质而定。

3. 施工放线

在进行施工测量的过程中应注意编制测量用表及中线交点（JD）和转角点（ZD）的栓桩记录示意图。

4. 修筑路槽

在修筑各种路面前，先在要修建的路面下修筑路面用的浅槽，经碾压后使用更加稳定坚实。一般路槽有挖槽式、培槽式和平挖半路式三种，修筑时可由机械或人工进行。

5. 稳定层的施工工艺

1）在基础上定点放线，每隔10m测设一点，根据设计尺寸确定其中心线、边线及标高后打设龙门桩；然后在广场整体边线处放置施工挡板，高度应在8cm以上，但不宜过高，并在挡板上画出标高线。

2）在浇筑混凝土稳定层前，在基层上洒一层水或1∶3水泥砂浆。

3）按设计要求搅拌、浇筑、振捣混凝土，并用长1m以上的刮尺将混凝土表面刮平；稍干后，再用抹灰板抹至设计标高。施工中应考虑其表面坡度。

4）混凝土稳定层施工完成后，应及时进行养护。养护时可用湿稻草、湿砂或塑料膜覆盖其表面上进行养护。

6. 面层的施工工艺

1）在已完成的稳定层上重新定点放样，一般按10m一个施工段确定其边桩、中心桩，然后挂线。

2）铺装前，首先确定路面材料的列数及铺装顺序，在广场上根据板块尺寸弹好分隔线，并拉线。

3）将稳定层清扫干净，并浇水浸润，略干后铺设1∶2干硬性水泥砂浆结合层。

4）在结合层上浇一层水泥浆，然后按设计图案进行铺装。铺装时要求缝隙保持一致，面层每铺好一块，应用平直木板垫在上面，用橡胶锤多处振击，使所有石板的表面均保持平整（图2-46）。

5）路面铺好后，撒上少量干水泥并扫入缝隙中，使缝隙饱满，最后将多余的灰浆、干水泥等清扫干净。

6）施工完成后，应进行浇水养护。

图 2-46　广场铺装面层施工

【思考与练习】

1. 广场基础施工放样的方法有哪些？
2. 广场异型铺装的施工放样有哪些方法？
3. 广场面层铺装时应该注意哪些方面？
4. 调查某广场的铺装类型，写出其施工方案。

项目3

假山工程施工

【工作任务】

1. 任务1 天然假山施工
2. 任务2 塑石假山施工

【知识目标】

1. 了解假山材料、置石的种类。
2. 掌握天然假山的叠山方法及结构施工的要点。
3. 了解塑山施工的工艺流程与技术要点，初步掌握假山模型的制作方法。
4. 了解置石的安置和搭配。

【技能目标】

1. 会根据假山施工图挑选假山材料。
2. 能熟练掌握假山堆叠技术。
3. 能独立完成天然假山基础的施工。
4. 会处理拉底，能进行中层及收顶、做脚的施工。
5. 会用GRC工艺进行塑石假山施工。

【教学建议】

1. 园林假山工程教学可以在校内一体化场地完成。天然假山应根据地区差异选用不同的材料；塑石假山在训练时的体量较小，可根据分组情况合理地安排场地。

2. 假山施工技术操作应结合场地边讲边训练，训练完毕应及时进行验收，以检验教学质量。

3. 宜安排大型假山的实地考察，提高对园林假山施工课堂基础知识的感性认识。

园林工程的施工区别于其他工程的最大特点就是技术与艺术并重，施工的过程也是再创造的过程，假山的施工典型地体现了这一特点。假山工程施工项目重点讲述天然假山、塑石假山的施工技术。

任务1　天然假山施工

【技能要求】

1. 会挑选天然假山石材。
2. 能熟练掌握天然假山的堆叠技术。
3. 能独立完成天然假山基础的施工。
4. 会处理拉底，能进行中层及收顶、做脚的施工。

天然假山（图3-1）施工是需要施工者具有一定的艺术感和创造能力的工程活动。在从事假山、石景的创作与施工活动中，必须掌握各种类型的假山石景的基本特点和园林应用要求；在熟悉其设计形式和作用特点的基础上，在掌握具体的设计方法和施工技巧后，才能真正做好天然假山的施工工作。

图3-1　天然假山

【工作流程】

天然假山施工流程如图3-2所示。

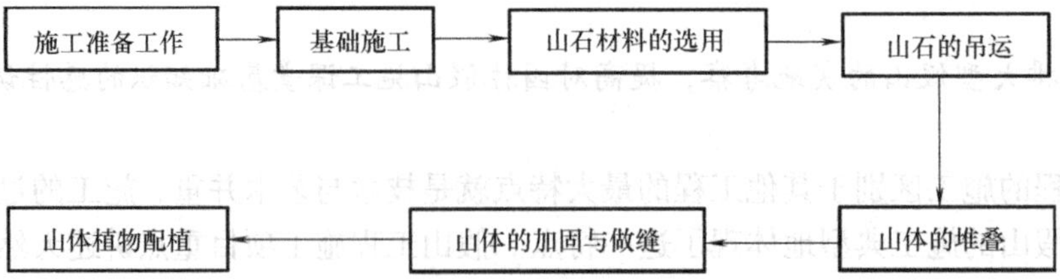

图3-2　天然假山施工流程

【学习与操作】

步骤一：施工准备工作

1. 制定施工计划

施工计划是保证工程质量的前提，它主要包括以下内容：

(1) 识图

与其他工程一样，要以设计图样作为施工依据，熟练识读图样是完成施工的必要条件。但由于假山工程的特殊性，它的设计很难完全到位，一般只能表现山形的大体轮廓或主要剖面。为了更好地指导施工，设计者大多同时做出模型，又由于石头的外形各不相同而不易掌握，因此全面了解设计内容和设计者的意图，是十分重要的。

(2) 勘察现场

施工前必须反复、详细地勘察现场，其主要内容有：

1) 查看土质、地下水位，了解地基土的允许承载力，以保证山体的稳定。在假山施工中，确定地基土承载力的方法主要是凭经验粗略地概括出各种不同条件下的承载力数值，以确定基础的处理方法。

2) 查看地形、地势、场地、交通条件、给水排水的情况及植被分布等，以决定施工方法，以及施工机具的选择、石料堆放及场地安排等。

(3) 相石

相石是指对已购来的假山石仔细观察，了解它们的种类、形状、色彩、纹理、尺寸等，以便根据山体不同部位的造型需要进行统筹安排。对于形态奇特（如石块巨大、挺拔、玲珑等）的石块一定要熟记，以备在重点部位使用。相石的过程是对石材使用的总体规划，使石材本身的观赏特性得以充分发挥。

我国各地可用于掇山的石材有很多，从一般掇山所用的材料来看，假山的石材可以概括为几个大类，每个大类又因地质条件不一而又可再细分为多种。山石的种类见表3-1。

表3-1 山石的种类

山石种类		产地（我国范围）	特征	园林用途
湖石	太湖石	江苏省太湖	质坚石脆，纹理纵、横，脉络显隐，沟、缝、穴、洞遍布，色彩较多，为石中精品	堆山、特置
	房山石	北京市房山区	石灰暗，新石红黄，日久变灰黑色、质韧，也有太湖石的一些特征	掇山、特置
	英石	广东省英德县	质坚石脆，淡青灰色，扣之有声	掇山及几案品石
	灵璧石	安徽省灵璧县	灰色清润，石面坳坎变化，石形千变万化	山石小品及盆品石
	宣石	安徽省宁国县	有积雪般的外貌	散置、群置
黄石		产地较多，江苏省常熟市、常州市、苏州市等地皆产	体形顽劣，见棱见角，节理面近乎垂直，雄浑，沉实	掇山、置石
青石		北京市	多呈片状，有交叉互织的斜纹理	掇山、筑岸

（续）

山石种类		产地（我国范围）	特征	园林用途
石笋	白果笋	产地较多	外形修长，形如竹笋	常作为独立小景
	乌炭笋			
	慧剑			
	钟乳石			
其他类型		全国各地	随石类不同而不同	掇山、置石

2. 劳动组织

假山工程是一门造景技术的工程。我国传统的叠山艺人多有较高的艺术修养，假山工程一般由叠山艺人组成专门的假山工程队，另外还有石工、起重工、泥工、壮工等。假山工程队人数不多，一般以 8 ~ 10 人为宜，他们多为一专多能，能相互支持，密切配合。

3. 施工材料与工具准备

（1）假山辅助材料

堆叠假山所用的辅助材料主要是指在叠山过程中需要消耗的一些结构性材料，如水泥、石灰、砂石及颜料等。

1）水泥。在假山工程中，水泥需要与砂石混合，拌和成水泥砂浆或混凝土。

2）石灰。在古代，假山的胶粘材料是以石灰浆为主，再加进糯米浆使其黏性更强；而现代的假山工艺中已改用水泥作为胶粘材料。石灰则一般是以灰粉和素土混合在一起，按3:7的配合比配制成灰土，作为假山的基础材料。

3）砂石。在配制假山的胶接材料时，应尽量选用粗砂。由粗砂配制的水泥砂浆与山石的质地更接近一些，有利于削弱人工胶合的痕迹。假山混凝土基础和混凝土填充料中所用的石子主要是直径为 2 ~ 7cm 的小卵石和砾石。假山工程对这些石子的质量没有特别的要求，只要石面无泥即可；但用表面光滑的卵石配制的混凝土，其和易性较好。

（2）假山施工工具

1）机械工具

① 起重机。在大型假山工程中，为了增强假山的整体感，常需要吊装一些巨石，在有条件的情况下，配备一台起重机还是必要的。如果不能保证有一台起重机在施工现场随时待用，也应做好用车计划，在需要吊装巨石的时候临时性地租用起重机。

【提示】一般的中、小型假山工程和起重量在 1t 以下的假山工程，都不需要使用起重机，而采用其他方法吊装。

② 吊装起重架。吊装起重架实际上是由一根主杆和一根臂杆组合成的可作大幅度旋转的吊装设备。架设这种杆架时，先要在主山中心点附近的适宜位置挖一个深 30 ~ 50cm 的浅坑，然后将直径 150mm 以上的杉杆直立于坑中作为主杆；主杆的底端用较大的石块围住压紧，而杆的上端则用大麻绳或 8 号钢丝拉向地面上的固定铁桩并拴牢。使用钢丝时应以 2 ~ 4 根为一股，用 6 ~ 8 股均匀地分布在主杆周围；固定铁桩的直径应在 30mm 以上，长 50cm 左右，其下端为尖头，朝着主杆的方向斜着打入地面，只留出顶端供固定钢丝用。最后在主杆上部的适当位置吊拴直径在 120mm 以上的臂杆，利用杠杆原理吊起大石并安放到合适的位置上。

③ 起重绞盘机。在地上立一根杉杆，杆顶用四根大绳拴牢，每根大绳各由一人从四个方向拉紧并服从统一指挥，既能临时固定杉杆，又能随时进行松紧调整，以便吊起山石后能进行水平方向的移动；然后在杉杆的上部安装一个滑轮，用一根大绳或钢丝绳从滑轮中穿过，绳的一端拴吊山石，另一端穿过固定在地面的第二滑轮后与绞盘机相连；最后，转动绞盘机，山石就会被吊起。

④ 手拉葫芦。手拉葫芦简单实用，是假山工程必备的一种起重设备。使用这种工具时，要先搭设起重杆架。可用两根结实的杉杆，将其上端紧紧地捆在一起；再将两杉杆的柱脚分开，使杆架构成一个三角架；然后在杆架上端捆两条大绳，从前、后两个方向拉住以固定杆架，绳端可临时固定在地面的石头上。将手拉葫芦挂在杆顶，就可用来起吊山石。起吊山石的时候，可以通过拉紧或松动大绳和移动三角架的柱脚来移动和调整山石的平面位置，使山石准确地吊装到位。

2）手工操作工具与材料。下面介绍假山与叠石施工常用的手工操作工具（图3-3）。

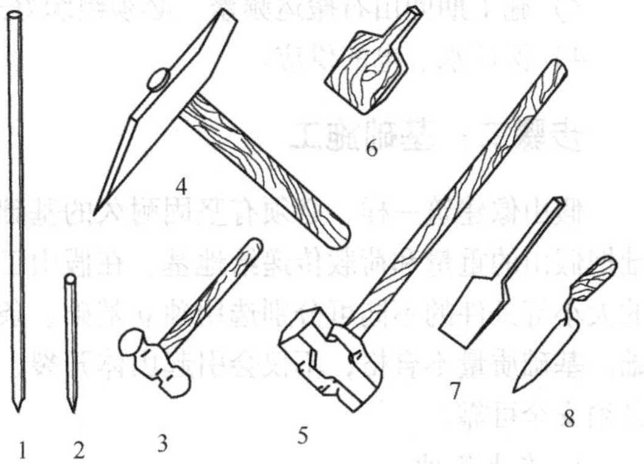

图3-3 假山与叠石施工常用的手工操作工具
1—钢钎 2—錾子 3—小铁锤 4—琢镐 5—大铁锤 6—灰板 7—砖刀 8—柳叶抹子

① 琢镐（小山子）和铁锤。琢镐是一种丁字形的小铁镐，镐头的一端是尖头，可用来凿击需整形的山石；另一端是扁的刃口，如斧口状，可砍、劈山石；中间有方孔，装有木制镐把。铁锤主要用于敲打、修整石形或在稳固山石时对平稳垫片的敲打。最常用的锤子是小铁锤，应当多准备几把，还应准备一个长把大铁锤，用来敲打大石。

② 钢钎和錾子。钢钎采用直径为30～40mm、长度为1～1.4m的钢筋，将其下端加工成尖头状，钢钎主要用来撬大石、插洞等，一般应准备2～5根。錾子用粗钢筋制作，要准备4～8根，每根长300～500mm，直径为16～20mm，下端做成尖头；錾子实际上就是小钢钎，可在山石上开槽、打洞，也可在撬动山石时对山石的位置进行微调。

③ 钢丝钳与断线钳。在用钢丝捆扎山石时，要用钢丝钳剪断和绑扎钢丝。在假山完工时，要用断线钳剪除露在山石外面的钢丝。

④ 竹刷和砖刀。在用水泥砂浆粘接山石之前，需要将山石表面的泥土刷洗干净，竹刷是洗石所必须的工具；竹刷还用于山石拼叠时对水泥缝的扫刷，在水泥未完全凝固前扫刷缝口，可以使缝口更干净，形状更接近石面的纹理。砖刀在砌筑山石中用来挑取水泥砂浆，或用来撬动山石进行位置上的微调。

⑤ 小抹子和镀锌钢丝。小抹子是山石拼叠中抹缝施工的专用工具。镀锌钢丝一般需要准备8号与10号两种规格，根据假山工程量的大小确定钢丝的用量。钢丝主要用于施工中捆扎、固定山石，特别是悬垂在高位的山石。假山完工时，应将露出石面的钢丝全部剪掉。

⑥ 钢筋夹和支撑棍。钢筋夹和支撑棍用于临时性支撑、固定山石，以方便拼接、叠砌假山石，并有利于做缝。待混凝土凝固后或山石稳固后，要拆除支撑物。

⑦ 粗麻绳、脚手架与跳板。用粗麻绳捆绑山石进行抬运或吊装时，绳子上打的结扣既

要结紧，又要容易松开，还要不易滑动。吊起的山石越重，则结扣会越抽越紧。随着假山砌筑高度的增加，施工会越来越困难，达到一定高度时，要搭设脚手架和跳板后才能继续施工。此外，做较大型的拱券式山洞时，也必须要有脚手架和跳板进行辅助操作。

除了以上所述常用的工具和材料以外，一般还要准备一些其他的工具或材料，如用来铲砂和调制水泥砂浆或混凝土的灰铲、装小石及垫石的箩筐、装砂土的簸箕、抬山石的木杠，以及灰桶、铁勺、水管、锄头、铁镐、扫帚、木尺、钢卷尺、手套等。

4. 场地安排

1）保证施工场地有足够的作业面，施工区域不得堆放石料及其他物品。

2）选好石料的摆放地，一般在作业面附近。石料应按使用时间先后有序地排列放置，并将每块石头最具特色的一面朝上，以便施工时进行选择。石块间应留有必要的通道，以便搬运，搬运时尽可能避免小搬运。

3）施工期间山石搬运频繁，必须组织好运输路线，并保证路面平整。

4）保证水、电的供应。

步骤二：基础施工

假山像建筑一样，必须有坚固耐久的基础。假山基础是指它的地下或水下部分，通过基础把假山的重量和荷载传递给地基。在假山工程中，根据地基土的性质、山体的结构、荷载的大小等条件的不同可分别选用独立基础、条形基础、整体基础、圈式基础等不同形式的基础。基础质量不合格，不仅会引起山体开裂、破坏、倒塌，还会危及游客的生命安全，因此必须安全可靠。

1. 灰土基础

（1）放线

清除地面杂物后，根据设计图样进行方格网控制，或目测放线，并用白灰画出轮廓线。

（2）刨槽

槽深应满足设计要求，一般深50~60cm。

（3）拌料

灰土比例为1:3，拌灰时注意控制水量。

（4）铺料

一般铺料厚度为30cm，夯实厚度为20cm，基础打平后应距地面20cm。通常当假山高2m以上时，做一步灰土；假山每增高1m，基础就增加一步灰土。灰土基础比较牢固，不易松动。

2. 铺石基础

常用的铺石基础有两种，即打石钉和铺石，其构造如图3-4所示。当土质不好、堆石不高时使用打石钉；当土质不好、堆石较高时使用铺石。一般假山高2m时，砌毛石40cm厚；假山高4m时，砌毛石50cm厚。

3. 桩基

（1）条件

当上层土壤松软，下层土壤坚实时，使用桩基。在我国的古典园林中，桩基多用于临水假山或驳岸。

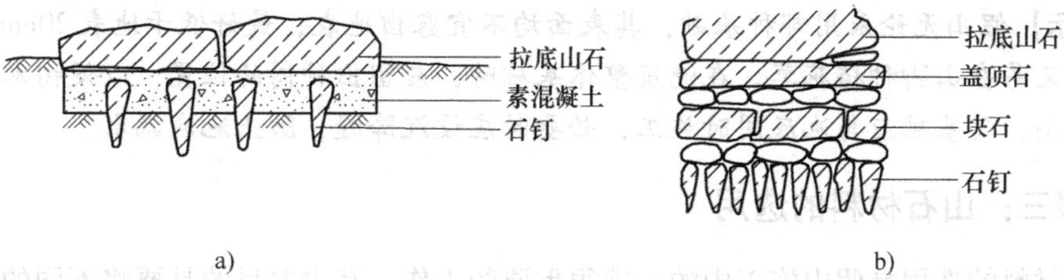

图 3-4 铺石基础的种类

a）打石钉 b）铺石

（2）类型

桩基有两种类型，一种为支撑桩，当软土层不深时，将桩直接打到坚土层上；另一种是摩擦桩，当坚土层较深时，打桩的目的是靠桩与土间的摩擦力起到支撑作用。

（3）对桩材的要求

桩材的木质必须坚实、挺直，弯曲度不得超过10%，并只能有一个弯。园林中常用的桩材为杉、柏、松、橡、桑、榆等，其中以杉、柏最好。桩径一般为10～15cm；桩长由地下坚土深度决定，多为1～2m。桩的排列方式有梅花柱（5个/m^2）、丁字桩和马牙桩，其单根承载量为15～30t。桩基构造如图3-5所示。

（4）填充桩（又称为石灰桩）

填充桩是用石灰桩代替木桩，做法是先将钢钎打入地下一定深度后将其拔出，再将生石灰或生石灰与沙的混合料填入桩孔，捣实而成。石灰桩的作用原理是当生石灰水解熟化时，体积膨大，使土中的孔隙和含水量减少，达到提高土壤承载力、加固地基的目的，这样不仅可以节约木材，又没有像木柱那样易腐烂的缺点。

4. 混凝土基础

现在假山多采用混凝土基础（图3-6），当山体高大、土质不好、在水中或岸边堆叠山石时可使用混凝土基础。混凝土基础强度高，施工快捷。基础深度根据叠石高度而定，一般为30～50cm；常用的混凝土强度等级为C15，配合比为水泥∶沙∶卵石＝1∶2∶4；基础各边一般宽出山体底面30～50cm，对于山体特别高大的工程，还应做钢筋混凝土基础。

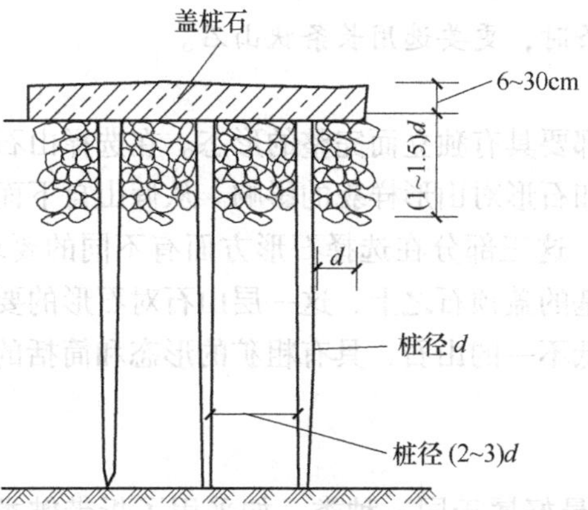

图 3-5 桩基构造

图 3-6 混凝土基础示意

【提示】假山无论采用哪种基础，其表面均不宜露出地表，最好低于地表20cm。这样不仅美观，又易在山脚种植花草。在浇筑整体基础时，应留出种树的位置，以便树木生长。如在水中叠山，其基础应与池底同时施工，必要时应设沉降缝，防止池底漏水。

步骤三：山石材料的选用

山石材料的选用是假山施工中的一项很重要的工作，其主要目的是要将不同的山石选用到最合适的位置上，组成最和谐的山石景观。选石工作从施工开始到施工结束的整个过程中都在进行，需要掌握一定的识石和用石技巧。

1. 选石的步骤

1）主峰或孤立的小山峰的峰顶石、悬崖崖头石、山洞洞口用石需要首先选到，选到后分别做好标志，以备施工到这些部位时使用。

2）选留假山山体向前突出部位的用石，山前、山旁的显著位置上的用石，以及土山山坡上的石景用石等。

3）将一些重要结构的用石选好，如长而弯曲的洞顶梁用石、拱券式结构所用的券石、洞柱用石、峰底承重用石、斜立式小峰用石等。

4）其他部位的用石在叠石造山施工中边用边选，选一块用一块。

总之，山石选择的步骤应当是：先头部后底部、先表面后里面、先正面后背面、先大处后细部、先特征点后一般区域、先洞口后洞中、先竖立部分后平放部分。

2. 山石尺度的选择

在同一批运到的山石材料中，石块有大有小、有长有短、有宽有窄，在叠山选石中要分别对待。假山施工开始时，对于主山前面比较显眼位置上的小山峰，要根据设计高度选用适宜的山石，一般应当尽量选用大石，以削弱山石拼合峰体时的琐碎感。在山体上的突出部位或是容易引起视觉注意的部位，也最好选用大石。而假山山体的中段或山体的内部及山洞的洞墙所用的山石，则可以小一些。墩实、平稳、坚韧的大块山石还可用作山脚的底石；而石形变异大、石面皴纹丰富的山石则应该用于山顶作为压顶的石头；较小的、形状比较平淡而皴纹较好的山石，一般应该用在假山山体的中段。

【提示】山洞的盖顶石与平顶悬崖的压顶石应采用宽而稍薄的山石；层叠式洞柱的用石或石柱垫脚石可选择矮墩状山石；竖立式洞柱、竖立式结构的山体表面用石最好选用长条石，特别是需要在山体表面做竖向沟槽和棱柱线条时，更要选用长条状山石。

3. 石形的选择

除了作石景用的单峰石外，并不是每块山石都要具有独立而完整的形态。在选择山石的形状时，挑选的根据应是山石在结构方面的作用和石形对山形样貌的影响。从假山自下而上的构造来分，可以分为底层、中腰和收顶三部分，这三部分在选择石形方面有不同的要求。假山的底层山石位于基础之上，若有桩基则在桩基的盖顶石之上，这一层山石对石形的要求主要为顽夯、墩实的形状。选一些块大而形状高低不一的山石，具有粗犷的形态和简括的皴纹，可以适应在山底承重和满足山脚造型的需要。

4. 山石皴纹的选择

在假山选石中，要求同一座假山的山石皴纹最好属于同一种类，如采用了折带皴类山石，则以后选用的其他山石也要是折带皴；选了斧劈皴的假山，一般就不要再选用非斧劈皴的山石。只有统一采用一种皴纹的山石，假山整体上才能显得协调完整，可以在很大程度上减少杂乱感，增加整体感。

5. 山石形态的选择

在山石的形态中，形是外观的形象，而态却是内在的形象；形与态是一种事物的两个无法分开的方面。山石的形状，总是要表现出一定的精神态势。瘦长形状的山石，能够给人有骨力的感觉；矮墩状的山石，给人安稳、坚实的印象；石形、皴纹倾斜的，让人感到运动；石形、皴纹平行或垂立的，则能够让人感到宁静、安祥、平和。上述情况说明，为了提高假山造景的内在形象表现，在选择石形的同时，还应注意到山石态势、精神的表现。

6. 石质的选择

石质的主要因素是山石的密度和强度。如作为梁柱式山洞的石梁、石柱，以及山峰下作为垫脚石的山石，就必须有足够的强度和较大的密度；而强度与密度稍差的片状石，就不能选用在这些地方，但可以用来做石级或铺地，因为铺地的山石对承重方面的要求不高。外观形状及皴纹较好的山石，有的是风化过度造成的，其受力性能很差，这种山石就不要用在假山的受力部位。

7. 山石颜色的选择

叠石造山也要讲究山石颜色的搭配，不同类的山石色泽不一，而同一类的山石也有色泽的差异。“物以类聚”是一条自然法则，在假山选石中也要遵循此法则。选择山石的颜色时原则上的要求是，要将颜色相同或相近的山石尽量选用在一处，以保证假山在整体的颜色效果上协调统一。在假山的突出部位，可以选用石色稍浅的山石；而在凹陷部位则应选用颜色稍深的山石。在假山下部的山石，可选颜色稍深的；而假山上部的用石则要选色泽稍浅的。

步骤四：山石的吊运

1. 结绳

山石吊运一般使用长纤维的、结实的柔软的黄麻绳或棕绳。绳的直径通常为20mm(8股)、25mm(12股)、30mm(16股)、40mm(18股)，其载重量为200～1500kg。应根据石块的大小、形状，以及抬运的方式不同确定结绳的方法，要求结扣容易，解扣简便。活扣是靠压紧的，因此越压越牢固，不会滑动。常用的结绳方法如图3-7所示。

2. 抬运

(1) 直杆式

直杆式抬运有两人抬、四人抬、六人抬、加杆抬等。

(2) 架杆式

架杆式抬运有四人架、八人架、十六人架等。

抬石工应身高相近，听从统一指挥，抬石时应同起同落，否则易发生压伤事故。石材重100kg以上时，抬石工应“对脸”前进，以便动作和用力协调。如运距较远，“对脸”起杆后应“倒肩”，即一方转换方向。系石高度以起杆后石底距地面20cm为宜。抬石杠的材料有新毛竹与黄檀木。抬石杠的单杠负重约为200kg。

3. 走石

走石多用在施工作业面，当巨大的石块需要找平石面或稍加移动时，可采用走石的方

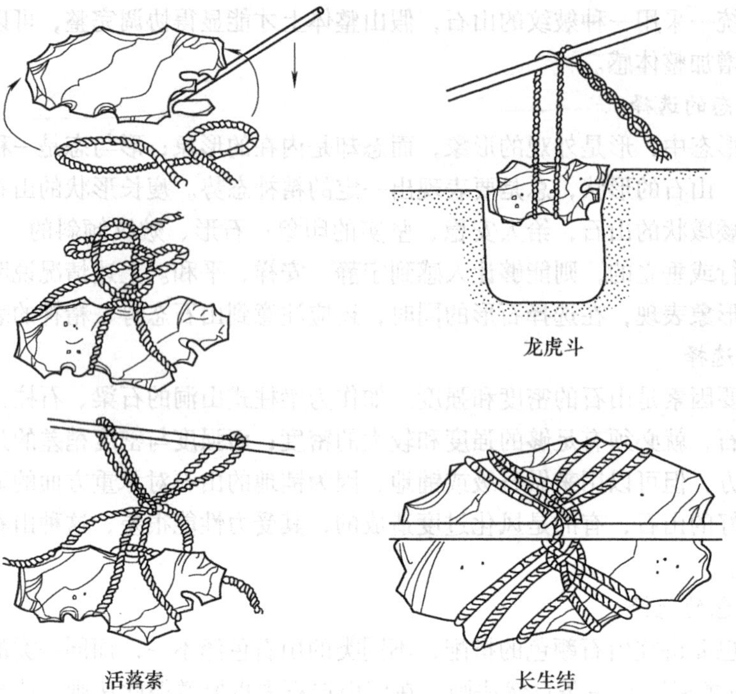

图 3-7 常用的结绳方法示意

法。走石用钢撬操作完成，一般钢撬用 $\phi20$ ~ $\phi40$ 的钢筋制成。用钢撬进行走石时，常用的施工方法有舔撬、叨撬、辗撬等，使石块向后、向前或左右移动，如图 3-8 所示。用钢撬走石有一定的难度，需要有经验的技术工人进行操作。

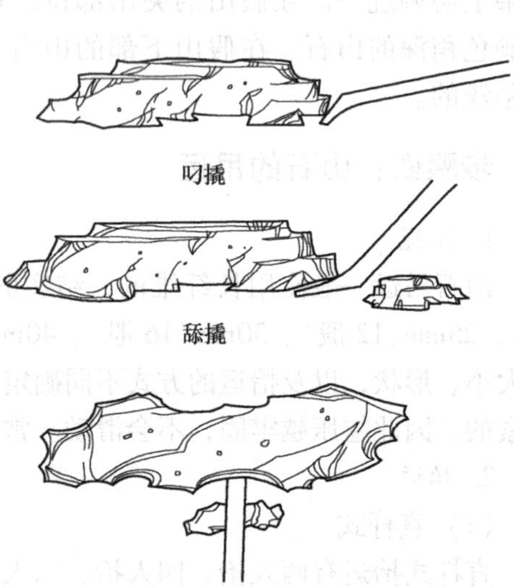

图 3-8 走石示意

4. 起重

（1）人工起重

山石的施工现场一般都比较狭窄，因此小石块多用人工抬起或挑起。

（2）小秤起重

用两根粗约 20cm 的杉篙做成小秤，其主力臂与重力臂之比为 7∶3 或 8∶2。小秤起重的样式如图 3-9 所示。

（3）大秤起重

大秤也用杉篙搭构而成，这种大架秤可放多个秤杆同时使用起重量大，其构造如图 3-10所示。

（4）三角架–手拉葫芦起重

一般用 4 ~ 8m 长、直径为 20cm 的三根杉篙组成三脚架，杉篙的头、尾用钢丝箍牢，在上端 50cm 处用 30mm 粗的黄麻绳将三根杉篙按顺序扎牢、拉起。要求底盘呈等边三角形，并且杉篙与地面的夹角不小于60°；然后在顶端系上手拉葫芦，并在三根杉篙间设置横杆进行加固（图3-11）。

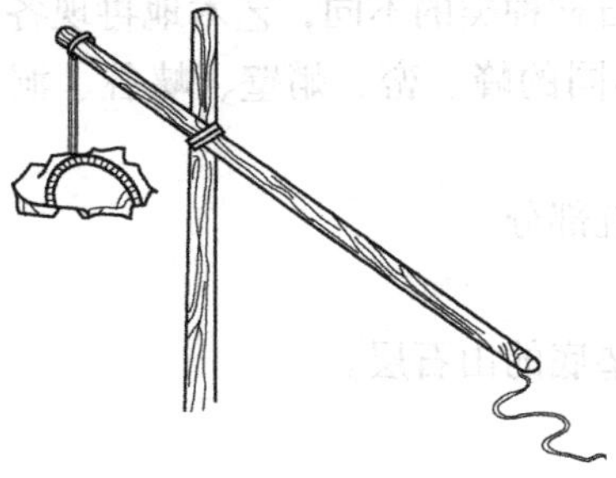

图3-9 小秤起重

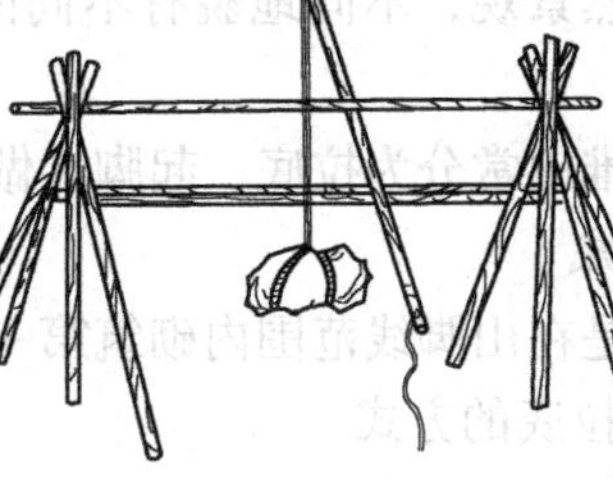

图3-10 大秤起重

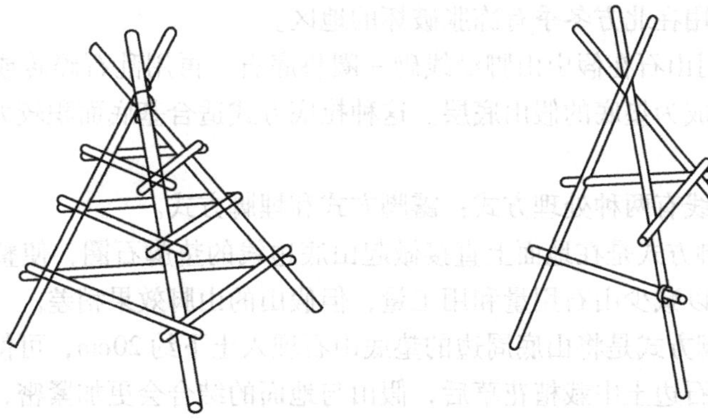

图3-11 三角架-手拉葫芦起重

（5）机械起重

起重机的起重量一般选用起重量为0.5~3t的汽车吊车较为合适，它可以在直径30m范围内拖运石块，在直径15m内起吊石块。

（6）运输

运输石块时最重要的是要防止石块破损，特别是对于珍贵的石材，运输时更应小心。

运输石块的方法有很多，如“走旱船”（图3-12）、“小地龙”（铁轮木板车，图3-13）等。现多用汽车运输，如要运输珍贵的峰石，为保护石块，最好在车中垫20cm厚的砂土，将峰面朝上摆放，确保安全。

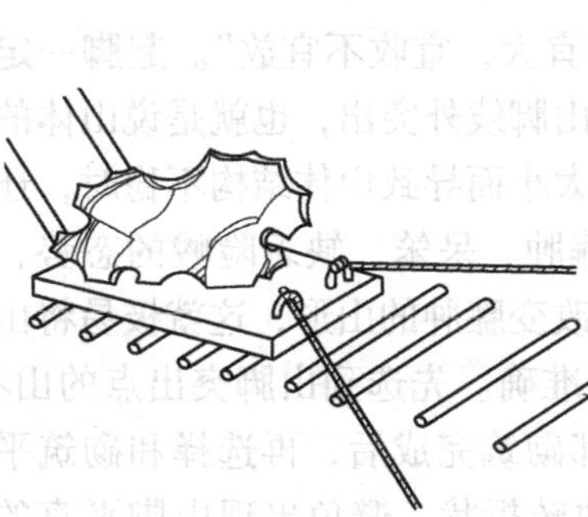

图3-12 走旱船

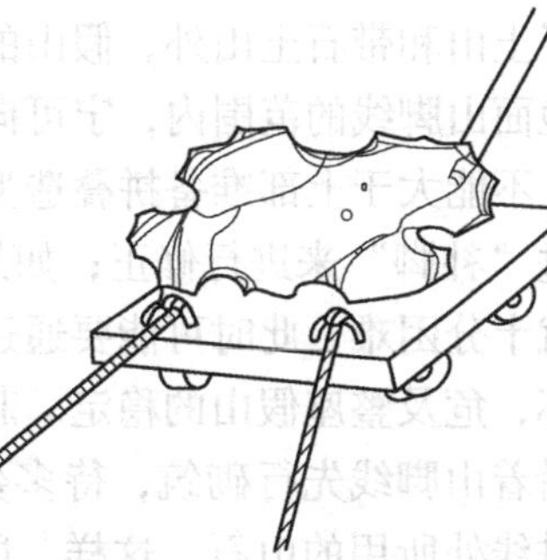

图3-13 小地龙

步骤五：山体的堆叠

山体堆叠是假山造型中最重要的部分，根据选用石材种类的不同，艺术地再现各自岩石地貌的自然景观，不同地貌有不同的山形体态，如不同的峰、峦、峭壁、峡谷、洞、岫和皴纹。

一般堆山常分为拉底、起脚、做脚、中层、收顶五部分。

1. 拉底

拉底是在山脚线范围内砌筑第一层山石，即做出垫底的山石层。

（1）拉底的方式

假山拉底的方式有满拉底和周边拉底两种。

1）满拉底是在山脚线的范围内用山石满铺一层。这种拉底的做法适宜规模较小、山底面积也较小的假山，也用在北方冬季有冻胀破坏的地区。

2）周边拉底是先用山石在假山山脚沿线砌一圈垫底石，再用乱石碎砖或泥土将石圈内全部填起来，压实后即成为垫底的假山底层。这种拉底方式适合基底面积较大的大型假山。

（2）山脚线的处理

拉底形成的山脚边线有两种处理方式：露脚方式和埋脚方式。

1）露脚方式。露脚方式是在地面上直接做起山底边线的垫脚石圈，使整个假山就像是放在地上。这种方式可以减少山石用量和用工量，但假山的山脚效果稍差。

2）埋脚方式。埋脚方式是将山底周边的垫底山石埋入土下约20cm，可使整座假山仿佛是从地下长出来的；在石边土中栽植花草后，假山与地面的结合会更加紧密，更加自然。

（3）拉底的技术要求

在拉底施工中，首先要注意选择合适的山石作为山底，不得使用风化过度的松散山石；拉底的山石底部一定要垫平、垫稳，保证不能摇动，以便向上砌筑山体；拉底的山石之间要紧密地扣合在一起；山石之间要不规则地断续相间，有断有连；拉底的边缘部分要错落变化，使山脚线在弯曲时有不同的半径，凹进时有不同的凹深和凹陷宽度，要避免山脚线出现平直和浑圆的形状。

2. 起脚

在垫底的山石层上开始砌筑假山，称为“起脚”。起脚石直接作用于山体底部的垫脚石，它和垫脚石一样，都要选择质地坚硬、形状稳固、少有空穴的山石材料，以保证能够承受山体的重压。

除了土山和带石土山外，假山的起脚原则是“宜小不宜大，宜收不宜放”。起脚一定要控制在地面山脚线的范围内，宁可向内收一点，也不要向山脚线外突出，也就是说山体的起脚要小，不能大于上部准备拼叠造型的山体。即使因起脚太小而导致山体结构不稳时，还有可能通过“补脚”来进行修正；如果起脚太大，使山形臃肿、呆笨，缺乏险峻的态势，修正起来就十分困难，此时可能要通过打掉一些起脚山石来改变臃肿的山形，这就极易将山体结构振坏，危及整座假山的稳定。起脚时，定点、摆线要准确。先选到山脚突出点的山石，并将其沿着山脚线先行砌筑，待多数主要的突出点山石都砌筑完成后，再选择和砌筑平直线、凹进线处所用的山石。这样，既保证了山脚线呈弯曲转折状，避免出现山脚平直的毛病；又使山脚的突出部位具有最佳的形状和最好的皴纹，增加了山脚部分的景观效果。

3. 做脚

做脚是用山石砌筑成山脚，它是在假山的上部山形、山势大体完成后，在紧贴起脚的石外缘部分拼叠山脚，以弥补起脚造型不足的一种操作技术。所做的山脚石虽然无需承担山体的重压，但却必须根据主山的上部造型来造型，既要表现出山体如同土中自然生长出来的效果，又要特别增强主山的气势和山形的完美。

（1）山脚的造型

假山山脚的造型应与山体造型结合起来考虑，在做山脚的时候就要根据山体造型采取相应的技术处理，才能使整个假山的造型浑然一体，完整且丰满。在施工中，山脚可以做成如图3-14所示的几种造型。

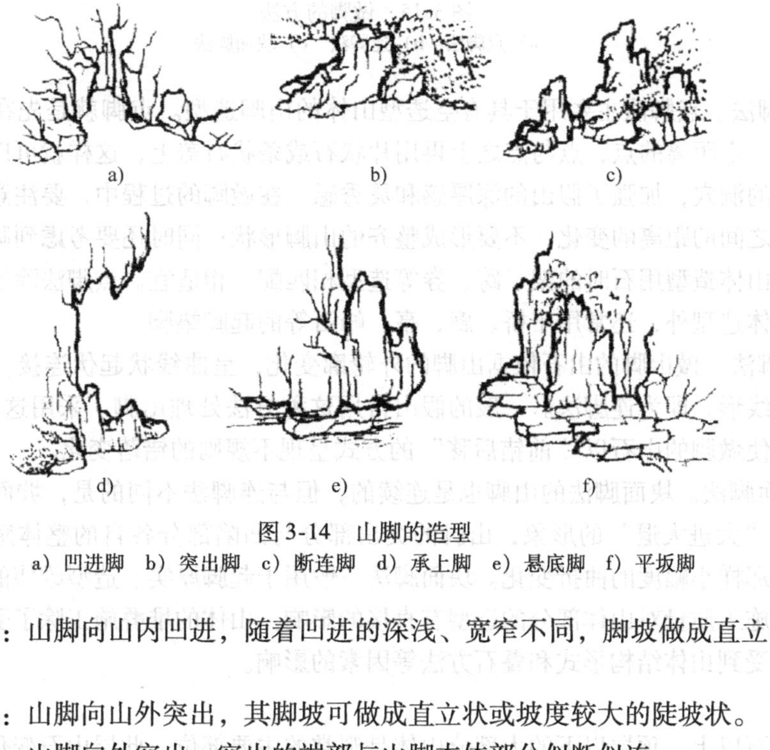

图3-14 山脚的造型

a）凹进脚 b）突出脚 c）断连脚 d）承上脚 e）悬底脚 f）平坂脚

1）凹进脚：山脚向山内凹进，随着凹进的深浅、宽窄不同，脚坡做成直立、陡坡或缓坡都可以。

2）突出脚：山脚向山外突出，其脚坡可做成直立状或坡度较大的陡坡状。

3）断连脚：山脚向外突出，突出的端部与山脚本体部分似断似连。

4）承上脚：山脚向外突出，突出部分对着上方山体的悬垂部分，起着均衡重力和承托山顶下垂之势的作用。

5）悬底脚：局部的山脚底部做成低矮的悬空状，与其他非悬底山脚构成虚实对比，可增强山脚的变化。这种山脚最适于用在水边的假山。

6）平坂脚：片状、板状山石连续地平放在山脚，做成如同山边小路一样的造型，突出了假山上、下的横竖对比，使景观更为生动。

应当指出，假山山脚不论采用哪种造型形式，它在外观和结构上都应当是山体向下的延续部分，与山体是不可分割的整体。即使采用断连脚、承上脚的造型，也要“形断迹连，势断气连”，在气势上连成一体。

（2）做脚的方法

在具体做山脚时，可以采用点脚法、连脚法和块面脚法三种做法（图3-15）：

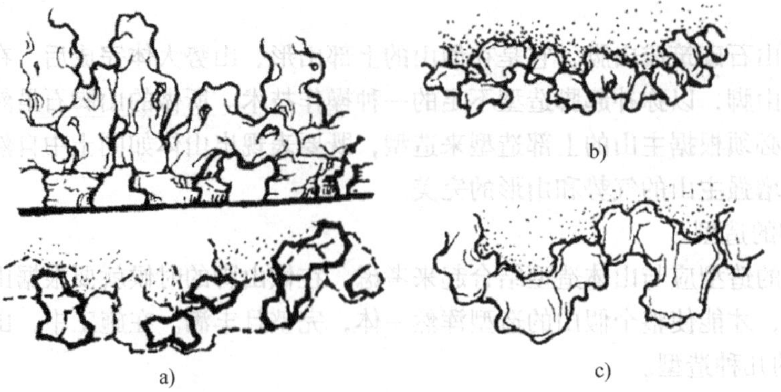

图 3-15　做脚的方法
a）点脚法　b）连脚法　c）块面脚法

1）点脚法。点脚法主要用于具有空透型山体的山脚造型。点脚就是先在山脚线处用山石做成相隔一定距离的点，点与点之上再用片状石或条状石盖上，这样就可以在山脚的一些局部造出小的洞穴，加强了假山的深厚感和灵秀感。在做脚的过程中，要注意点脚的相互错开和点与点之间的距离的变化，不要形成整齐的山脚形状；同时还要考虑到脚与脚之间的距离应与以后山体造型用石时的架、跨、券等造型相匹配、相适宜。点脚法除了直接作用于起脚空透的山体造型外，还常用于桥、廊、亭、峰石等的起脚垫脚。

2）连脚法。做山脚的山石依据山脚的外轮廓变化，呈曲线状起伏连接，使山脚具有连续、弯曲的线形，即为连脚法。一般的假山常用这种方法处理山脚。采用这种山脚做法时，主要应注意使做脚的山石以“前错后移”的方式呈现不规则的错落变化。

3）块面脚法。块面脚法的山脚也是连续的，但与连脚法不同的是，坡面脚要使做出的山脚线呈现“大进大退”的形象，山脚的突出部分与凹陷部分各自的整体感都要很强，而不是连脚法那样小幅度的曲折变化。块面脚法一般用于起脚厚实、造型雄伟的大型山体。

山脚的施工质量对山体部分的造型有直接的影响。山体的堆叠施工除了受到山脚质量的影响外，还受到山体结构形式和叠石方法等因素的影响。

4. 中层

位于基石以上、顶层以下的大部分山体是观赏的主要部位，此层山石变化多样，山体的各种形态多出自此层。堆叠时要分层进行，用石要掌握重心，挑出的部位要在后面加倍压实。全山石材要统一，要求质地相同，纹理相通，色泽一致，紧靠牢固，浑然一体，又要注意层次、进退，有深远感。

技术要求如下：

(1) 突出假山单元组合的多样性

假山的单元组合是由一些石材构成的，这此石材通过一定的连接方式组成一个观赏点，如洞穴、出挑的平台、悬垂的危石、可登的山路、山的次山头等，把这些由石材构成的观赏点称为假山的单元组合。只要与假山的总体风格一致，这些组合单元越丰富，假山就越具有观赏性。

(2) 结构变化应多种多样

假山中部的山石在保持重心不变的情况下，立面上应有收有合，收放自如。结构规整的山石应错落相叠，水平和垂直方向的缝隙不得在一条线上；或者在不同高度的山坡做突起成为小山尖。山石之间的连续方式应多种多样，不同的连续方式所形成的山石外观各不同，只有方式多变，才能形成丰富的画面。

叠石时还应注意的问题有：

1）平稳：与安装基石相同，使石块的大面朝上，安放平稳。叠石时的上层结构更为重要，常因一石之差而影响全局。

2）连贯：不论叠石如何错综复杂，必须连靠相接；上下石块应力求压槎、合缝，使叠石连贯一体。

3）避槎：叠石应避免露出狭小的石面，因为它既不能再进行叠石，又不够美观。

4）偏安：在下层石面上，叠石必须放在一侧，避免同侧叠落，力求形成错交之势，这种方法称为偏安。

5）避“闸”：将板状石块直立地撑托起搭连作用的条石，称为“闸”形如闸板或建筑支柱叠石中严禁使用此结构，否则会严重影响造型。

6）后坚：无论挑、挎、悬、垂等，凡有前沉现象时，必须先稳压内侧，将重心回落，方可再进行施工。

7）巧安：利用石形巧妙地搭连叠落称为巧安。安放的石块必须“广其路”，避免重复，因此必须熟悉每块石材的性质，并在下层叠石时就为它创造必要的条件。

8）重心：叠石应考虑双重心的问题，一为本身重心，二为全局重心，无论如何变化，总重力线不得超出底面。

9）错落：叠石应避免上、下、左、右平垂一致，也不得顺势而安，这不仅是为了美观，主要还是要使整体交织稳固，避免叠石中“同向之缺”，力求取长补短，形成千连万象之势。

5. 收顶

收顶即处理假山最顶层的山石。从结构上讲，收顶的山石要求体量大，以便“合凑收压”。从外观上看，顶层的体量虽不如中层大，但有画龙点睛的作用，因此要选用轮廓和体态都富有特征的山石。山顶是显示假山轮廓的主要部位，整座假山的特点大多从山顶能够体现出来，如高耸挺拔、浑厚沉稳、诸峰顾盼等，所以假山的顶部轮廓应丰富，且能够完美表现假山的特征。

根据岩石地貌类型的不同，常用的收顶方式有三种：

(1) 峰顶（又称为斧立式）

峰顶应选用竖向纹理好的巨石作为峰石，以造成一峰突起的气势。

(2) 峦顶（又称为堆秀式）

峦顶由单块或数块粗犷而略呈圆形的石块组成连绵起伏的山头。

(3) 流云顶（又称为流云式）

流云顶用于横纹取胜的山体，山头之石有如天空行云。

步骤六：山体的加固与做缝

1. 加固措施

(1) 打塞

当安放的石块不稳固时，通常打入质地坚硬的楔形石片，使其垫牢，称为打塞（图3-16）。

（2）戗

为保证立石的稳固，用石块进行支撑，称为戗（图3-17）。

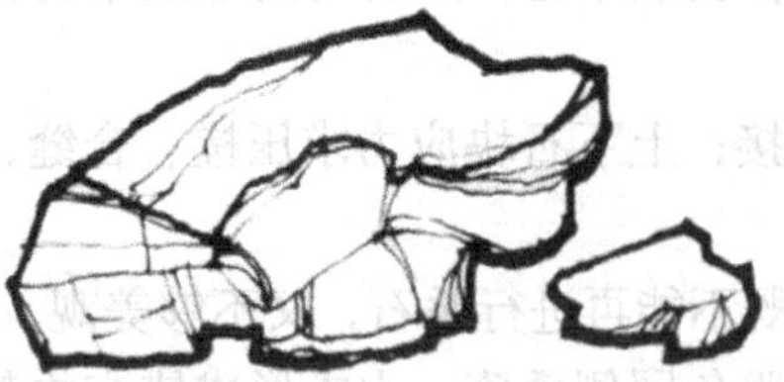

图3-16 打塞

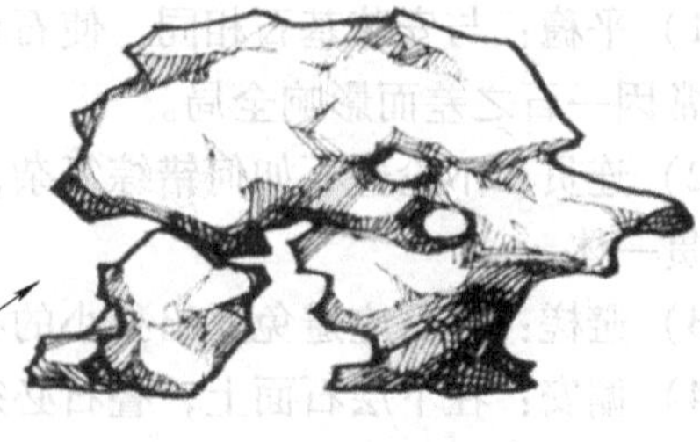

图3-17 戗

（3）灌筑

每层山石安放稳定后，在内部的缝隙灌注混凝土（水泥: 砂: 石子 =1∶3∶6）。

（4）铁活

假山工程中的铁活主要有铁爬钉、铁吊链、铁过梁、铁扁担等，其样式如图3-18所示。

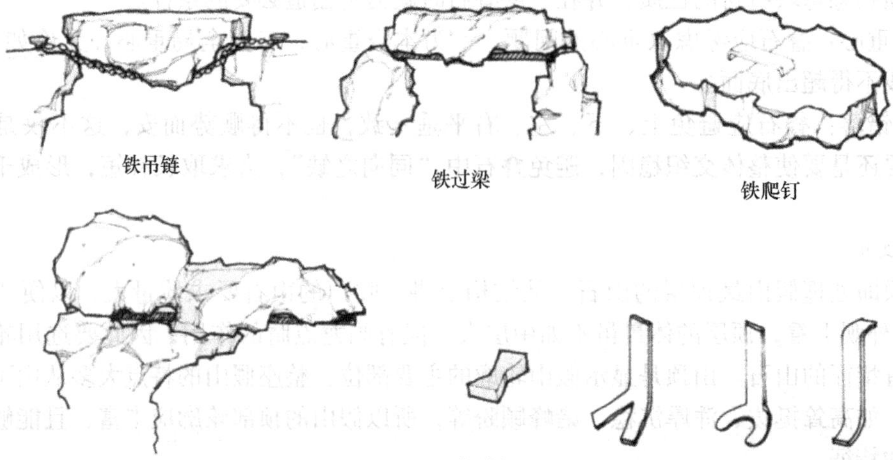

图3-18 铁活

铁制品在自然界中易锈蚀，因此这些铁活都埋于结构内部而不外露，它们均属于加固保护措施，而非受力结构。

2. 做缝

把已叠好的山石块间的缝隙用水泥砂浆或其他材料填实或修饰，称为做缝。这一工序从某种意义上讲是对假山的整容，一般每堆2~3层石块就做缝1次。做缝前先用清水将石缝冲洗干净，如石块间的缝隙较大，应先用小石块进行补形，再随形做缝。做缝时要努力表现岩石的自然节理，可增加山体的皴纹和真实感。做缝砂浆的颜色应尽量与山石本身的颜色统一。做缝材料通常为水泥砂浆，其配合比为水泥（42.5级）∶砂 =3∶7，如堆高在3m以上，则用52.5级的水泥。做缝的形式也根据需要做成粗缝、光缝、细缝、毛缝等。

步骤七：山体植物配植

在假山上的许多地方都需要栽种植物，用植物来美化假山、营造山林环境和掩饰假山上的某些缺陷。在假山上栽种植物，应在假山的山体设计中将种植穴的位置考虑在内，并在施工中预留下来。

种植穴是在假山上预留的一些孔洞，用来填土栽种假山植物，或者作为盆栽植物的放置点。假山中种植穴的形式很多，常见的有盆状、坑状、筒状、槽状、袋状等，可根据具体的假山局部环境和山石状况灵活地确定种植穴的形式。穴坑面积不用太大，只要能够栽种中、小型灌木即可。

假山上栽植的植物不应是树体高大、叶片宽阔的树种，应该选用植株高度适中、叶片狭小的植物，以便在对比中形成小中见大的效果。假山植物应以灌木为主，一部分假山植物要具有一定的耐旱能力，因为在假山上部的种植穴中能填进的土壤有限，土壤很容易干燥。如在山脚下可以配植麦冬草、沿阶草等草丛，用茂密的草丛遮掩一部分山脚，则可增加山脚景观的表现力。在崖顶配植一些下垂的灌木，可以丰富崖顶的景观。在山洞洞口的一侧配植一些金丝桃、棣棠、金银木等植物半掩洞口，能够使山洞看起来深不可测。在假山背面，可多栽种一些枝叶浓密的大灌木，以掩饰假山上的一些缺陷，同时还能为假山提供背景的依托。

【考核与评价】

单元考核与评价表见表3-2。

表3-2　单元考核与评价表

考核内容	考核要求与标准（100分）	学生自我评价	教师评价
1. 结构	达到设计所要求的强度、刚度、稳定性，表面清洁，完全能满足下一道工序的施工要求（20分）		
2. 石料的选择	所选石料的造型、体量、尺度、色泽、纹理、质感等特性符合设计要求（20分）		
3. 职业素养	施工者的艺术素养、技术水平、工作经验、责任心等较强。吊装设备和人员疏散由专人指挥（20分）		
4. 构景	石景艺术性较强：宾主、层次、起伏、曲折、凹凸、顾盼等关系处理得当（20分）		
5. 成品保护	检查施工后对石景的安全保护措施和清理、清洁工作（20分）		

【知识链接】

1. 假山的功能

假山具有多方面的造景功能，可以与园林建筑、园路、场地和园林植物组合成富于变化的景致，借以减少人工气氛，增添自然生趣，使园林建筑融汇到山水环境中，因此假山成为表现中国自然山水园的特征之一，根据堆叠的目的各有不同，其功能有如下几方面：

（1）构成主景

在采用主景突出的布局方式的园林中，或以山为主景，或以山石为驳岸的水池为主景，整个园子的地形骨架，（起伏、曲折）皆以此为基础进行变化（图3-19）。

（2）划分和组织园林空间

利用假山划分和组织空间，主要是从地形骨架的角度来划分的，它具有自然灵活的特点，通过障景、对景、背景、框景、夹景等手法的灵活运用形成峰回路转、步移景异的游览空间（图3-20），例如苏州拙政园中的枇杷园和远香堂，腰门一带的空间用假山结合云墙的方式划分空间，从枇杷园内通过园洞门北望雪香云蔚亭，又以山石作为前置夹景，就是成功的例子。

图3-19　假山构成主景

图3-20　假山构成障景

（3）点缀和装饰园林景色

运用山石小品作为点缀园林空间、陪衬建筑物和植物的方法，在园林布景中普遍运用，尤其以江南私家园林运用得最为广泛。以苏州留园为例，其东部庭园的空间基本上是用山石和植物装点的，或山石花台，或石峰凌空，或粉壁散置，或廊间对景，或窗外的漏景；留园中的揖峰轩在天井中立石峰，天井周围布置山石花台，点缀和装饰了园景。

（4）用山石作为驳岸、挡土墙、护坡、花台和石阶等（图3-21）

在坡度较陡的土山坡地常布置山石，以阻挡和分散地表径流，降低其流速，减少水土流失，从而起到护坡的作用，如颐和园内龙王庙土山上的散点山石等均有此效果。坡度更陡的土山常开辟出自然式的台地，在土山外侧采用自然山石作为挡土墙，显得自然朴实。

图3-21　山石驳岸

利用山石作为驳岸、花台、石阶、踏跺等，也具有装饰的作用，例如江南私家园林中广泛利用山石作为花台，种植牡丹、芍药及其他观赏植物；并用花台来组织庭园中的游览路线，或与壁山、驳岸相结合，在规整的建筑范围中创造出自然、疏密的变化。广州流花湖公园中湖岸小景的建造，结合了湖岸的地形，以塑石、塑树桩和塑树根汀步组成挡土构筑物，富有观赏性。

(5) 作为室内外自然式的家具或器设

利用山石作为石屏风、石桌、石凳、石几、石榻、石栏、石鼓、石灯笼等家具或器设，既为游人提供了方便，又不怕日晒夜露，并为景观的自然美增色添辉。此外，山石还可用作室内外楼梯、园桥、汀步，以及用来镶嵌门、窗、墙等。

2. 假山布置的技巧

假山布置最根本的法则是“因地制宜，有真有假，做假成真”。具体要注意以下几点：

(1) 山水依存、相得益彰

“水无山不流，山无水不活”，山水结合可以取得刚柔共济、动静交呈的效果，避免“枯山”一座，应形成山环水抱之势，例如苏州的环秀山庄，弯月形水池环抱山体的西、南两面，一条幽谷山涧贯穿山体，再入池尾，是山水结合的佳例。

(2) 立地合宜、造山得体

在一个园址上进行山水、地貌组合单元设计时，都必须因地制宜、统筹安排。山的体量、石质和造型等均应与自然环境相互协调，例如大、中型园林内可造游览用的大山，而庭园内多造观赏用的小山。

(3) 巧于因借、混假于真

按照环境条件，因势利导，依境造山，例如无锡的寄畅园，借九龙山、惠山于园内，在真山前面造假山，竟如一脉相贯，取得“真假难辨”的效果。

(4) 宾主分明、“三远”变化

假山的布局应主次分明，互相呼应，先定主峰的位置，后定次峰和配峰的位置。主峰高耸、浑厚，客山拱伏、奔趋，这是构图的基本规律。宋代郭熙所著的《林泉高致》中说：“山有三远，自山下而仰山巅，谓之高远；自山前而窥山后，谓之深远；自近山而望远山，谓之平远。”例如苏州环秀山庄的湖石假山并不是以奇异的峰石取胜，而是从整体着眼，巧妙地运用了“三远”变化，在有限的地盘上叠出酷似自然的山石林泉。

(5) 远观山势、近看石质

这里所说的“势”，是指山水的轮廓、组合所体现的态势；“质”指的是石质、石性、石纹、石理。叠山所用的石材、石质、石性必须一致；施工时应对准纹路，要做到理通纹顺。好比山水画中要讲究“皴法”一样，使叠成的假山符合自然要求，做假成真。

(6) 树石相生，未山先麓

石为山之骨，树为山之衣。没有树的山缺乏生机，给人以“童山”、“枯山”的感觉。叠石造山有句行话：“看山先看脚”，意思是看一个叠山作品，不是先看堆叠得如何，而是先看山脚是否处理得当（例如若要山巍，则需脚远），可见山脚造型处理的重要性。

(7) 寓情于石、情景交融

叠山常运用象形、比拟和激发联想的方法来创造意境，即“片山有致，寸石生情”，例如扬州个园的四季假山，即是寓四时景色于一园的绝佳案例，春山选用石笋与修竹象征“雨后春笋”；夏山选用灰白色的太湖石进行叠石，并结合荷塘、山洞和树荫，用以体现夏景；秋山选用富于秋色的黄石，以象征“重九登高”的民情风俗；冬山选用宣石和腊梅，石面洁白耀目，如皑皑白雪，加以墙面风洞的寒风呼啸，冬意更浓。冬山与春山，仅一墙之隔，墙开透窗，可望春山，有“冬去春来”之意。可见，该园的叠山耐人寻味，立意不凡。

【工程案例】

某公园假山工程施工方案

1. 单峰石施工

单峰石主要是利用天然怪石造景，因此其造型过程中的选石和峰石的形象处理最为重要，其次还要做好拼石和置石基座的安排。

(1) 选石

一般应选轮廓线凹凸变化大、姿态特别、石体空透的高大山石。用作单峰石的山石，形态上要有瘦、漏、透、皱的特点。“瘦”，就是要求山石的长宽比不宜太小，石形不臃肿，不呈矮墩状，要显得精瘦而有骨力；“漏”，是指山石内要有漏空的洞道空穴，石面要有滴漏状的悬垂部分；“透”，特指山石上能够透过光线的孔眼；“皱”，则是指山石表面要有天然形成的起皱和皺纹。

(2) 拼石

当选到的山石不够高大，或石形的某一局部有重大缺陷时，就需要使用同种的几块山石拼合成一个足够高大的单峰石。如果只是高度不够，则可按高差选择合适的石材，拼合到大石的底部（不可拼合到顶部），使大石增高。如果是由几块山石拼合成一块大石，则要严格选石，尽量选择接口处形状比较匹配的石材，并且在拼合中特别要注意接缝严密和掩饰缝口，使拼合体完全成为一个整体。拼合成的山石形体仍要符合瘦、漏、透、皱的要求。

(3) 基座设置

单峰石必须固定在基座上，由基座支撑，并且突出地表现基座。基座可由砖石材料砌筑成规则的形状，一般采取须弥座的形式。须弥座是一种具有一定装饰性的基座，其立面由上枋、下枋、上枭、下枭、地袱、束腰等构成（应上下对称）。单峰石直接放在须弥座上，或者将石底浅埋于须弥座的台面上。基座也可以采用稳实的墩状座石做成，座石半埋或全埋于地表，其顶面凿孔作为榫眼；单峰石的底部应凿成榫头状，以榫头插入灌满水泥砂浆的座石榫眼中，即可固定。如果峰石是采取斜立的姿态，为防止倾倒，应将座石顶面偏于一侧的部位凿出深槽，槽的外端向内凹进，以便卡住峰石底部；再将峰石底部凿成与座石深槽相适应的形状，然后嵌入深槽中，即可固定。在立起峰石时一定要注意，不可使峰石的重心垂线落到座石的边缘以外。某单峰石的特置方法如图 3-22 所示。

(4) 形象处理（图 3-23）

单峰石的布置一般应处理为上大、下小。上部宽大，则重心高，更容易产生动势，石景也显得生动。有的峰石适宜斜立，则应在保证稳定安全的前提下布置成斜立状态；有的峰石形态“左冲右突”，可以故意使其偏左或偏右，以强化动势。一般而言，单峰石的正面、背面和侧面的形状差别很大，正面形状较好，背面形状却可能很差，在布置时要注意将最好看的一面向着主要的观赏方向。背面形状差的峰石可以在石后配植观赏植物，给予掩饰和美化。对有些单峰石精品，将石面涂成灰黑色或古铜色，并且在外表涂上透明的聚氨酯作为保护层，可以使石景具有古旧、高贵的气度。对峰石上美中不足的平淡部分，可以镌刻著名的书法作品或名言警句，使诗、书、石融为一体，给石景增添艺术的魅力。

2. 天然假山的堆叠施工

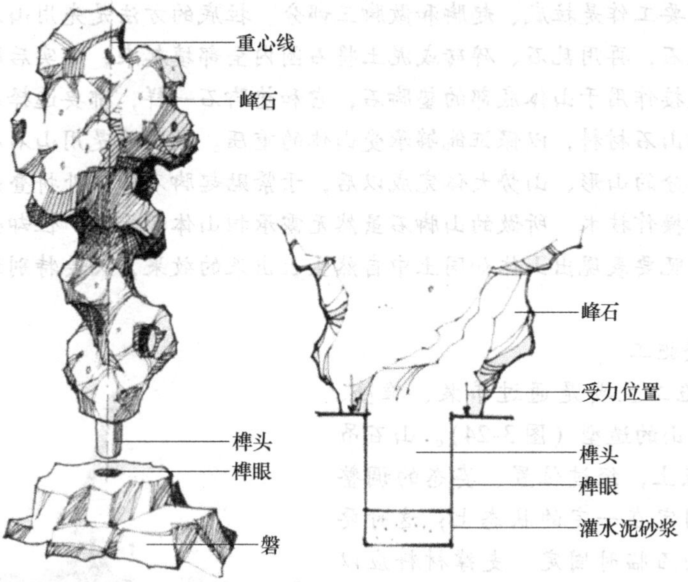

图3-22 某单峰石的特置方法

图3-23 单峰石的形象处理

假山施工的第一阶段，首先是定位与放线，其次是进行基础的施工，最后就是做山脚部分。山脚做好后才进入第二阶段，即山体、山顶的堆叠施工。为了在施工程序上安排更合理，可将主山、客山和陪衬山的施工交错安排。即先做主山第一阶段的基础和山脚工程，接着继续做其第二阶段的工作；当假山山体堆砌到一定高度，需要等待水泥凝固时，再开始客山或陪衬山的第一阶段施工。

(1) 假山定位与放线

首先在假山平面设计图上按 2m×2m 的尺寸绘出方格网，在假山的周围环境中找到可以作为定位依据的建筑边线、围墙边线或园路中心线，并标出方格网的定位尺寸。按照设计图与方格网的定位关系，将方格网测设到施工场地的地面。在假山占地面积不大的情况下，方格网可以直接用白灰画到地面；在占地面积较大的大型假山工程中，也可以用测量仪器将各方格的交叉点测设到地面，并在交叉点上钉下坐标桩。放线时，用几条细绳拉直连上各坐标桩，就可表示出地面的方格网。

(2) 基础的施工

首先挖掘基槽，挖掘范围根据地面的基础施工边线确定，挖槽深度一般为设计的基础厚度；然后按照设计配合比将水泥、砂和卵石拌和成混凝土，浇筑于基槽中并捣实铺平。待混凝土充分凝固硬化后，即可进行假山山脚的施工。

(3) 山脚施工

山脚施工的主要工作是拉底、起脚和做脚三部分。拉底的方法是先用山石在假山山脚的沿线砌成一圈垫底石，再用乱石、碎砖或泥土将石圈内全部填起来，压实后即成为垫底的假山底层。起脚石直接作用于山体底部的垫脚石，它和垫脚石一样，都要选择质地坚硬、形状稳固、少有空穴的山石材料，以保证能够承受山体的重压。做脚就是用山石砌筑成山脚，它是在假山的上面部分的山形、山势大体完成以后，于紧贴起脚石外缘处拼叠山脚，以弥补起脚造型不足的一种操作技术。所做的山脚石虽然无需承担山体的重压，但却必须根据主山的上部造型来造型，既要表现出山体如同土中自然生长出来的效果，又要特别增强主山的气势和山形的完美。

(4) 山体堆叠施工

假山山体的施工主要是通过吊装、堆叠、砌筑等操作完成假山的造型（图 3-24）。山石吊装到山体的定位点上，经过位置、姿态的调整后，就要将山石固定在一定的状态上；这时要先进行支撑，使山石临时固定。支撑材料应以木棒为主，以木棒的上端顶住山石的某一凹处，木棒的下端则斜顶在地面，并用一块石头将棒脚压住。一般每块山石都要用 2～4 根木棒进行支撑，因此工地上最好能多准备一些长短不同的木棒。此外，也可以使用铁棒或长形山石作为支撑材料。为了将调整好位置和姿态的山石固定下来，还可采用捆扎法。捆扎法比支撑法要简便，而且对后续施工没有阻碍，这种方法适用于体量较小的山石，对体量特大的山石则应该辅以支撑法。山石的捆扎固定一般采用 8 号或 10 号钢丝。用单根或双根钢丝做成圈，套上山石，并在山石的接触面垫上木块或抹上水泥砂浆后再进行捆扎。捆扎时钢丝圈先不收紧，应适当松一点；然后再用小钢钎（錾子）将其绞紧，使山石无法松动（图 3-25）。

图 3-24　假山的吊运与安装

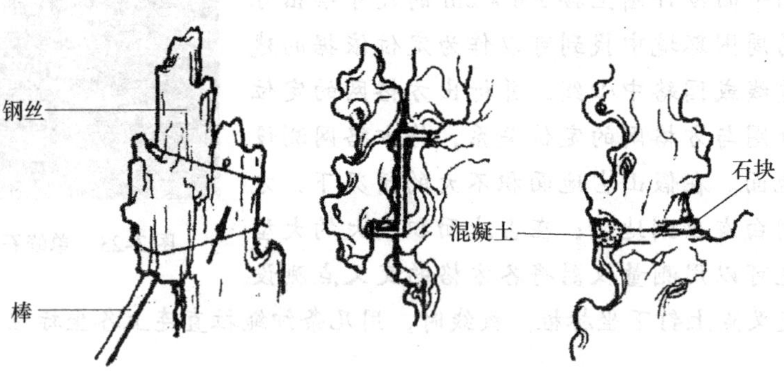

图 3-25　山石的衔接与固定方法

【思考与练习】

1. 如何通过现场造型处理设计图样？

2. 假山施工中的材料该如何存放？
3. 如何挑选天然假山的材料？
4. 天然假山安装中常用的工具有哪些？
5. 天然假山的基础有哪些，其施工技术要点是什么？
6. 现场参观某天然假山，写出施工方案。

任务2 塑石假山施工

【技能要求】

1. 会根据现场进行塑石假山的相关工作。
2. 能熟练掌握钢筋混凝土塑山和GRC假山造景堆叠技术。
3. 能独立完成塑石假山基础的施工。
4. 会处理塑石假山的表面施工工艺。

塑山是用雕塑艺术的手法，以天然山岩为蓝本，人工塑造的假山或石块。早在一百多年前，在我国的广东、福建一带就有传统的灰塑工艺。从20世纪60年代开始，塑山、塑石工艺在我国得到很大的发展，创造出了很多具有时代感的优秀作品。那些气势磅礴、富有力感的大型山水和巨大奇石与天然岩石相比，它们自重轻、施工灵活、受环境影响较小，可按理想位置预留种植穴，因此它为设计创造了广阔的空间。塑山、塑石通常有两种做法，一为钢筋混凝土塑山、一为砖石混凝土塑山，也可以两者混合使用（塑石假山包括塑山与塑石）。

【工作流程】

典型钢筋混凝土塑石假山的施工流程如图3-26所示。

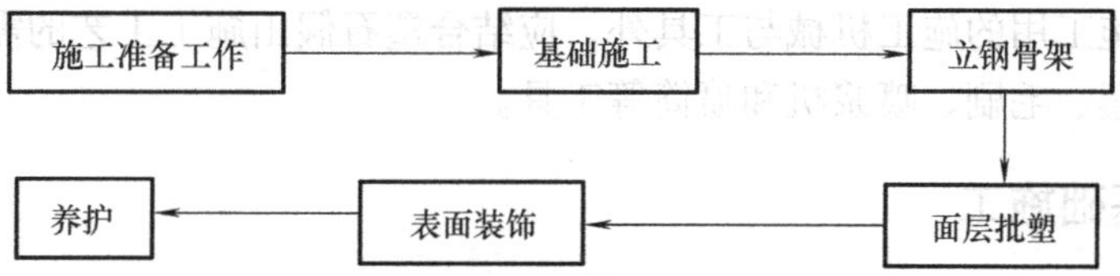

图3-26 典型钢筋混凝土塑石假山的施工流程

【学习与操作】

现以典型的钢筋混凝土塑石假山施工工艺为例讲解施工步骤。

步骤一：施工准备工作

1. 技术准备工作

1）因地制宜地制订科学合理的施工方案，依据工程量的大小落实塑石技术人员和机械设备，使整个塑石施工有计划、有步骤地进行。

2）由于塑石假山施工工艺的技术要求相对较高，塑石技术人员在塑石施工前必须先熟悉图样与设计师的造景意图，把设计的整体轮廓和局部细节都领悟在心，做到“意在手先”。施工中应采用新技术、新工艺，确保景观的艺术效果。

2. 材料的选择与准备工作

塑石假山造景工程所用的材料均应按设计要求选购，并应符合现行材料规范的规定。材料进场时应抽样检查，检验合格后方可使用。钢筋混凝土塑山的山体骨架材料有钢筋混凝土、型钢和钢网；对山体着色有关的材料有白色硅酸盐水泥、108 建筑胶水、颜料等。应根据塑石假山的体量大小计算出材料用量，一次性采购同一厂家生产的同批号材料，以确保山体着色的基调统一。

（1）钢材

常用的钢材有槽钢、角钢、圆钢、线材、钢网，钢材使用前应进行除锈和防锈、防腐处理；焊接施工后应对钢材骨架（特别是焊接点）进行防锈、防腐处理。

（2）水泥

常用的水泥有普通硅酸盐水泥和白色硅酸盐水泥。结构用的水泥的强度等级不应低于 32.5 级；饰面用的水泥的强度等级不应低于 32.5 级；配制色浆用的白色硅酸盐水泥的强度等级不应低于 32.5 级。

（3）砂石

砂应选用颗粒中较粗的洁净淡水砂，含泥量不得超过 2%；石子规格应符合设计要求，并且无杂质、无风化，颗粒坚硬、洁净。

（4）108 建筑胶水

108 建筑胶水的特点是和易性好、粘结强度高，使用时应注意其保质期。

（5）颜料

配制水泥色浆用的颜料应选购正规厂家生产的水溶性颜料，对受潮或结块的颜料禁止使用。

3. 施工机械与工具的准备

除通常建筑施工用的施工机械与工具外，应结合塑石假山施工工艺的需要，配备专用的石料切割机、钢錾、毛刷、喷浆机和喷筒等工具。

步骤二：基础施工

根据设计要求对塑石假山定点定位，采用网格法在现场确定山体的外轮廓线及水平点，沿轮廓线放出基础的开挖线。根据地基土壤的承载能力和山体的重量，经过计算确定基础的尺寸大小。通常的做法是根据山体底面的轮廓线，每隔 4m 做一根钢筋混凝土桩基。如山体形状变化较大，可在对局部柱子进行加密，并在柱间做墙。

步骤三：立钢骨架

此步骤包括浇筑钢筋混凝土柱子、焊接钢骨架、捆扎造型钢筋、盖钢网等工序。其中，捆扎造型钢筋和盖钢网是塑山效果的关键，其目的是造型和挂泥。钢筋要根据山形做出自然凹凸的变化；盖钢网时一定要与造型钢筋贴紧扎牢，不能有浮动现象（图 3-27、图 3-28）。

图3-27 焊接钢骨架

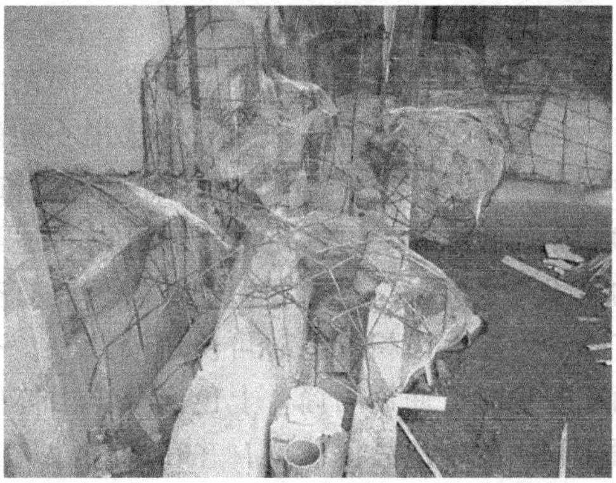

图3-28 盖钢网

山体中常用的型钢有槽钢和角钢。施工时，应根据山体造型的体量大小和高低要求，定出每根钢柱的长度并编号，然后按编号进行逐根焊接，以及柱与横梁、挑梁的焊接；焊接质量应符合规范要求，焊接施工完成后应对整体骨架做防锈和防腐处理。塑石假山中的次骨架与局部造型用料一般用圆钢和线材。在连接主骨架表面的同时应着重思考塑石结构的主次关系和高低起伏的变化效果；在山体中仔细地勾画出山体、山脉的质感，并要与瀑布、溪流、树木相协调。在钢筋网格表面绑扎钢网前，先把钢网剪成3～5m长的小片，依照钢筋网格的高低起伏逐块绑扎固定；再根据山体质感纹理的造型要求，进行局部修整处理。

步骤四：面层批塑

先挂浆打底，挂浆用1∶2水泥砂浆加入适量的纤维性辅料及108建筑胶水，以增加山石表面的抗拉强度和砂浆的韧性。山体外挑部位的底部挂浆应在钢网上面铺挂，砂浆应挂满整个钢网。然后进行塑粉，按假山的整体造型在表面塑粉一层20mm厚的1∶2.5水泥砂浆，要求塑粉出山石的质感纹理(图3-29)。

图3-29 面层批塑

步骤五：表面修饰

砂浆未完全凝结时，用铁抹子及勾缝刀等塑石专用工具进行山体表面的“造皴”处理（图3-30）。

1. 皴纹和质感

修饰的重点在山脚和山体中部。山脚应表现粗犷，有人为破坏和风化的痕迹，并多有植物生长。山体中部一般在山体的1.8～2.5m高处，是修饰的重点，应追求皴纹的真实感，作出不同的面，强化力感和棱角，以丰富造型。施工时应注意层次，使色彩逼真，主要的施工方法有印、拉、勒等。山顶一般在2.5m以上，施工时不必做得太细致，可将山顶轮廓线渐收，同时让色彩变浅，以增加山体的高大和真实感。

2. 着色

可直接用彩色涂料配制，此方法简单易行，但色彩呆板；另一种方法是选用不同颜色的矿物颜料加白色硅酸盐水泥和适量的108胶配制而成。颜色要仿真，可以有适当的艺术夸张效果，色彩要明快，着色要有空气感。山体大面积着色时可使用喷浆泵，小面积着色时可使用喷筒。上色应分出山体的阳面和阴面的色泽深浅度，并在凹陷处从上往下灌注一定量的特深色浆，让其自然往下渗流，以增加山石的整体质感效果。

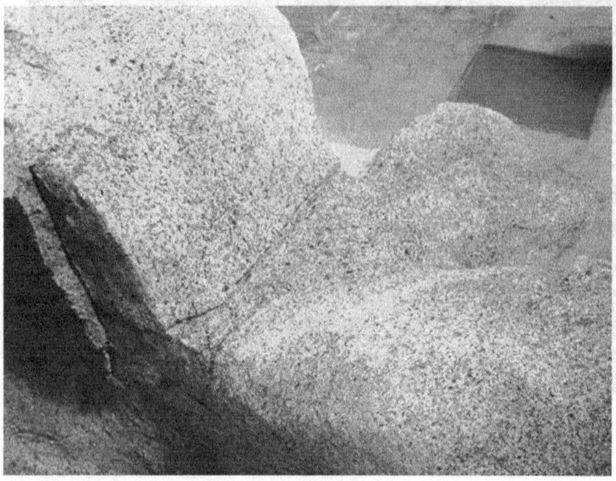

图3-30　表面修饰

3. 光泽

在石的表面涂刷过氧树脂或有机硅，重点部位还可进行打蜡处理。还应注意青苔和滴水痕的表现，时间久了，会自然地在石的表面长出真的青苔。

4. 种植池与水池

应根据植物（含土球）的重量决定种植池的大小和配筋方式，并注意预留排水孔。给水排水管道最好预埋在混凝土中，并做好防腐处理。在兽舍外塑山时，最好同时做水池，可便于兽舍的降温和冲洗，并方便给植物供水。

步骤六：养护

一般在水泥初凝后开始养护；用麻袋片、草帘等材料覆盖混凝土，避免阳光直射；每隔2～3h洒水一次，洒水时要注意力度，不能冲射；养护期不少于半个月；在环境温度低于5℃时应停止洒水养护，应采取防冻措施，如遮盖稻草、草帘、草包等；钢骨架等一切外露的金属均应涂刷防锈漆，并且应每年涂刷一次。

【考核与评价】

单元考核与评价表见表3-3。

表3-3　单元考核与评价

考核内容	考核要求与标准（100分）	学生自我评价	教师评价
1. 造型	工程设计中的地锚设计能按照山体投影的轮廓线分布，细部连接部位到位。山体造型中凹、凸、悬、峰、壑的走势应正确（40分）		
2. 框架	柱与柱之间的连接完全按设计要求进行，与基础方格网形成完整的假山框架。预制的构件能按照总体的构思要求进行排列组合（注意山石的大小、节奏），巧妙地连、接、拼，逐一焊接需要加固的部位；然后用钢网封于背后，浇筑混凝土使其增加强度（15分）		
3. 表面	表面的色泽、纹理、质感等特性符合设计要求（20分）		
4. 职业素养	施工人员的艺术素养、技术水平、工作经验、责任心等较强。施工过程中注意人员安全，能由专人指挥吊装等特殊作业（25分）		

【知识链接】

人造塑山是指将混凝土、玻璃钢、有机树脂等现代材料和石灰、砖、水泥等非石材料经人工塑造而成的假山。塑山与塑石可节省采石及运石工序，造型不受石材的限制，体量可大可小。塑山具有施工期短、见效快的优点；缺点在于混凝土硬化后表面有细小的裂纹，表面皴纹的变化不如自然山石丰富，而且使用时间不如石材长。人造塑山一般包括塑山与置石两大类型。

1. 人造塑山的特点

塑山在园林中得以广泛运用，与其"便"、"活"、"快"、"真"的特点是密不可分的。

"便"指塑山所用的砖、水泥等材料来源广泛，取用方便，可就地解决，无须采石、运石。

"活"指塑山在造型上不受石材大小和形态的限制，可完全按照设计意图进行造型。

"快"指塑山的施工期短，见效快。

"真"指好的塑山在色彩与质感方面都能取得逼真的效果。

当然，由于塑山所用的材料毕竟不是自然山石，因而在神韵上还是不及石质假山，同时使用期限较短，需要经常维护。

2. 人造塑山抹面施工中需要注意的问题

人工塑石能不能够仿真，关键在于石面抹面层的材料、颜色和施工水平。要想仿真，就要尽可能采用与自然山石相同的颜色，并通过精心的抹面和对石面裂纹、棱角的精心塑造，使石面具有逼真的质感，才能达到逼真的效果。

用于抹面的水泥砂浆应根据所仿造山石的固有颜色，加进一些颜料调制成有色的水泥砂浆，如要仿造灰黑色的岩石，可以在普通灰色水泥砂浆中加入炭黑，以灰黑色的水泥砂浆抹面；要仿造紫色砂岩，就要用氧化铁红将水泥砂浆调制成紫砂色；要仿造黄色砂岩，则应在水泥砂浆中加入柠檬铬黄；而氧化铬绿和钴蓝，则可在仿造青石的水泥砂浆中加入。水泥砂浆配制时的颜色应比设计的颜色稍深一些，待塑成山石后，其颜色会稍变淡。

石面不能用铁抹子抹成光滑的表面，而应该用木制的砂板作为抹面工具，将石面抹成稍微粗糙的磨砂面，这样才能更加接近天然的石质。石面的皴纹、裂缝、棱角应按所仿造岩石的固有形态来塑造。如模仿的是水平的砂岩岩层，那么石面的皴裂及棱纹中，在横向上就多为比较平行的横向线纹或水平层理；而在竖向上，则一般是仿岩层自然纵裂的形状。裂缝既有垂直的，也有倾斜的，变化应多一些。如果是模仿不规则的块状巨石，那么石面的水平或垂直皴纹及裂缝就应较少一些，而更多的是不太规则的斜线、曲线、交叉线等形状。

3. 其他人造塑山的施工工艺

(1) 砖石塑山施工工艺

首先在拟塑山的土体外缘清除杂草和松散的土体，按设计要求修饰土体，沿土体外开沟做基础，其宽度和深度根据地基土质和塑山高度而定；然后沿土体向上砌砖，砌砖时应根据山体造型的需要而变化，例如表现山岩的断层、节理和岩石表面的凹凸变化等；最后在表面抹水泥砂浆，进行面层修饰后着色。

塑山工艺中存在的主要问题：一是由于山的造型、皴纹等要靠施工人员的个人技术能力，因此对施工人员的个人修养和技术水平要求较高；二是水泥砂浆表面易出现皲裂纹，影响强度和观瞻；三是易褪色。

（2）FRP 塑山、塑石施工工艺

FRP 是玻璃纤维强化塑胶的英文缩写，它是由不饱和聚酯树脂与玻璃纤维结合而成的一种重量轻、韧性好的复合材料。不饱和聚酯树脂由不饱和二元羧酸与一定量的饱和二元羧酸、多元醇缩聚而成。在缩聚反应结束后，趁热加入一定量的乙烯基单体配成黏稠的液体树脂，称为玻璃钢。

玻璃钢成型工艺有以下几种：

1）席状层积法：利用树脂胶液、毡和数层玻璃纤维布翻模制成。

2）喷射法：利用压缩空气将树脂胶液、固化剂（交联剂、引发剂、促进剂）、短切玻璃纤维同时喷射沉积于模具表面，固化成型。所用空气压缩机的压强为 200～400kPa，每喷一层用辊筒压实，排除其中的气泡，使玻璃纤维渗透进胶液；反复喷射直至 2～4mm 厚，并在适当的位置做预埋件备用；最后再敷一层胶底，着色可根据需要调配。喷射时使用的是一种特制的喷枪，可同时分别喷出树脂液和促进剂。其施工程序如下：

泥模制作→翻制模具→玻璃钢元件制作→运输或现场搬运→基础和钢骨架制作→玻璃钢元件拼装→焊接点防锈处理→修补打磨→表面处理→涂刷玻璃钢油漆

这种工艺的优点在于成型和拼装的速度较快，制品具有良好的整体性；结板重量较轻，便于长途运输，也可直接在工地施工，存在的主要问题是树脂胶液与玻璃纤维的配合比不易控制，对操作人员的要求较高，且劳动条件差。树脂溶剂是易燃品，制作过程中会产生有毒气体。玻璃钢在室外时会受紫外线的影响，易导致表面酥化，其寿命为 20～30 年。但作为一个新生事物，它总会在不断的完善之中发展。

（3）GRC 假山造景施工工艺

GRC 是玻璃纤维增强水泥混合材料的英文缩写，它是将抗碱玻璃纤维加入到低碱水泥砂浆中硬化后产生的高强度的复合物。随着科技的发展，在 20 世纪 80 年代出现了用 GRC 造假山的工艺。它使用机械化生产制造假山石元件，具有重量轻、强度高、耐大气老化、防水性能好，施工方法简便、快捷，成本低等特点，是目前较理想的人造山石材料。用此工艺制造的山石，质感和皴纹都很逼真，它为假山艺术创作提供了更为广阔的空间和可靠的物质保证，为假山技术开创了一条新的道路，使其达到“虽为人作，宛自天开”的艺术境界。

GRC 假山元件的制作主要有两种方法：席状层积式手工生产法；喷吹式机械生产法。现就喷吹式工艺进行介绍：

1）模具制作：根据生产“石材”的种类、模具使用的次数和野外工作条件等选择制模的材料。常用的模具材料可分为软模，如橡胶模、聚氨酯模、硅模等；硬模，如钢模、铝模、GRC 模、FRP 模、石膏模等。制模时，应选择天然岩石皴纹较好的部位，以及便于复制操作的模具。

2）GRC 假山石块的制作：将低碱水泥与一定规格的抗碱玻璃纤维以二维乱向的方式同时均匀、分散地喷射于模具中，凝固成型。喷射时应边喷射边压实，并在适当的位置设置预埋件。

3）GRC 的组装：将 GRC“石块”元件按设计图进行组装，要求焊接牢固，并通过修饰和做缝使其浑然一体。

4）表面处理：主要是使“石块”表面具有憎水性，产生防水效果，并具有真石的润泽感。

(4) CFRC 塑石施工工艺

CFRC 是碳纤维增强混凝土的英文缩写。20 世纪 70 年代，英国首先制作了聚丙烯腈基（PAN）碳素纤维增强水泥基材料的板材，并应用于建筑，开创了 CFRC 研究和应用的先例。

CFRC 人工岩是把碳纤维搅拌在水泥中制成的碳纤维增强混凝土，并用于造景工程。CFRC 人工岩与 GRC 人工岩相比，其耐化学侵蚀（盐类）、耐水性、耐光照能力等方面均明显优于 GRC 人工岩，并具有耐高温、耐冻融及耐干湿变化等优点，因此其长期强度保持力高，是耐久性优异的水泥基材料，适用于河流、港湾等各种自然环境的护岸、护坡。由于其具有电磁屏蔽功能和可塑性，所以还可用于隐蔽工程等，更适用于园林假山造景、彩色路石、浮雕等各种景观的再创造。

【工程案例】

某小区人造塑石假山施工方案

1. 制作模具

根据设计草图制作模具（图 3-31、图 3-32）。

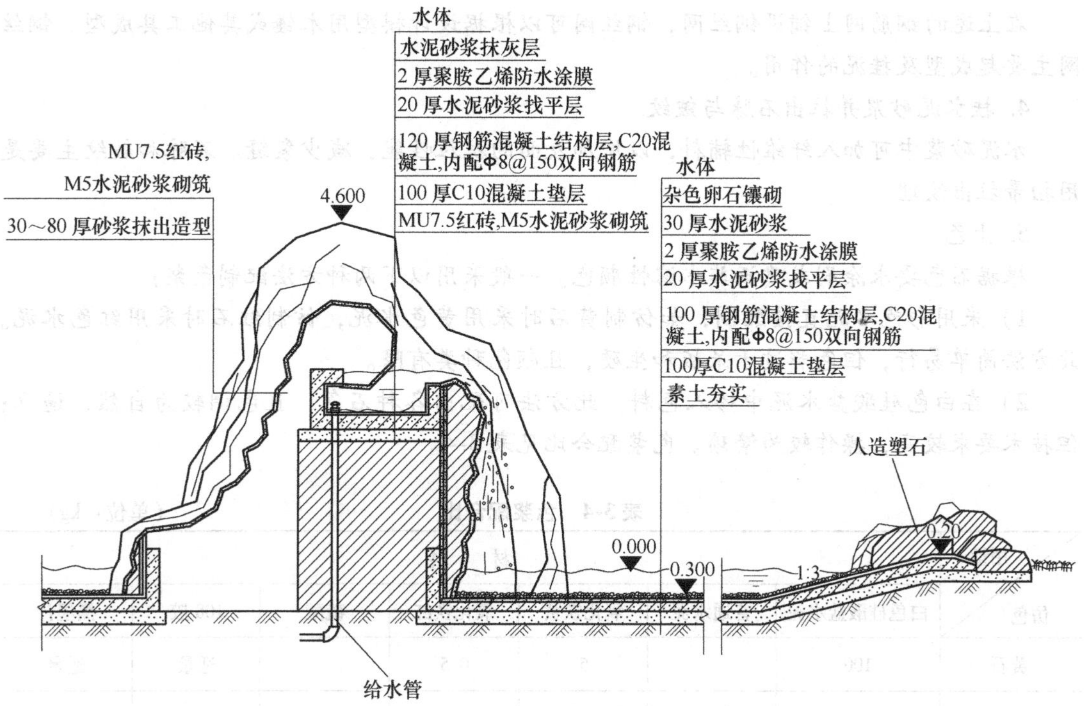

图 3-31　假山剖面图

2. 基架设置

根据石形的要求，本工程采用钢筋混凝土基架，把钢筋弯成需要的形状后固定在基架上，并涂刷防锈漆两遍。

图 3-32　完成模型制作并现场安装

3. 铺设钢丝网

在上述的钢筋网上铺设钢丝网，钢丝网可以根据设计模型用木锤或其他工具成型。钢丝网主要起成型及挂泥的作用。

4. 挂水泥砂浆并拉出石脉与皴纹

水泥砂浆中可加入纤维性辅料，以增加表面的抗拉性能，减少裂缝。石脉和皴纹主要是用扫帚拉出纹理。

5. 上色

根据石色要求涂刷或喷洒非水溶性颜色。一般采用以下两种方法配制色浆：

1）采用彩色水泥直接配制，如仿制黄石时采用黄色水泥，仿制红石时采用红色水泥。此方法简单易行，但色彩过于呆板和生硬，且颜色种类有限。

2）在白色硅酸盐水泥中掺入色料。此方法可配出各种石色，且色调较为自然、逼真；但技术要求较高，操作较为繁琐。色浆配合比见表 3-4。

表 3-4　色浆配合比　　（单位：kg）

用量 / 仿色	材料						
	白色硅酸盐水泥	普通水泥	氧化铁黄	氧化铁红	硫酸	108 胶	黑墨汁
黄石	100		5	0.5		适量	适量
红色山石	100		1	5		适量	适量
通用山石	70	30				适量	适量
白色山石	100				5	适量	

【思考与练习】

1. 用作塑石假山的材料有哪些?
2. 塑石假山的施工技术要点有哪些?
3. 如何根据现场环境调整塑石造型?
4. 人造假山的特点及抹面施工需要注意哪些问题?
5. 现场调查某人工假山，完成其施工方案的调查报告。

项目4

水景工程施工

【工作任务】

1. 任务1　水池工程施工
2. 任务2　驳岸与护坡工程施工
3. 任务3　喷泉工程施工

【知识目标】

1. 掌握人造水池、岸坡工程的施工流程。
2. 理解人造水池、驳岸护坡工程、喷泉工程的施工工艺。
3. 了解水池防渗漏的重要性。

【技能目标】

1. 会进行人造水池的施工。
2. 会浆砌块石驳岸的处理方式。
3. 知道喷泉工程的简单施工工艺。
4. 能进行水景工程中各种管线的敷设和安装。

【教学建议】

1. 基本原理及施工流程学习在制图一体化教室完成。
2. 小型水景施工操作在室外专门场地进行。

水景的施工涉及建筑结构、给水排水、电气等多个领域的专业知识，设计与施工人员必须掌握相关专业知识，才能营造出一个令人满意的水景。随着技术水平的提高，使水景建造由传统的园林建筑的配套工程项目逐渐发展成为相对独立的工程。水景工程施工重点讲述水池工程施工、驳岸与护坡工程施工及喷泉工程施工。

任务1 水池工程施工

【技能要求】

1. 能区分水池的类型和水池安装中的管线。

2. 掌握钢筋混凝土水池池底的基础施工技术，知道如何配置刚性水池池底和池壁的钢筋。

3. 掌握池壁的抹灰工程技术。

4. 掌握池壁面层和压顶石的不同施工处理工艺；能根据现场施工要求进行贴面材料的拼贴。

5. 能进行水池防漏和防冻的技术处理。

水景中水池的种类繁多，在空间中经常作为园林的构图中心，形成视觉的焦点。水池一般在广场中心、道路的视线焦点和亭、廊、花架、花坛组合形成特色景观。水池的布置形式多种多样，可规则、可自然，有时根据造景的需要在池内种植花草、养鱼。小池在夜景灯光的搭配下，夜间效果更为美妙。施工质量直接决定了水池的使用寿命和景观效果，通常根据水池设计的平面图、立面图和剖面图进行施工。水池也多为人工挖成，体量小而精致，水源多取人工水源，因此有进、出水的管理线设施。

【工作流程】

钢筋混凝土刚性水池施工流程如图4-1所示。

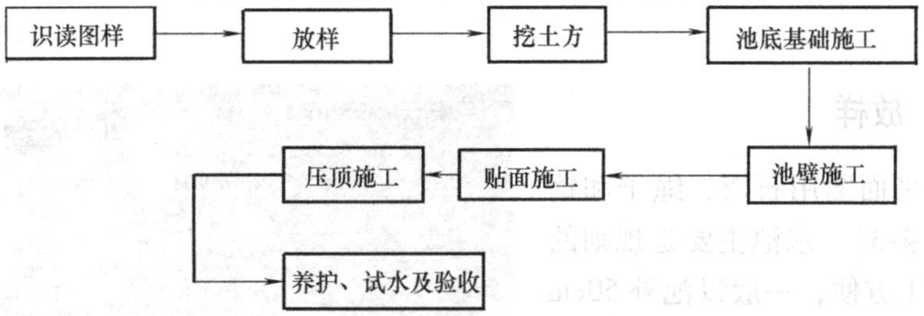

图4-1 钢筋混凝土刚性水池施工流程

【学习与操作】

步骤一：识读图样

现以某钢筋混凝土刚性水池施工图为例，指出主要施工材料和结构要点。

水池的剖面图反映水池的结构和要求。在剖面图中，从池壁顶部到池底基础标明各部分的材料、厚度及施工要求。剖面图要有足够的代表性。图4-2为水池施工图的识读，标明了各部分的结构和材料。对于组合式水池，需要注意观察图样中两个或两个以上表示不同位置的截面图，注意截面图与平面图上的符号要相对应。

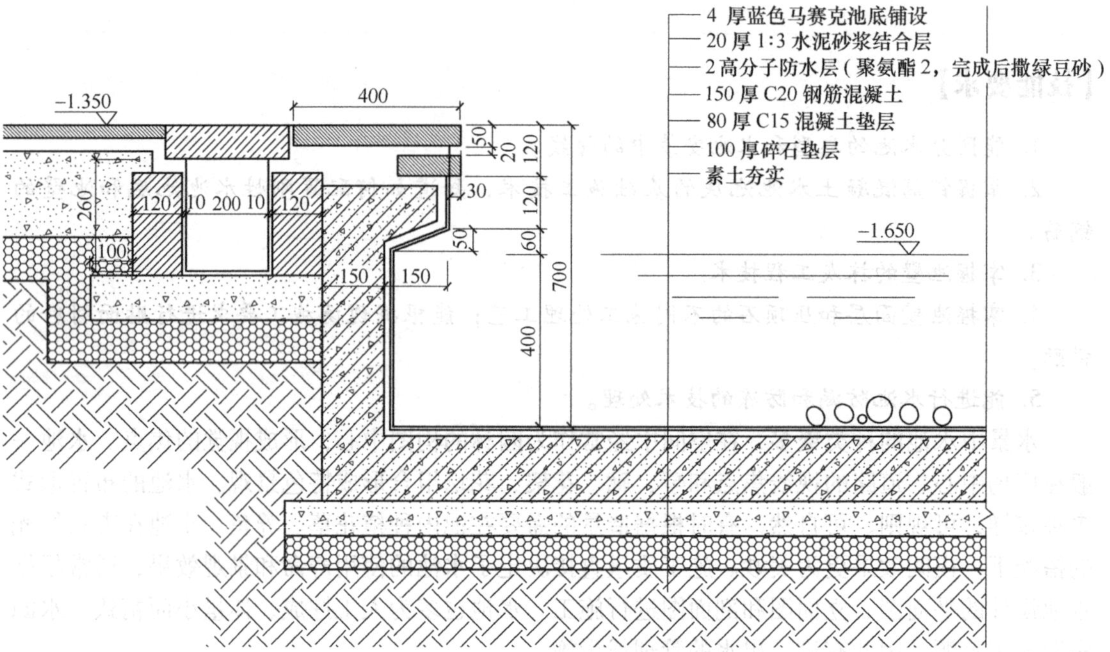

图 4-2　水池施工图的识读

1）池底基础的主要作用是场地的找平和稳固，主要是在素土夯实的基础上铺设垫层，根据现场需要一般设置 100mm 厚的碎石垫层，然后是混凝土层（80mm）。

2）池底、池壁主要是钢筋混凝土结构，可以按构造钢筋配置Φ 8 ~ Φ12 圆钢筋，间距 20 ~ 30cm。

步骤二：放样

按照设计平面图用石灰、绳子和钢卷尺放样（图 4-3）。水池主要是规则的形状，为了施工方便，一般以池外 50cm 左右开挖。在施工前将设计水池的控制点标到地面上并打桩，桩木上要注明桩号和施工标高。标高点根据现场引测的 ±0. 000 测定标高。

图 4-3　水池的放样

步骤三：挖土方

先除去表土，层层下挖，到接近池底时，要根据设计深度要求，使底部符合设计的深度和坡度。挖土方时主要根据场地条件进行人工开挖或机械开挖。种植水生植物的水池，要预留种植台，一般睡莲深约 60cm，热带植物的深度为 30 ~ 35cm。

步骤四：池底基础施工

1. 基土处理技术

当基土为排水不良的粘土，或地下水位很高时，在池底基础下及池壁后面，应放置碎石，并埋设直径为10cm的排水管（管道的倾斜度为1%~2%），将地下水导出。若是池宽为1~2.5cm的狭长形水池，则池底基础下的排水管应沿水池的长轴埋于池的中心线下；池底基础下的地面则向中心线倾斜1%~2%，池下的碎石层厚10~20cm，池壁后的碎石层厚10~20cm。

2. 混凝土池底板施工要点

1）根据不同情况加以处理。如基土稍湿而松软时，可在其上铺设厚10cm的砾石层，并加以夯实，然后浇筑混凝土垫层（图4-4）。

2）混凝土垫层浇筑完或1~2d（应根据施工时的环境温度而定）后，在垫层面测量并确定底板中心；然后根据设计尺寸进行放线，定出柱基及底板的边线，画出钢筋布线；根据钢筋布线绑扎钢筋，接着安装柱基和底板外围的模板（图4-5）。

图4-4 浇筑混凝土垫层

图4-5 绑扎水池钢筋

3）在绑扎钢筋时，应详细检查钢筋的直径、间距、位置、搭接长度，上、下层钢筋的间距，保护层厚度及预埋件的位置和数量。上、下层钢筋均应用铁撑（铁马凳）加以固定，使钢筋在浇捣过程中不发生位移。

4）底板应一次连续浇完，不留施工缝。施工间歇时间不得超过混凝土的初凝时间。如混凝土在运输过程中产生初凝或离析现象，应在现场进行二次搅拌后方可入模浇捣。底板厚度在20cm以内时，可采用平板振动器；20cm以上则采用插入式振捣棒（图4-6）。

5）池壁为现浇混凝土时，底板与池壁连接处的施工缝可留在基础上口20cm处。施工缝可留成台阶形、凹槽形，可加装金属

图4-6 支模浇筑混凝土

止水片或遇水膨胀橡胶带。

步骤五：池壁施工

水池一般采用垂直形池壁。垂直形池壁的优点是池水降落之后，不会在池壁淤积泥土，从而使低等水生植物无法寄生，同时易于保持水面洁净。垂直形池壁可用砖石或水泥砌筑，以瓷砖、罗马砖等饰面。

做水泥池壁，尤其是矩形钢筋混凝土池壁时，应先做模板以将其固定，池壁厚度一般为15～25cm，水泥池壁所用的水泥应与池底用的水泥相同。目前，水泥池壁施工有无撑支模及有撑支模两种方法，有撑支模为常用的方法。当矩形池壁较厚时，内、外模板可在钢筋绑扎完毕后一次立好。浇捣混凝土时，操作人员可进入模板内振捣，并应用串筒将混凝土灌入，分层浇捣。矩形池壁拆模后，应将外露的止水螺栓头割去（图4-7）。

图4-7　池壁施工

【提示】池壁施工注意事项：

1. 水池施工时所用的水泥强度等级不宜低于32.5级，水泥品种应优先选用普通硅酸盐水泥，不宜采用火山灰质硅酸盐水泥和粉煤灰硅酸盐水泥。所用石子的最大粒径不宜大于40mm，吸水率不大于1.5%。

2. 池壁混凝土每立方米的水泥用量不少于320kg，含砂率宜为35%～40%，灰砂比为1:(2～2.5)，水灰比不大于0.6。

3. 固定模板用的钢丝和螺栓不宜直接穿过池壁。当螺栓或套管必须穿过池壁时，应采取止水措施。常见的止水措施有：

（1）螺栓上加焊止水环。止水环应满焊，环数应根据池壁厚度确定。

（2）套管上加焊止水环。在混凝土中预埋套管时，管外侧应加焊止水环，管中穿螺栓，拆模后将螺栓取出，套管内用膨胀水泥砂浆封堵。

（3）螺栓加堵头。支模时，在螺栓两边加堵头；拆模后，将螺栓沿平凹坑底割去角，用膨胀水泥砂浆封塞严密。

4. 在池壁混凝土浇筑前，应先将施工缝处的混凝土表面凿毛，清除浮粒和杂物，用水冲洗干净，保持湿润；再铺上一层厚20～25mm的水泥砂浆。水泥砂浆所用材料的灰砂比应与混凝土材料的灰砂比相同。

5. 浇筑池壁混凝土时，应连续施工，一次浇筑完毕，不留施工缝。

6. 池壁有密集管群穿过，预埋件或钢筋稠密处浇筑混凝土有困难时，可采用相同抗渗等级的细石混凝土浇筑。

7. 池壁上有预埋大管径的套管或面积较大的金属板时，应在其底部开设浇筑振捣孔，以利排气、浇筑和振捣。

8. 池壁混凝土施工完毕，应立即进行养护，并充分保持湿润，养护时间不得少于14d。

拆模时，池壁表面的温度与周围环境温度的温差不得超过15℃。

常见池壁抹灰施工要点主要有：

1. 砖壁抹灰施工要点

抹灰在混凝土及砖结构的水池施工中是一道十分重要的工序。

内壁抹灰前2d应将墙面扫净，用水洗刷干净，并用薄钢板将所有的灰缝刮一下，要求凹进1~1.5cm。应采用32.5级普通硅酸盐水泥配制水泥砂浆，配合比为1∶2，必须称量准确，可掺入适量的防水粉，拌和要均匀。在抹第一层底层砂浆时，应用铁板用力将砂浆挤入砖缝内，以增加砂浆与砖壁的粘接。底层灰不宜太厚，一般为5~10mm。抹第二层砂浆时将墙面找平，厚度为5~12mm。抹第三层面层砂浆时应进行压光，厚度为2~3cm。砖壁与钢筋混凝土底板的结合处，应仔细施工，加强转角处的抹灰厚度，呈圆角，防止渗漏。外壁抹灰可采用1∶3水泥砂浆的一般操作方法。

2. 钢筋混凝土池壁抹灰施工要点

抹灰前将池内壁表面凿毛，不平处应铲平，并用水冲洗干净。抹灰时可在混凝土墙面上刷一遍薄的纯水泥浆，以增加粘接。其他做法与砖壁抹灰相同。

步骤六：贴面施工

贴面材料是镶贴到表层上的一种装饰材料。水池贴面材料的种类很多，常用的有马赛克、饰面砖、花岗石饰面板、水磨石饰面板和青石板等。园林中还常用一些不同颜色、不同大小的卵石来贴面。马赛克贴面材料的施工方法如下：

1. 基层处理

将地面垫层上的杂物清净，用钢丝刷刷掉粘接在基层上的砂浆，并清扫干净。

2. 试拼

在正式铺设前，马赛克应按图案、颜色、纹理试拼，然后放整齐。

3. 刷水泥素浆及铺设砂浆结合层

试铺后将砂和板块移开，清扫干净，用喷壶洒水湿润，刷一层素水泥浆（水灰比为0.4~0.5，刷的面积不要过大，边铺砂浆边刷）。根据板面的水平线确定结合层砂浆的厚度，拉控制线，开始铺设结合层干硬性水泥砂浆［一般采用1∶(2~3)的干硬性水泥砂浆，干硬程度以手捏成团，落地即散为宜］，厚度应控制在放上马赛克时宜高出面层水平线3~4mm。铺好后用大杠刮平，再用抹子拍实找平（铺摊面积不得过大）。

根据试拼时的图案及试排时的缝隙（板块之间的缝隙宽度，当设计无规定时不应大于1mm），在控制线的交点处开始铺砌。应先试铺，即搬起板块对好纵、横控制线，放在已铺好的干硬性砂浆结合层上即可。

步骤七：压顶施工

水池顶上应以砖、石块、石板、大理石或水泥预制板等作为顶石。顶石或与地面持平，或高出地面。当顶石与地面持平时，应注意不得使土壤流入池内，可将池周围的地面稍向外倾。有时在适当的位置上可将顶石部分放宽，以便容纳盆钵或其他摆饰（图4-8）。

图4-8 水池压顶和贴面

步骤八：养护、试水及验收

图4-9 养护、试水及验收

试水时应先封闭管道孔。由池顶放水入池，一般分几次进水，根据具体情况控制每次进水的高度。从四周进行外观检查，做好记录，如无特殊情况，可继续灌水到储水设计标高，同时要做好沉降观察（图4-9）。

灌水到储水设计标高后，停置1d，进行外观检查，并做好水面高度标志；连续观察7d，外表面无渗漏及水位无明显下落为合格。

【考核与评价】

单元考核与评价见表4-1。

表4-1 单元考核与评价

考核内容	考核要求与标准（100分）	学生自我评价	教师评价
1. 施工准备工作	1. 复核池底、池壁的受力情况是否满足设计要求，有无构造上的缺陷（10分） 2. 知道饰面材料的品种、颜色、质地、吸水、防污等性能（10分） 3. 检查防水、防渗漏材料，构造是否满足要求（10分）		
2. 施工阶段	1. 根据设计要求及现场实际情况，对水池的位置、形状及各种管线进行放线定位（10分） 2. 浇筑混凝土地前，应先完成好各种管线，并进行试压、验收（10分） 3. 混凝土水池应按设计要求进行支模、配料、浇筑、振捣、养护及取样检查，经验收合格后方可进行下道施工工序（10分） 4. 施工防水防漏层前，应对水池基面的抹灰层进行验收（10分） 5. 饰面应纹理一致，色彩与块面布置均匀美观（10分）		

（续）

考核内容	考核要求与标准（100分）	学生自我评价	教师评价
3. 池体施工完成后，进行放水试验	安全性，平整度，有无渗漏，水形、光色与环境是否协调统一（20分）		

【知识链接】

1. 水池的类型

（1）按池岸的线型种类分类

1）自然式水池。自然式水池的池岸线以自然曲线为主，在园林中模拟自然的水面，结合置石、地形、花木种植设计成自然式，强调水际线的自然变化，水面收放有致，有着一种天然野趣的意味，多为自然或半自然形体的静水池。人工修建或经人工改造的自然式水池，由泥土、石块或植物收边，适合用于自然式庭院或乡野风格的景区。自然式水池一般宜与草皮坡地相连，自然而有情趣（图4-10）。

2）规则式水池。规则式水池的设置应与周围环境相协调，多运用于规则式庭院、城市广场及建筑物的外环境装饰中。水池的设置地点多位于建筑物的前方，或庭院的中心，或室内大厅，特别适合于以硬质景观为主的地方，并成为景观视觉轴线上的一种重要点缀物或关联体。这类水池的池岸线围成规则的几何图形，显得整齐大方，是现代园林建设中应用越来越多的水池类型。在我国的现代园林中，有很多的规则式水池，而规则式水池在广场及建筑物前能起到很好的装点和衬托作用（图4-11）。

图4-10 自然式水池

图4-11 规则式水池

水池的大小一般要与园林空间及广场的面积相协调，水池的轮廓应与自然地貌及广场、建筑物的轮廓相统一。无论是规则式还是自然式，都应力求造型简洁大方。

（2）按照建造的材料分类

1）刚性水池。刚性水池主要由钢筋混凝土和砖石修筑而成。

2）柔性结构水池。柔性结构水池以柔性不渗水的材料作为夹层，如玻璃布沥青席水池、三元乙丙橡胶薄膜水池等。

2. 水池施工中的管线综合

（1）管线安装的方法

可以结合水池的平面图进行管线的布置，标出给水管、排水管的位置。上水闸门井平面图要标明给水管的位置及安装方式；如果是循环用水，还要标明水泵及电动机的位置。上水闸门井剖面图不仅应标出井的基础及井壁的结构和材料，而且还应标明水泵及电动机的位置及进水管的高程。下水闸门井平面图应反映泄水管、溢水管的平面位置；下水闸门井剖面图应反映泄水管、溢水管的高程及井底部、井壁、井盖的结构和材料。几种水管的作用（图4-12）如下：

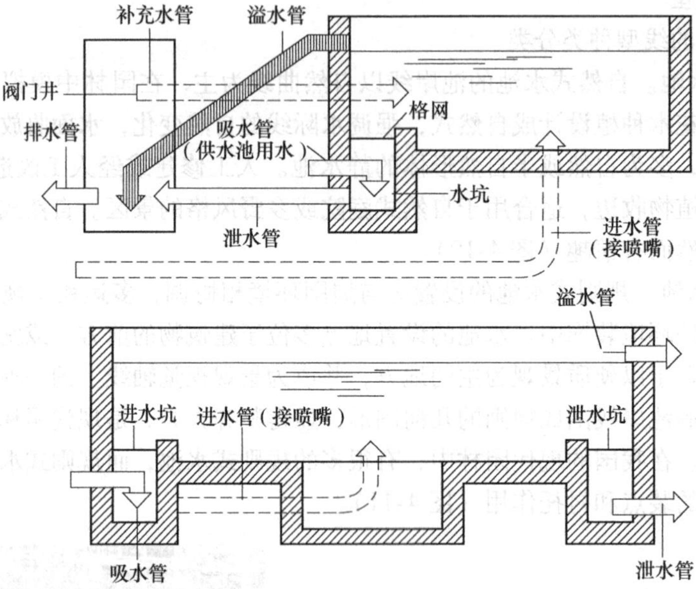

图4-12 水池管线示意

1）进水管。进水管是供给池中各种喷嘴喷水或水池进水的管道。

2）溢水管。溢水管的作用是保持池中的设计水位，在水池已经达到设计水位，而进水管继续使用时，多余的水由溢水管排出。

3）泄水管。泄水管可把水池中的水放回闸门井，或水池需要排空时（清污、维修等），水从泄水管中排出。

4）补充水管。补充水管可补充给水，保持池中水位，补充损失水量。喷水过程中如水沫漂散、水分蒸发等，应使用补充水管。

5）回水龙头。在容易发生冻胀危害的北方地区，为保护水管，水使用后应放尽水管中的存水，此时可使用回水龙头。

水池的进水管与水泵相接，进入水池中；有人工喷泉时，直接进入喷泉总管道。溢水管的高程应与设计水位相一致。进水量超过设计水位时，池中水自溢水口流出，以保证设计水位。溢水管从池壁通往下水闸门井中，溢水管在井中的高程应较高。溢水管的数量按水池的平面形状及进水情况确定。泄水管从水池的底部通出，进入下水闸门井。水经沉淀后，被水泵抽出，循环使用，池中的水有进有出，保持动态平衡，水质不变，而沉淀物由排水管排出。泄水管要求管径较大，否则容易堵塞，造成泄水不畅，同时要求进、出管口要有一定的高差。排水管可用瓦管或水泥管，管径应大于80cm，以便排污。如果进水管中的进水量不能或不能很快达到设计水位时，可用补充水管。补充水管可由附近可利用的水源通往水池。水管管径的大小，可根据水流量、流速等来确定。

3. 自然式水池施工技术

(1) 自然式水池池底的常见结构

目前，国内较为常见的池底结构有以下几种（图4-13）：

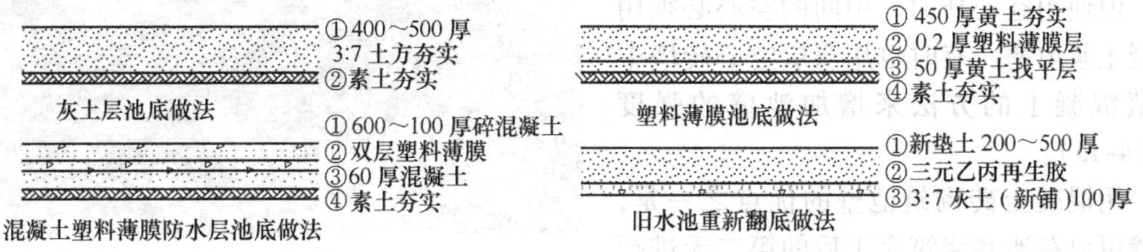

图4-13 常见池底结构

1）灰土层池底。当池底的基土为黄土时，可在池底做40～50cm厚的3:7灰土层，并每隔20m留一伸缩缝。

2）聚乙烯薄膜防水层池底。当基土微漏，可采用聚乙烯薄膜防水层池底的做法。

3）混凝土池底。当水面不大，防漏要求又很高时，可以采用混凝土池底结构。这种结构的水池，如其形状比较规整，则50cm内可不做伸缩缝；如其形状变化较大，则应在其长度约20cm且截面狭窄处做伸缩缝。一般池底可贴蓝色瓷砖或加入水泥，进行色彩上的变化，增加景观的美感。

(2) 自然式水池池底施工技术

自然式水池的池底如为非渗透性的土壤，应先铺粘土，湿润后捣实，其上再铺砂砾。若池底的透水性较强，或水源给水量不足，池底可采用混凝土或钢筋混凝土，然后以砂土覆盖，或者用蓝色或绿色的水泥加以隐蔽（图4-14）。

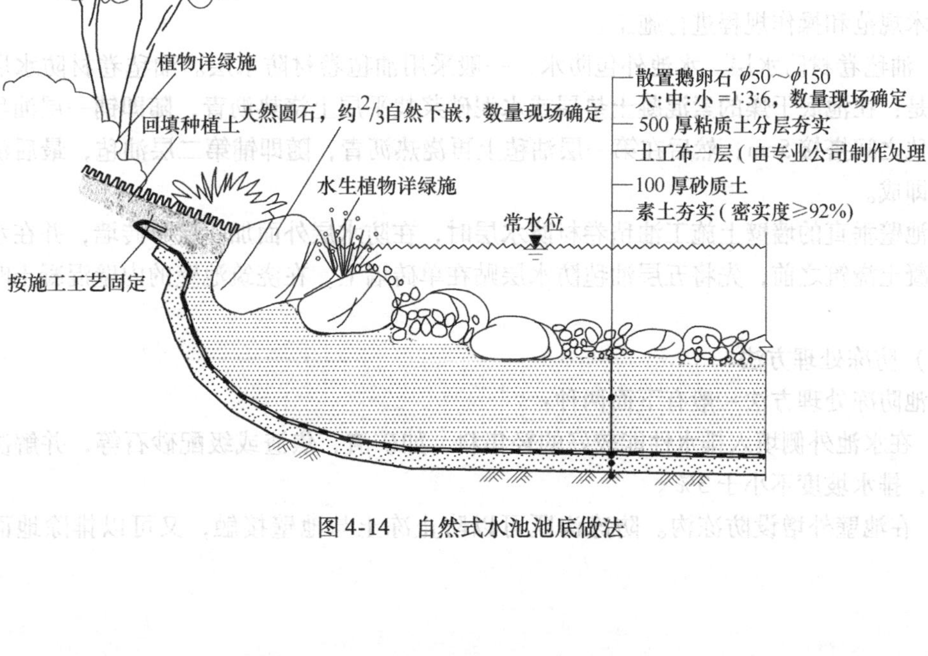

图4-14 自然式水池池底做法

4. 混凝土砖砌筑池壁施工技术

用混凝土砖砌筑池壁，显著简化了混凝土施工的程序，但混凝土砖一般只适用于古典风格或设计规整的水池。混凝土砖厚10cm，结实耐用；也有大规格的空心砖，但使用空心砖时，中间的空心必须用混凝土浆填塞。有时也用双层空心砖墙中间填混凝土的方法来增加池壁的强度（图4-15）。

图4-15 混凝土砖砌筑水池

用混凝土砖砌筑池壁的优点之一是，池壁可以在池底浇筑完工后的第二天进行砌筑。一定要趁池底混凝土未干燥时将边缘处拉毛，池底与池壁相交处的钢筋要向上弯伸入池壁，以加强结合部的强度（钢筋伸到池壁的后面或池壁中间）。由于混凝土砖是预制的，所以池壁四周必须保持绝对的水平。砌筑混凝土砖时要特别注意保持砂浆厚度均匀。

5. 水池防水、防冻的技术处理

（1）防水处理方法

1）防水砂浆和防水油抹灰。在池壁及池底的表面，抹20mm厚的防水水泥砂浆，或用水泥砂浆和防水油分层涂抹（称为五层防水油抹灰）做防水处理。防水水泥浆的比例为水泥∶沙＝1∶3，并加入占水泥重约3%的防水剂。用上述方法进行处理，在砖砌体、混凝土及抹灰严格按操作规程施工时，一般能取得较好的防水效果，节约材料，节约工日。

2）防水混凝土。在混凝土中加入适量的防水剂和掺加剂形成防水混凝土。将防水混凝土在池底及池壁的表面抹20mm厚，能极大地提高水池的抗渗性。防水混凝土有两种：一种是通过调整混凝土的配合比来提高其自身密实度和抗渗性的级配防水混凝土；另一种是在混凝土中掺入少量的加气剂（松香酸钠或松香热聚物），在混凝土中产生大量微小而均匀的气泡，以改变毛细管的性质来提高混凝土的抗渗性的加气防水混凝土。在施工时必须严格按照有关技术规范和操作规程进行施工。

3）油毡卷材防水层。水池外包防水，一般采用油毡卷材防水层。油毡卷材防水层的施工方法是：在池底干燥的素混凝土垫层或水泥砂浆找平层上浇热沥青，随即铺一层油毡，油毡与油毡之间搭接5cm；然后在第一层油毡上再浇热沥青，随即铺第二层油毡，最后浇一道热沥青即成。

在池壁垂直的墙壁上施工油毡卷材防水层时，在防水层外面加一层单砖墙，并在水池外壁的混凝土浇筑之前，先将五层油毡防水层贴在单砖墙上，在浇筑池壁的内壁混凝土时将油毡压紧。

（2）防冻处理方法

水池防冻处理方法一般有下面两种：

1）在水池外侧填入排水性能较好的轻集料，如矿渣、焦渣或级配砂石等，并解决好地面排水，排水坡度不小于3%。

2）在池壁外增设防冻沟。防冻沟既可以防止冻土与池壁接触，又可以排除地面雨水等，还可以用于水池排水。

6. 水池中钢筋加工注意事项

1）钢筋加工必须符合设计和规范的要求，钢筋的表面应清洁，无损伤、油渍、漆污和铁锈等，带颗粒状锈蚀的钢筋不得使用。

2）钢筋除锈采用钢筋调直机，在钢筋的调直过程中除锈。

3）钢筋必须平直，无局部曲折，必须经调直之后才能使用和加工。

4）钢筋的弯钩或弯折应符合下列规定：

① Ⅰ级钢筋的末端均应作180°弯钩，其圆弧弯的曲半径不小于钢筋直径的2.5倍，平直部分的长度不小于钢筋直径的3倍。

② Ⅱ级钢筋的末端作90°或135°弯钩时，Ⅱ级钢筋的弯曲半径不小于钢筋直径的4倍，平直部分长的度按设计要求确定。

③ 弯起钢筋中间部分弯折处的弯曲半径不小于钢筋直径的5倍。

④ 箍筋的末端作135°弯钩，其弯钩的弯曲直径应大于受力钢筋的直径，且不小于箍筋直径的2.5倍，弯钩的平直长度不应小于箍筋直径的10倍。

⑤ 当机械断料时，严格按配料单的长度进行断料，保证断料正确，钢筋和切断机的刀口要呈垂线，并严格按操作规程施工，确保安全。在断料的过程中，如发现钢筋有劈裂、缩头或严重的弯头，必须切除。

⑥ 钢筋在弯曲时，为保证加工质量，要求Φ10以下加工时按配料单的尺寸在工作台上钉上钉子作为尺寸（弯曲点）的标志。

⑦ 弯曲粗钢筋及形状较复杂的钢筋时，必须在钢筋弯曲前，根据配料单上标明的尺寸用粉笔画出弯曲点位置，必要时应在工作台上画出实样，用钉子在工作台上标出钢筋的弯曲点。

⑧ 当第一根钢筋弯曲成型后，应与配料单上标明的形状尺寸进行复核，符合要求后再成批加工。成型钢筋要求形状正确，平面上没有凹曲现象，弯曲点不得有裂纹。

⑨圆钢采用调直机调直后，钢筋有局部弯曲的可采用扳手调直。

【工程案例】

某学院小溪水景工程施工方案

1. 工艺流程

清场→造坡→夯实→防水毯铺设→混凝土垫层铺设→砂浆找平→卵石驳岸→水底卵石铺设

2. 施工准备

（1）场地放样、定标高

按照广场设计图所绘的施工坐标方格网，将所有的坐标点测设到场地上并打桩定点；然后以坐标桩点为准，根据广场设计图，在场地地面上放出场地的边线，主要地面设施的范围线，以及挖方区、填方区之间的零点线；再定出坐标桩点的标高，注意尽量采用共同基准点。

（2）地形复核

对照广场竖向设计图复核场地地形。各坐标点、控制点的自然地坪标高数据，有缺漏的要在现场测量补上。

3. 各分部分项工程施工工艺

(1) 土方施工

1) 挖方与填方施工。根据设计的标高进行挖、填土方。填方时应当先深后浅，先分层填实深处，应每填一层就夯实一层。

2) 场地平整与找坡。挖、填方工程基本完成后，对挖、填出的新地面进行整理。要铲平地面，使地面的平整度限制在0.05m内。根据各坐标桩标明的挖、填高度和设计的坡度数据，对场地进行找坡，保证场地内各处地面都基本达到设计的坡度。

3) 素土夯实。当挖土达到设计标高后，可用打夯机进行素土夯实，直到达到设计要求的密实度。夯实过程中如果打夯机的夯头印迹基本看不出时，可用环刀法进行密实度测试；如果密实度还未达到设计要求，应继续夯实，直到达到设计要求为止。

4) 防水毯操作工艺

铺贴方向：卷材应垂直于水流方向铺贴。

铺贴油毡的顺序：铺贴应从最低标高处开始往高标高处方向铺设，应用力均匀，以将浇油挤出、粘实、无空气为准，并将挤出沿边的油刮去。

铺贴各层油毡的搭接宽度：长边不小于70mm，短边不小于100mm。

(2) 持力层的浇筑

在完成的基层上定点放线，每10m为一点。根据设计标高，在小溪的边线上放出中间桩和边桩，并在小溪的整体边线处放置施工挡板。施工挡板的高度应在稳定层以上，但不要太高，并在挡板上画好标高线。

复核、检查和确认小溪边线与各设计标高点正确无误后，方可进入下道工序。

在浇筑混凝土稳定层前，在干燥的基层上洒一层水或1:3砂浆。浇筑、捣实混凝土，并用刮尺将顶面刮平，将顶面调整至设计标高。施工中要注意做出小溪的横坡和纵坡。

混凝土面层施工完成后，应及时养护，可用湿的稻草、湿砂及塑料薄膜覆盖在路面上进行养护。

(3) 砂浆找平

铺水泥砂浆面层：待混凝土初凝后紧跟着铺水泥砂浆，在灰饼之间（或标筋之间）将砂浆铺均匀；然后用木刮杠按灰饼（或标筋）高度刮平。铺砂浆时如果灰饼（或标筋）已硬化，木刮杠刮平后将使用过的灰饼（或标筋）敲掉，并用砂浆填平。

木抹子搓平：木刮杠刮平后立即用木抹子搓平，从内向外退着操作，并随时用2m靠尺检查其平整度。

养护：地面压光完工后24h，铺锯末或其他材料，覆盖洒水养护，保持湿润，养护时间不少于7d。当抗压强度达5MPa时才能上人。

(4) 水底卵石铺设

待混凝土强度达到龄期后，优选上等卵石浸泡在稀盐酸中进行酸洗、抛光，然后铺撒在溪水中。

【思考与练习】

1. 钢筋混凝土水池施工的程序有哪些?
2. 写出钢筋混凝土水池池壁施工的注意事项。
3. 如何做好水池的防漏措施?
4. 画出水池管线示意图。
5. 现场参观某水景工程，写出其施工方案。

任务2 驳岸与护坡工程施工

【技能要求】

1. 知道驳岸与护坡工程的施工流程，了解破坏驳岸的主要因素和主要驳岸结构的形式。
2. 会浆砌石块驳岸的施工技术。
3. 知道主要护坡工程的类型的特点。
4. 会植物护坡工程的施工技术。

水景驳岸是在园林水体边缘与陆地的交界处，为稳定岸壁，保护湖岸不被冲刷或水淹所设置的构筑物。园林驳岸也是园景的组成部分，在园林中，驳岸常用自然山石砌筑，与假山、置石、花木相结合，共同组成园景，因此驳岸必须结合所处环境的艺术风格、地形地貌、地质条件、材料特性、种植特色、施工方法及技术经济要求等来选择其结构形式，在实用、经济的前提下注意外形的美观，使其与周围景色相协调。

【工作流程】

1. 驳岸工程施工流程（图4-16）
2. 护坡工程施工流程（图4-17）

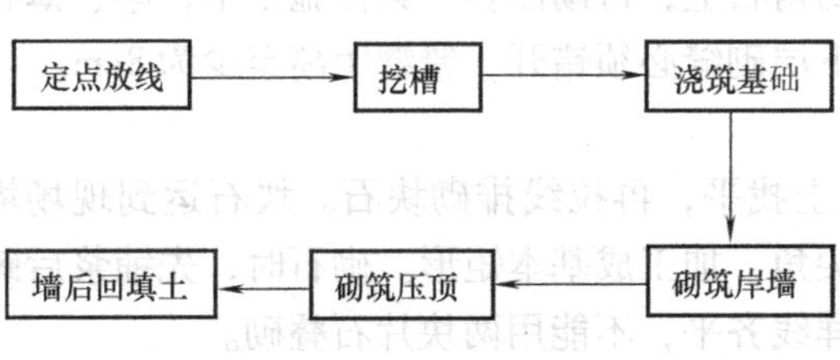

图4-16 驳岸工程施工流程

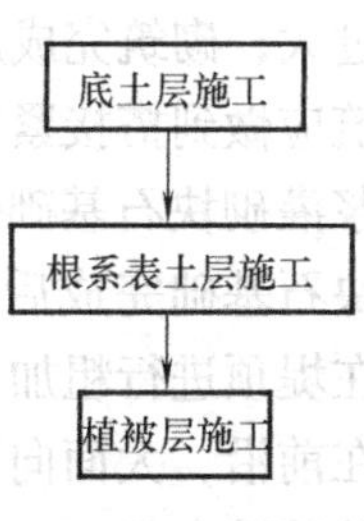

图4-17 护坡工程施工流程

【学习与操作】

园林水体要求有稳定、美观的水岸以维持陆地和水面一定的面积比列，防止陆地被淹或水岸坍塌而扩大水面，故在水体边缘必须建造驳岸或护坡。

1. 驳岸工程施工

驳岸工程能起到稳定岸壁，保护河岸（阻止河岸崩塌或冲刷）和园林中的水体，起防护作用。现以典型的浆砌块石驳岸施工来讲解施工流程。

步骤一：定点放线

人员及机械进场后，首先按设计图样进行总体上的放样，并用石灰线放出驳岸的土方开挖样线，并按施工规范引测水准测量点，沿线每50~100m设一临时水准点。布点放线还应根据设计图上的常水位线确定泊岸的平面位置，并在基础两侧各50cm放线。

【提示】 驳岸与护坡的施工属于特殊的砌体工程，施工时应遵循砌体工程的操作规程与施工验收规范，同时应注意驳岸和护坡的施工必须放干湖水，也可分段堵截逐一排空。

步骤二：挖槽

对驳岸沿线的土方采用挖掘机开挖，并留出30cm的保护层，在施工底板前采用人工突击开挖。基坑边坡的比例一般采用1∶0.67，并在管道的基础外放出每边50cm以上的工作面，在工作面外侧设排水沟及集水坑，以保证基槽不受水浸泡。另外，还可采用挡土板进行支撑，以利安全。由于部分驳岸位于河道中，故需要在驳岸外侧筑围堰，一般采用圆木桩围堰，即在挖土机开挖土方时，尽量将土向河中甩；在距驳岸外边线0.5m处开始进行围堰，堰边坡的比例一般采用1∶1.5，堰顶的顶高应高出水位80cm，顶宽在150cm以上；在机械开挖基坑土方结束后，再用人工对堰边坡及堰顶进行修正，以保证其坡度及不漏水。在土质较差的地段，还需要在堰两侧打圆木桩，以防止土方过于向河中坍塌，影响河道及堰体安全。

步骤三：浇筑基础

浇筑基础一般有两种做法：干砌块石基础做法和C10浆灌砌块石基础做法。

（1）干砌块石基础做法

1）砌筑前的测量放样与块石质量应满足相关规范的要求，基础砌筑要求大块石放在前沿，大面朝下，双边挂线，分层砌筑。

2）砌筑顺序为先砌角石（又称为定位石），再砌面石，最后砌腹石。角石应比较方正，尺寸差异不得过大；砌筑完成后把控制线移挂到角石上，再砌面石。具体施工中，厚、薄石块要搭配，砌筑应做到搭接紧密。石块的上、下层砌缝必须错开，错缝距离至少为8cm。

（2）C10浆灌砌块石基础做法

底面干砌块石基础完成后首先用C10混凝土找平，再拉线排砌块石。块石运到现场堤顶，施工人员在堤顶进行粗加工，敲去薄口、尖角，加工成基本矩形。砌石时，先铺浆后蹲石，大块石放在前沿，大面向下，上部石面与样线齐平，不能用两块片石叠砌。

块石之间的缝隙在5~8cm，上、下纵缝错开10cm以上，块石之间的缝隙不能用生石子充填。砌石厚度在32~38cm，如果块石的厚度不足32cm，则改为卧砌。对最大边长小于32cm的块石，不得使用。应保证砌石厚度在32~38cm的块石数量占总数的90%以上，其余10%的块石厚度最小应在30cm以上。砌石时，对石面不平整的块整块石应进行修整，相临块石的石面高差在3cm以下，用2m靠尺检查平整度在3cm以下。

排砌块石总的要求为保证厚度，放置平稳，纵缝错开，石面平整。厚度的允许偏差为±3cm，平整度的允许偏差为3cm，通缝为“二通三不通”，凹缝深度一般为2~3cm。风化石、山皮石等质量不好的块石禁止使用。

细石混凝土拌制：C10细石混凝土按设计级配拌制，称量进料，控制水灰比，保证拌和时间。

混凝土灌缝：灌缝前应打扫石面，用清水冲洗石缝，使混凝土与块石粘接牢固。

【提示】混凝土灌缝前的检查：把缝隙中的生碎石取出，局部缝口小于5cm的地方，缝口应加宽，发现有质量不好的块石应挖出更换，对厚度不满足质量要求的块石应挖出重砌。自检合格，且质监员检查合格后，报请监理工程师验收，验收合格后进入混凝土灌缝工序。

混凝土用手推车运至施工面，混凝土倒入溜槽至操作平台，人工用铁锹运至缝口处。用插入式振捣棒振捣，振捣至混凝土不下沉、表面泛浆为止。灌浆自下而上逐缝进行，不准出现灌缝不深，下有空洞等违规作业。

步骤四：砌筑岸墙

砌筑岸墙时要严格控制轴线、平面尺寸和高程。砌筑前，轴线已用经纬仪定位，高程已用水准仪控制，并做到平面尺寸准确，在基础顶面拉线控制砌筑高程和平整度。挡土墙砌筑应在底板凿毛后进行，先用经纬仪、钢直尺进行平面放样，起脚底边线用墨线弹在底板上用于控制砌墙底线的位置，墙身上部用木样架进行控制。砌筑过程中要挂垂线来控制墙体的垂直度，平整度用靠尺检查，高程用水准仪控制。木样架要制作准确，其安放位置与垂直度要经常复查。

如图4-18所示的浆砌块石驳岸砌筑岸墙的砌筑顺序为先砌角石（又称为定位石），再砌面石，最后砌腹石。角石应比较方正，尺寸差异不得过大；砌筑完成后把控制线移挂到角石上，再砌面石。墙身砌筑必须选好墙面石，砌筑时严禁抢大面，要大面朝下，先铺浆后蹲石，做到砌筑紧凑、丁顺相间、上下错缝。里层块石应能保证向缝内顺利灌浆，灌浆时用插入式振捣棒进行振捣。先灌浆后填小块石，确保墙体密实。

图4-18 浆砌块石驳岸砌筑岸墙

振捣后，缝口表面泛浆，用小铁板勾缝，缝口用1∶2水泥砂浆勾突缝。墙面应平整、美观，要求砂浆饱满，勾缝严密。每隔25～30m做一条伸缩缝，缝宽3cm，用沥青或者石棉绳填充。为了排除墙后的积水，应设置泄水孔、暗沟。

步骤五：砌筑压顶

常用模板进行砌筑压顶，采用木模板与定型钢模板进行结合浇筑。木模表面应平整光滑，内侧加钉薄钢板。木模的接缝做成平缝及企口缝，转角处加设嵌条，模板表面抹隔离剂。混凝土的浇捣采用插入式振捣棒进行振捣，且要求振捣棒在倾斜式混凝土表面由低处向高处振捣；另外，要求振捣棒插入下层5cm，插点间距控制在50cm左右，每一插点的振捣应控制在20s左右，并遵循快插慢拔的原则。振捣时，应掌握插入间距和时间，以外光内实为准，严格控制高程，上部拍平、原浆结面抹光。应加强养护，养护期不少于14d。

另外，如采用花岗石压顶，压顶向水中挑出 5～6cm，并使顶面高出最高水位 50cm 为宜；最后用打磨机打磨一遍。

步骤六：墙后回填土

应排除基坑底部的积水及杂物，应边砌筑边回填，每次回填土的顶面高程均应低于石方砌筑面 0.5m，回填土采用砂质粘土。按 30cm 分层铺设素土，人工夯实 2～3 遍后，再用蛙式打夯机夯实，且分层取样做环刀密实度测试，测试合格后进行第二层回填。回填土利用开挖时预留的好土，以最佳含水量控制回填土的质量。回填土的标高应满足设计标高，表面应平整。

【考核与评价】

单元考核与评价见表 4-2。

表 4-2　单元考核与评价

考核内容	考核要求与标准（100 分）	学生自我评价	教师评价
1. 驳岸石料表面	整洁、平直，无明显缺棱掉角，外观无明显缺陷、污斑及杂色（30 分）		
2. 驳岸灰缝	灰缝顺直，厚度均匀、勾缝密实牢固，锁口面平整不积水（30 分）		
3. 驳岸砌筑允许偏差	与设计图相比较，轴线位置偏差 < 15mm，驳岸厚度偏差 <20mm，垂直度偏差 <20mm，表面平整度偏差 <20mm，锁口石顶面标高偏差 < ±15mm（40 分）		

2. *护坡工程施工*

在园林中，自然山地的陡坡、土假山的边坡、园路的边坡和湖（池）岸边的陡坡，有时为了能与周围环境相协调而不做驳岸，而是改用斜坡伸向水中，这就要求能就地取材，采用各种材料做成护坡。护坡主要是防止滑坡，减少水和风浪的冲刷，以保证岸坡的稳定。各种护坡工程的坡面构造实际上是比较简单的。它不像挡土墙那样要考虑泥土对砌体的侧向压力，可不做砌体，要考虑的只是如何防止陡坡的滑坡和减轻水土流失。根据护坡做法的基本特点，下面将各种护坡方式归入植被护坡、预制框格护坡和截水沟护坡三种坡面构造类型，并对其施工方法给予简要的说明。

（1）植被护坡

植被护坡的坡面采用草皮护坡、灌丛护坡或花坛护坡，这实际上都是用植被来对坡面进行保护，因此这种护坡的坡面构造基本上是一样的。一般而言，植被护坡的坡面构造从上到下的顺序是：植被层、坡面根系表土层和底土层（图 4-19）。

图 4-19　植被护坡

步骤一：底土层施工

坡面的底土一般应拍打结实，但也可不进行任何处理。

步骤二：根系表土层施工

采用草皮护坡与花坛护坡时，坡面保持斜面即可。若坡度太大，达到60°以上时，坡面土壤应先整细并稍拍实；然后在表面铺上一层钢丝护坡网；最后才撒播草种或栽种草丛、花苗。采用灌丛护坡时，坡面可先整理成小型阶梯状，以方便栽种树木和积蓄雨水，为了避免地表径流直接冲刷陡坡坡面，还应在坡顶顺着等高线布置一条截水沟，以拦截雨水。

步骤三：植被层施工

植被层的厚度随采用的植物种类而有所不同。采用草皮护坡的，植被层厚15～45cm；采用花坛护坡的，植被层厚25～60cm；采用灌丛护坡的，则灌丛层厚45～180cm。植被层一般不用乔木作为护坡植物，因乔木重心较高，有时可因乔木的倒塌而使坡面坍塌。在设计中最好选用须根系的植物，其护坡固土作用比较好。

（2）预制框格护坡

预制框格的材料有混凝土、塑料、金属网等，其每一个框格单元的设计形状和规格大小都可以有许多变化。框格一般是预制生产的，在边坡施工时再装配成各种简单的图形。用锚和矮桩固定后，再往框格中填满肥沃壤土，土要填得高于框格，并稍拍实，以免下雨时流水渗入框格下面而冲刷走框底泥土，使框格悬空（图4-20）。

图4-20　预制框格护坡

（3）截水沟护坡

截水沟一般设在坡顶，与等高线平行。沟宽20～45cm，深20～30cm，用砖砌成。沟底、沟内壁用1:2水泥砂浆抹面。为了不破坏坡面的美观，一般截水沟采用盲沟，即在截水沟内填满砾石，砾石层上面覆土种草，这样从外表就看不出坡顶有截水沟，但雨水流到沟边就会下渗，然后从截水沟的两端排出坡外。

【知识链接】

1. 驳岸的结构形式

园林中使用的驳岸形式主要以重力式结构为主，它主要依靠墙身自重来保证岸壁稳定，抵抗墙背的土压力。重力驳岸按其墙身结构分为整体式、方块式、扶壁式；按其所用材料分为浆砌块石、混凝土及钢筋混凝土结构等。

由于园林中驳岸的高度一般不超过2.5m，可以根据经验数据来确定各部分的构造尺寸，而省去复杂的结构计算。园林驳岸的构造（图4-21）及名称如下：

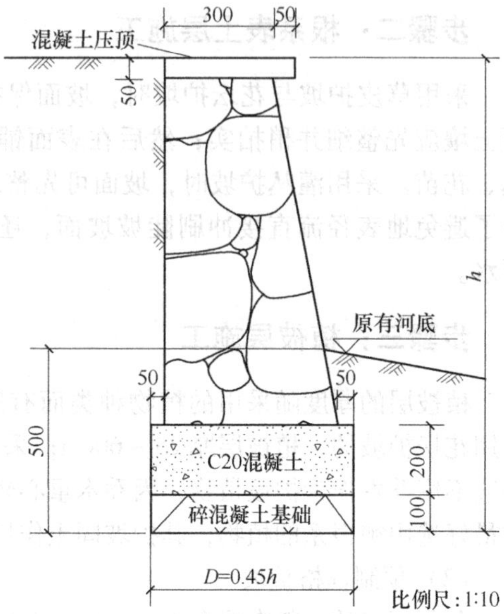

注：1. 基础深拟保持500。
2. 基础宽D为驳岸总高度h的0.45倍。

图4-21　驳岸的构造

压顶：驳岸的顶端结构，一般向水面有所悬挑。

墙身：驳岸主体，常用材料为混凝土、毛石、砖等，还有用木板、毛竹板等材料作为临时性的驳岸材料。

基础：驳岸的底层结构，作为承重部分，厚度常为400mm，宽度在高度的0.6~0.8倍范围内取值。

垫层：基础的下层，常用矿渣、碎石、碎砖等整平地坪，以保证基础与土层均匀接触。

基础桩：增加驳岸的稳定性，是防止驳岸滑移或倒塌的有效措施，同时也兼有加强土基承载能力的作用。材料可以用木桩、灰土桩等。

沉降缝：由于墙高不等，墙后土压力与地基沉降不均匀时所必须考虑设置的断裂缝。

伸缩缝：避免因温度等变化引起的破裂而设置的缝。一般每隔10~25m设置一道，宽度一般采用10~20mm，有时也兼作沉降缝使用。

2. 园林护坡的其他类型和作用

护坡是保护坡面、防止雨水径流冲刷及风浪拍击岸坡的一种水工建筑物。护坡与驳岸的区别在于，护坡没有近乎垂直的岸墙，而是在土坡上采用合适的方式直接铺筑各种材料对坡面加以保护。

1）编柳抛石护坡。编柳抛石护坡是将块石抛置于柳条框格内的护坡方法，柳条发芽后便成为较好的护坡设施，富有自然的野趣（图4-22）。

图4-22　抛石护坡

2）铺石护坡。当坡岸较陡、风浪较大或因造景需要时，可采用铺石护坡。铺石护坡是在整理好的岸坡上密铺块石，最好选用相对密度大、吸水率小的石块。石块的直径为18～25cm，长宽比宜为1∶2。

铺石护坡应有足够的透水性以减少土壤从护坡上面流失，因此需在块石下面设倒滤层垫底（厚10～25cm），并在护坡的坡角处设挡板。水的流速较小时，可用砾石或直接用粗砂作为倒滤层；若流速较大，则应以碎石作为垫层。水深2m以上时，护坡被水淹没的部分可考虑采用双层铺石。此外，当护坡块石用砂浆勾缝时（干砌则不用），还需要设置伸缩缝和泄水孔。伸缩缝的间距为20～25m，泄水孔的间距为5～20m（图4-23）。

图4-23 铺石护坡

3）台阶式护坡。在亲水性景观设计中经常运用台阶式护坡，水的深度设计都应满足人的亲水性要求，台阶应尽可能贴近水面，以人手能触摸到水为最佳。

4）石笼护坡。石笼网是由金属线材编织的角形网（六角网）制成的网箱。用重型六角网组装成箱笼状，在工程现场向箱笼内填充一定规格的、满足一定要求的石料，以形成自透水的、柔性的、生态的防护结构（图4-24）。

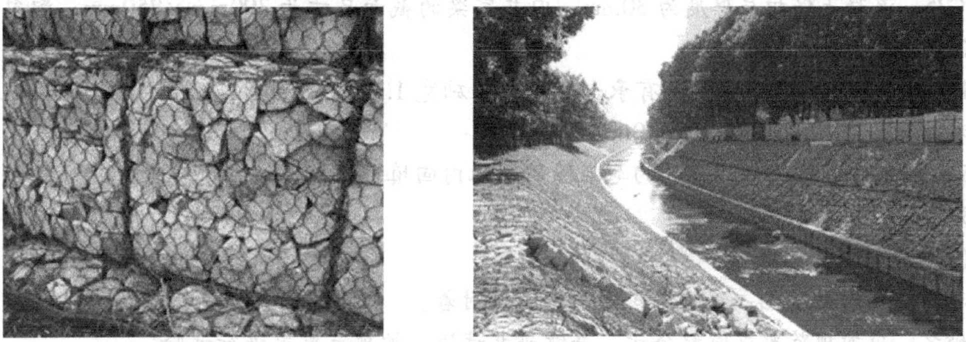

图4-24 石笼护坡

3. *破坏驳岸的主要因素*

驳岸可以分成湖底以下基础部分、常水位以下部分、常水位与最高水位之间的部分和不淹没的部分，不同部分的破坏因素不同。驳岸湖底以下基础部分的破坏原因包括：

1）由于池底的地基强度和岸顶荷载不一而造成不均匀的沉陷，使驳岸出现纵向裂缝甚至局部塌陷。

2）在寒冷地区水深不大的情况下，可能由于冻胀而引起基础变形。

3）木桩做的桩基因腐蚀或水底一些动物的破坏而腐烂。

4）在地下水位很高的地区会产生浮托力，影响基础的稳定。

常水位以下的部分常年被水淹没，其主要破坏因素是水的浸渗。在我国北方的寒冷地区，因水渗入驳岸内再冻胀，易使驳岸胀裂或造成驳岸倾斜、位移。常水位以下的岸壁又是排水管道的出口，如安排不当，也会影响驳岸的稳固。常水位至最高水位这一部分受周期性的淹没，如果水位变化频繁，对驳岸会形成冲刷腐蚀的破坏。

【工程案例】

某人工湖驳岸施工方案

1. 驳岸工程基本情况

某人工湖的施工范围是以竖向分线图南、北中心线与东、西中心线的交点为中心点，平面展开半径为31.0m。驳岸以毛石砌筑700mm厚的毛石墙体交圈，以混凝土井字梁连接加固。标高控制以设计标高73.0m为基准点；池底面标高为71.9m，基础底面标高为71.4m。

2. 砌体尺寸与放线砌筑工程

1）砌体尺寸：湖心岛周长191.6m，岛体自然土方堆垒面积为2922.5m²，为了加固驳岸基础，在水面（设计标高为73.0m）以下－200mm位置（标高72.8m）至基底（标高71.3m）按周长做毛石砌体。

2）石墙基础宽1.0m、高0.5m，石砌墙体宽0.7m、高1.0m，并在石砌墙体顶面的内侧预留高300mm、宽250mm的圈梁位置，因此外侧石墙有450mm的石砌墙体与圈梁上皮持平，使外侧石墙包住顶圈梁，并与圈梁外接触密实。

3）顶面外圈梁的截面尺寸为300mm×250mm，主筋为4Φ12，箍筋为Φ6@300，混凝土为C25，混凝土保护层厚度为30mm；内井字梁的截面尺寸为300mm×250mm，配筋与混凝土保护层厚度同外圈梁。

4）圆周石墙内的井字梁设有承台石踩，基础宽1.0m、高0.5m，柱体为0.7m×0.7m。承台石踩顺井字梁设置，间距4.0m。

5）在标高为71.8～72.8m的毛石圆周砌体内回填砂砾石，应充填密实。

3. 施工要求

(1) 材料使用和准备

毛石：要求无风化、无锈渍，表面无泥砂附着。

砂浆：应按规范要求做配合比，并做砂浆试块，按规范要求进行试验。

钢材：按规范要求购置，材料进场后应按照有关规范的规定复验合格后方可进行施工。

模板：梁所用模板可采用竹、松木等，按设计要求制作梁模。

水泥：按设计要求采用正规厂家供应的合格水泥，复验合格后方可进行施工。

以上材料均应在开工前提前3d进场。

(2) 施工工艺流程及要求

1）做好湖心场地位置的先期平整准备，首先将原有存水放掉，将湖心岛位置从东至西整理出8m宽的进料便道。由于原湖底淤泥层的含水量很高，便道已高出设计标高（73m）1.2m以上，这一部分土方待石料作业完成后再清除，按规定高度进行整理。

2）基础土方开挖。因为现场作业进料和施工的要求，必须将整体湖心岛的位置全部回填至水平（73m）以上，才能进行正常施工作业，否则难以展开施工，因此采用重型挖掘机，开槽宽度为顶面3.0m，底面2.0m，所以土方开槽必须用石料砌筑外立面。开挖至设计深度后，请业主和管理部门验槽，认定合格并签证后，方可进行下道工序。

3）基槽开挖后，对淤泥不稳的部位，应做木桩加立板进行隔挡，并同时用两台水泵进行抽水（备用水泵两台），以确保基槽内不存水，从而保证毛石砌体的刚度。

4）砌筑作业。由于施工地点地处湖心，原地貌上又有废弃的鱼塘，因此施工便道无论是进料还是施工，大型机械与车辆都不能进入，会存在80～100m的二次人工搬运，材料需要预先堆放在场地，因此需要土方开挖、验槽合格后，才能转入砌筑作业。

4. 砌筑施工要求

基底持力层按120kPa考虑。土方开挖后，如达到设计标高位置时仍不能满足设计要求，则以工程验槽记录为准，按实际的深度完成。

参照毛石砌体的施工规范，基槽完成后，应先打底灰，坐浆砌筑，水平方向每1m设拉结石，垂直方向每两皮设拉结石。禁止出现通缝、直缝。砌缝宽度要求：砌体外墙面立面垂直的平整度误差不大于8mm，灰缝宽度不得大于15mm。不规则砌缝形成的三角或缺口应用砂浆填塞饱满，中间石缝应捣固填塞，必须使砌缝空间饱满，以增强石墙的钢度。

砌体每20m留置伸缩缝一道，以防冻胀，使砌体变形。伸缩缝留置做法：在留置位置先以沥青松木浸条直立分格；然后两侧以浸条为边直砌，形成有间隔的直缝，此直缝只分开毛石砌体。顶面的石包圈梁则必须整体连接，不受伸缩缝限制。

中间的承台井字梁，底面的放大基础为1000mm×1000mm×500mm，柱体为700mm×700mm×H（基础至梁下皮的高度）。要求砂浆饱满，石块搭接合理。

5. 工艺流程与做法

1）图样会审，技术交底。对本分项工程图样进行详细审查，对存在的问题更正后进行技术交底，包括工艺技术交底和生产安全交底。

2）进入施工作业。施工作业的内容包括基础土方机械开挖，人工整理，毛石砌筑墙体，砂浆、石料、混凝土、钢筋的选择、复验；根据环境温度，进行养护，以加强砂浆与砌体的整体稳固性。

3）外围墙体完成后，暂不交圈闭合，预留6m的通道，将施工区回填进去的土方清除掉。

4）清除掉土方后，整理基础，放线砌筑。

5）接上道工序进行砂砾石回填。

6）回填至梁下高度，振捣密实，井字梁和外圈梁支模，钢筋、混凝土浇筑。

7）混凝土养护。

8）拆模、整理、验收。

6. 早强剂的使用要求

因施工时处于早春季节，天气较冷，故使用早强剂来提高砂浆的初凝强度，其做法为：

1）使用品种。HSM混凝土早强剂，物理指标见合格证。

2）添加比例。每袋水泥添加1.5 kg。

3）作用机理。早强剂的作用为减水、早强、引水等，加入后能快速提高砂浆的初凝时间，使砌体刚度快速提高。同时，对水下砌体能强化砂浆的和易性，使水分的渗入速度减慢。

4）施工作法。在配合比确定的前提下，在砂浆搅拌前，按水泥重量（砂料、水不计）的3%加入，搅拌时间应大于3min。

5）掺入早强剂的砂浆无特殊养护要求，可正常施工。

【思考与练习】

1. 驳岸施工前期有哪些主要工作？
2. 驳岸干砌块石基础的做法应该注意哪些方面？
3. 驳岸墙体伸缩缝的处理方式是什么？
4. 模板工程砌筑压顶的施工工艺是什么？
5. 简述植被护坡的工工艺。
6. 现场参观某驳岸工程，写出施工方案。

任务3　喷泉工程施工

【技能要求】

1. 知道喷泉的类型。
2. 会根据喷泉的构成安装各种喷水支管、喷头、水泵、控制器、阀门等。
3. 知道一般泵房的管线布置要求。
4. 知道喷泉水下照明的布置特点。

【工作流程】

喷泉工程施工流程如图 4- 25 所示。

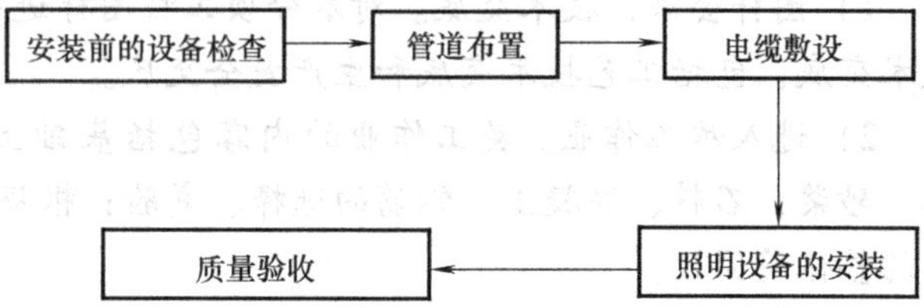

图 4-25　喷泉工程施工流程

【学习与操作】

进行喷泉水景的总体施工时，应先分析环境氛围的基本要求，再分析各种水景的形式，然后分列出不同的组合方案并绘制出效果图，从中选优。水景形态有静水、流水、落水、喷水等几种，这几种形态又可衍生出多姿多彩的变化形式，特别是由于喷头技术的发展，喷水姿态更是变化万千。下面以典型的喷泉工程为例讲解施工步骤。

步骤一：安装前的设备检查

1）设备安装前，应在每批（同牌号、同规格、同型号）设备中抽查 10%，如发现不合格产品，应再抽查 20%；如仍有不合格产品，则须逐个检查。强度和严密性试验的压力应符合生产厂家的规定，并做好阀门试验记录。

2）安装阀门时，应仔细核对阀件的型号与规格是否符合设计要求。阀体上标示的箭头，应与介质的流动方向一致。

3）喷嘴的安装位置应符合设计要求。

4）管道试压按系统分段进行，既要满足规范要求，又要考虑管材和阀件的承受能力。水压强度试验的测试点应设在管网的最低点；对管网注水时，应先将管网内的空气排净，并缓缓升压；达到试验压力后，稳压30 min，目测管网，应无泄漏和变形，且压力下降不应大于0.05MPa。

步骤二：管道布置

当喷头的位置确定后，就要考虑管网的布置。喷泉管网主要由吸水管、供水管、补给水管、溢水管及供电线等组成，如图4-26所示。

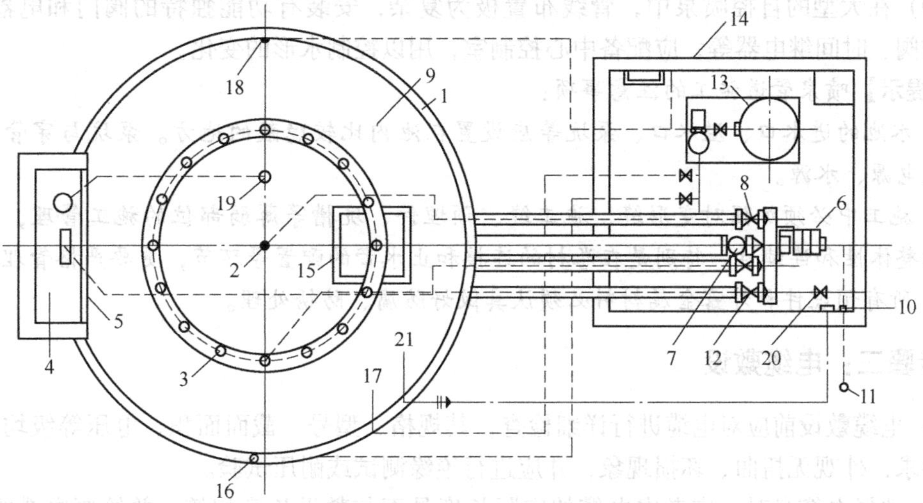

图4-26 喷泉工程的给水排水系统

1—喷水池 2—加气喷头 3—装有直射流喷头的环状管 4—高位水池 5—堰 6—水泵 7—吸水滤网 8—吸水关闭阀 9—低位水池 10—风控制盘 11—风传感计 12—平衡阀 13—过滤器 14—泵房 15—阻涡流板 16—除污器 17—真空管线 18—可调眼球状进水装置 19—溢流排水口 20—控制水位的补水阀 21—液位控制器

以下是管网布置时应注意的几个问题：

1）喷泉管道要根据实际情况进行布置。装饰性小型喷泉的管道可以直接埋入土中，或用山石、矮灌木遮盖。大型喷泉的主管要敷设在可通行人的地沟中，为了便于维修应设检查井，次管直接置于水池内。管网布置应排列有序，整齐美观。

2）环形管道最好采用十字形供水管道，组合式配水管宜采用分水箱供水，其目的是要获得稳定、等高的喷流。

3）为了保持喷水池的正常水位，水池要设溢水口。溢水口的面积应是进水口面积的2倍，并在其外侧配备拦污栅，但不得安装阀门。溢水管应有3%的顺坡，直接与泄水管连接。

4）补给水管的作用是喷泉运行前的注水及弥补池水蒸发和喷射的损耗，以保证水池的正常水位。补给水管与城市供水管相连，并安装阀门进行控制。

5）泄水口要设于池底最低处，用于检修和定期换水时的排水。排水管的管径为100mm或150mm，也可由实际计算确定。排水管道应安装单向阀门，并与公园水体或城市排水管网连接。

6）连接喷头的水管管径不能有急剧变化；要求连接管的长度至少为其管径的20倍，长度不足时应安装整流器。

7）喷泉的所有管道都要具有不小于2%的坡度，以便于停止使用时将水排空；所有管道均要进行防腐处理，管道接头要严密，安装必须牢固。

8）管道安装完毕后，应认真检查并进行水压试验，一切正常后再安装喷头。为便于水型的调整，每个喷头都应安装阀门进行控制。

9）喷泉照明多为内侧给光，给光位置为喷高的2/3处；照明线路应采用防水电缆，以保证供电安全。

10）在大型的自控喷泉中，管线布置极为复杂，安装有功能独特的阀门和电器元件，如电磁阀、时间继电器等，应配备中心控制室，用以控制水形的变化。

【提示】 喷泉管道施工的注意事项：

1. 水池的进水口、溢水口、泵坑等应设置在池内比较隐蔽的地方。泵坑与穿管的位置宜靠近电源、水源。

2. 施工中必须加强对变形缝、施工缝、预埋件、坑槽等薄弱部位的施工管理，保证防水层的整体性和连续性。特别是在卷材的连接和止水带的配置等环节，更要严格管理。

3. 所有预埋件和外露金属材料必须认真做好防腐、防锈处理。

步骤三：电缆敷设

1）电缆敷设前应对电缆进行详细检查，其规格、型号、截面面积、电压等级均应符合设计要求，外观无扭曲、坏损现象；并应进行绝缘测试或耐压试验。

2）选择电缆盘时，应考虑电缆的实际长度是否与敷设长度相符，并绘制电缆排列图，减少电缆交叉。

3）敷设电缆时，按“先大后小、先长后短”的原则进行；排列在底层的电缆应先敷设。

4）电缆标志牌的规格应一致，并有防腐性能。

5）开关箱等低压电器安装应格外注意观感质量，标高位置要正确。

步骤四：照明设备的安装

喷水的姿态可以用水下彩灯的照射来衬托，尤其应当照射水幕、喷水溅落处和喷水的顶端，通过水珠的反射使喷泉显得既鲜明艳丽，又朦朦胧胧。光照的方向、位置与喷水姿态有关。喷泉的照明要有比周围环境更高的亮度。在周围明亮时，喷水的顶端应有100～2001x的照度；在周围较暗的场合，需要50～1001x的照度。喷射的高度不同，需要的灯具的功率也不同。水中照明的光源以金属卤化物灯、白炽灯为佳；而水下光的颜色以黄、蓝色系为佳，因其易识别，传播距离较远。

喷泉照明根据灯具与水面的位置关系可分为水上照明和水下照明两种方式。

水上照明的灯具多安装于邻近的水上建筑或设备上，此方式可使水面的照度分布均匀，但常使人的眼睛直接或通过水面反射间接地看到光源，产生眩光，应对此加以调整。水下照明的灯具多置于水中，导致照明范围有限。水下灯具为了隐蔽和发光正常，宜安装于水面以下100～300mm处。水下照明可以让人欣赏水面波纹，并且由于光是由喷水下面照射的，因此当水花下落时，可以映出闪烁的光。

水池照明应注意以下事项：

1）照明灯具应密封防水，并具有一定的机械强度，以抵抗水浪和意外的冲击。

2）水下布线应满足水下电气设备施工相关技术规程的规定。为防止线路破损漏电，应经常进行检查。操作时必须先通水浸没灯具，后开灯；使用完毕后应先关灯，后断水。

3）灯具要易于清扫和检验，防止异物及水中浮游生物的附着积淤；还应该定期清扫、换水，以及在水中添加灭藻剂。

4）灯光的配色要防止出现多种色彩叠加后得到白色光，造成局部色彩的缺失。在喷头四周配置各种彩灯时，在喷头背后的色灯的颜色要比在游客身边的灯的色彩更鲜艳，所以要将透射比高的色灯（黄色、玻璃色）安放到水池边靠近游客的一侧，同时也应相应调整光柱的照射部位，以加强表演效果。

5）电源线必须采用水下电缆，其中一根应接地，并要有漏电保护装置。电源线通过镀锌钢管在水池底接到需要装灯的位置，将管子端部与水下接线盒的输入端直接连接，再将灯的电缆穿入接线盒的输出孔中，最后把孔密封。

步骤五：质量验收

除验收喷泉的结构构造外，还应检验喷泉是否能正常工作，以及水、电管线的安装情况；还应通过试水检查水形、水的动态及声响效果是否达到设计要求。

【考核与评价】

单元考核与评价见表4-3。

表4-3　单元考核与评价

考核内容	考核要求与标准（100分）	学生自我评价	教师评价
1. 定位	根据设计要求及现场实际情况，对水池的位置、形状及各种管线进行放线定位（20分）		
2. 防水防漏	防水防渗应按照设计要求进行施工，并试水验收（20分）		
3. 水体	水形、水的动态及声响效果等达到技术和艺术上的要求（20分）		
4. 管线	排水管网和供电管线的预埋符合设计要求（20分）		
5. 水池	检验水池结构的安全性及水池的施工质量（20分）		

【知识链接】

1. 人工喷泉在园林中的功能和作用

人工喷泉是最常见的园林水景之一。近年来，各种各样的喷泉（如音乐喷泉、程序控制喷泉、旱地喷泉、雾化喷泉等）水景在城市建设中被广泛应用于室内外空间（如城市广场、公共建筑），或作为建筑、园林的小品。人工喷泉不仅是一种独立的艺术品，而且能够增加局部空间的空气湿度，减少尘埃，显著增加空气中负氧离子的含量，因而也有益于改善环境，增进人们的身心健康。

2. 喷泉的类型

人工喷泉有6种景观类型：

（1）水池喷泉

水池喷泉是最常见的人工喷泉形式。水池喷泉在停喷时，就是一个静水池（图4-27）。

（2）旱池喷泉

旱池喷泉的喷头等设备隐于地下，适用于广场、游乐场等游人较多的场所。旱池喷泉在停喷时，就是场中一块微凹的地坪，缺点是水质易受污染（图4-28）。

图4-27　水池喷泉

图4-28　旱池喷泉

（3）浅池喷泉

浅池喷泉的喷头位于山石、盆栽之间，可以把喷水的全范围做成一个浅水盆，也可以仅在射流的落点处设几个水钵。美国迪斯尼乐园有一座间歇喷泉，由 *A* 处定时喷一串水珠至 *B* 处，再由 *B* 处喷一串水珠至 *C* 处，如此不断循环跳跃下去，效果极佳。

（4）舞台喷泉

舞台喷泉常用于影剧院、舞厅、游乐场等场所，有时作为舞台前景、背景；有时直接作为表演场所。舞台喷泉一般为小型的设施，水池一般是活动的。

（5）盆景喷泉

盆景喷泉常用于家庭、公共场所的摆设，大小不一，一般成套出售。这种以水为主要景观的设施，不限制喷水的姿态，而是利用高科技方法作出让人意想不到的景观，很有启发意义。

（6）自然喷泉

自然喷泉的喷头置于自然水体之中，如济南大明湖和南京莫愁湖中的喷泉。

还可以根据不同的特点把喷泉分为以下6种：

（1）音乐喷泉

音乐喷泉利用播放或现场演奏的音乐信号来控制喷泉和灯光的形态与效果。根据专门的音乐喷泉控制系统使喷泉的造型和灯光随着音乐的节奏、旋律发生变化，美妙绝伦，既可以实时控制，又可以自动控制。

（2）程控喷泉

程控喷泉按照预先编辑的程序来变换喷泉的造型和灯光的色彩。程序一般可以随时修改，也可以储存多种程序，随意调用（图4-29）。

图4-29　程控喷泉

（3）超高喷泉

超高喷泉一般指喷水高度在100m以上的喷泉，也常称为百米喷泉，其造型气势磅礴、辉煌壮观（图4-30）。

（4）大型水幕

大型水幕指大型半圆或矩形的喷水幕墙，结合激光发生器或电影播放器材可在水幕上进行激光表演或播放水幕电影。

（5）跑泉

跑泉由多个一线排列的喷头按时序控制喷水，通过喷水的瞬间变化构成各种形态。可以形成跑动形态，还可以构成跳动、波动等形态，又可以构成固定造型的喷水形态。这种喷泉雄伟、变化多端。

图4-30 超高喷泉

（6）趣味喷泉

趣味喷泉可供游人游乐、戏耍，使游人参与其中。趣味喷泉有各种不同的类型，如戏水踏泉、迷宫喷泉、环型跳泉、追逐喷泉、跳舞喷泉、喊泉、大力喷泉、彩虹飞渡、水雷泉、雾喷等，形式多种多样，娱乐性和参与性极强。

3. 喷泉的位置和高度

在选择喷泉位置及布置喷水池周围的环境时，既要考虑喷泉的主题、形式是否与环境相协调，也要借助喷泉进行艺术联想，创造意境。

在不同的环境下，喷泉的位置和形式有所不同。

1）开阔的场地，如车站前、公园入口等处的喷泉水池多选用整形式，水池要大，喷水要高，照明不要太华丽。

2）狭窄的场地，如街道转弯等处的喷泉水池多为长方形。

3）传统式园林内，喷泉多为自然式喷水，可做成跌水、涌泉等，以表现天然水态为主。

4）热闹的场所，如公园的一些小局部，喷泉的形式较自由，可与雕塑等各种装饰性小品相结合，一般变化不宜过多。

喷水的高度和直径主要根据人眼视域的生理特征确定，对于喷泉、雕塑、花坛等景物，人眼于垂直视角在30°、水平视角在45°的范围内有良好的视域。喷泉的适合视距为喷水高度的3.3倍，也可以通过缩短视距来造成仰视的效果。水池的半径与喷泉的水头高度应有一定的比例，一般水池半径为喷水高度的1.5倍，如半径过小，水珠容易外溅。为了使喷水的线条明显，宜用深色景物作背景。

4. 常见的喷头类型

在喷泉设计中，喷头的选择很重要。在水景中广泛使用各种类型的喷头，以生成形态各异的水形。水景工程对喷头的最大要求是水形美观，射流平滑、稳定。喷头一般由具有一定强度的黄铜或青铜制成，耐磨性好，不易锈蚀。

常见的喷头类型见表4-4。

表4-4 常见的喷头类型

序号	名称	水　　形	备注
1	单射形	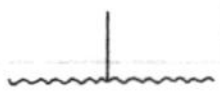	单独布置

（续）

序号	名称	水　　形	备注
2	水幕形	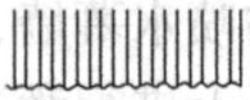	布置在圆周上
3	拱顶形		布置在圆周上
4	向心形		布置在圆周上
5	圆柱形		布置在圆周上
6	向外编织	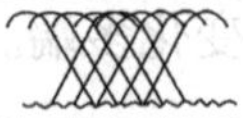	布置在圆周上
	向内编织	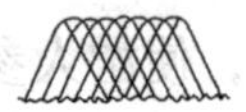	布置在圆周上
	篱笆形		布置在圆周或直线上
7	屋顶形		布置在直线上
8	喇叭形	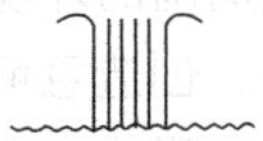	布置在圆周上
9	圆弧形		布置在曲线上
10	蘑菇形		单独布置
11	吸力形		单独布置，此型可分为吸水型、吸气型、吸水吸气型
12	旋转形	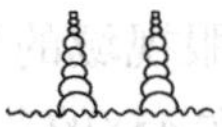	单独布置
13	喷雾形		单独布置
14	洒水型		布置在曲线上
15	扇型		单独布置
16	孔雀型		单独布置
17	多层花型		单独布置
18	牵牛花型		单独布置

在实际使用中，应注意各种喷头的特性。一般水膜喷头的抗风性较差，不宜在室外有风的场合使用；而射吸式喷头，如雪松喷头或涌泉喷头，对水位的变化较为敏感，使用时不但要注意水位的变化，还要在池体设计上有相应的抑制波浪的措施（如设置较长的溢流堰或水下挡浪墙）。但是，也可以利用波浪共振这一水力现象建成脉动喷泉，由规律的波浪涌动使水流喷射有规律地跳跃。目前，有许多应用了高新技术的喷泉设备，能产生特殊的效果，如光亮泉和跳泉的射流非常光滑、稳定，外观如同玻璃棒一样，可以准确落在受水孔中；跳泉可以在计算机的控制下，生成可变化长度的射流；跳球喷泉可以喷出大小可控的光滑水球，它们都极具趣味性，令人过目难忘。

5. 喷泉水型的基本形式

随着喷泉设计的不断改造与创新，喷泉水型也在不断丰富与发展。常见的有圆柱型、篱笆型、向心型、拱顶型、撒水型、牵牛花型等。不同喷头组合示例如图4-31所示。

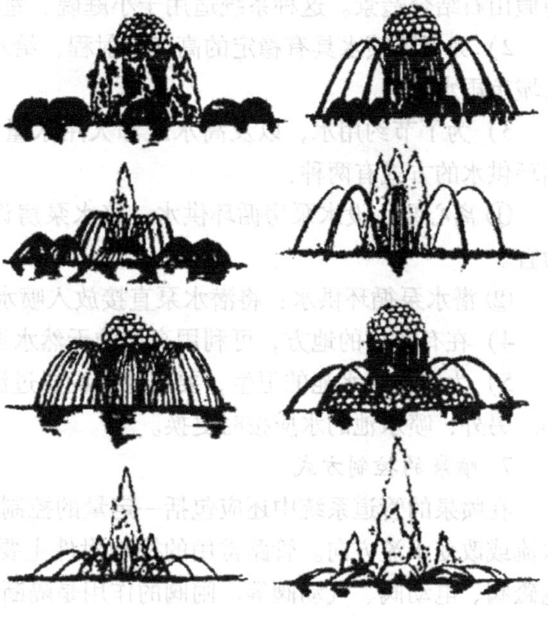

图 4-31 不同喷头组合示例

6. 喷泉供水形式

喷泉的水源应为无色、无味、无有害杂质的清洁水。喷泉除用城市自来水作为水源外，还可以利用冷却设备和空调系统的废水。喷泉供水的形式如图 4-32 所示。

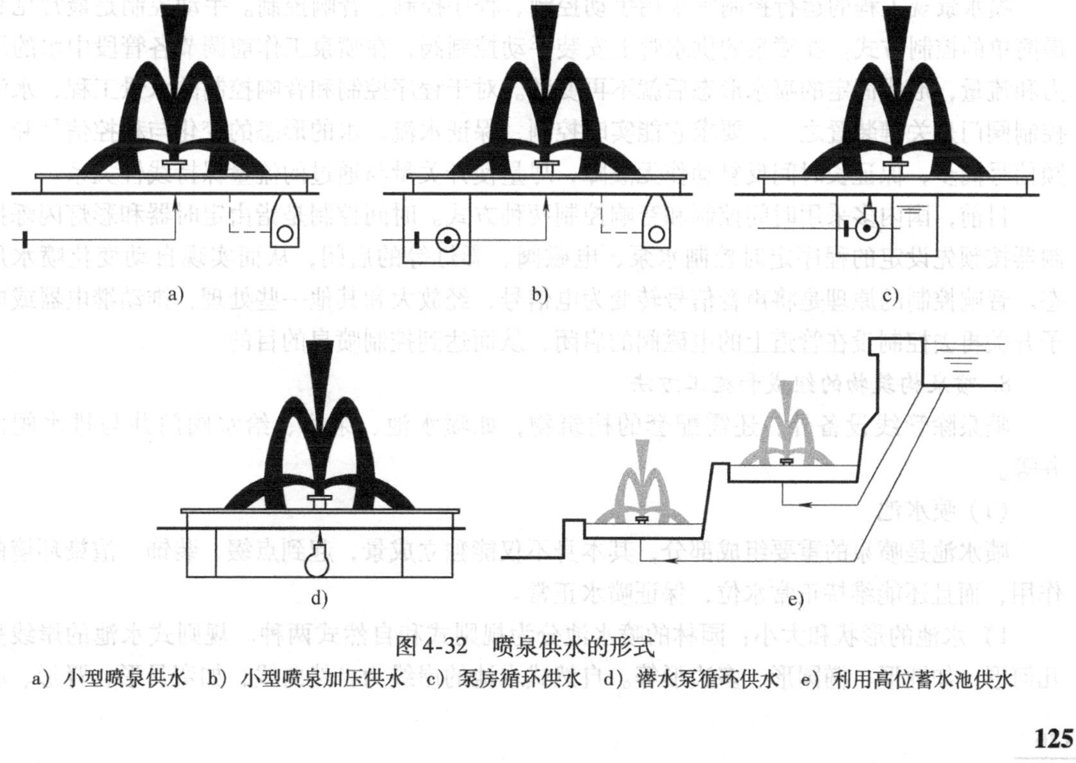

图 4-32 喷泉供水的形式

a）小型喷泉供水 b）小型喷泉加压供水 c）泵房循环供水 d）潜水泵循环供水 e）利用高位蓄水池供水

1）直接用自来水供水，使用过的水排入城市雨水管网。这种供水系统简单，占地面积小，造价低，管理简单；但给水不能重复利用，耗水量大，运行费用高，当水压不稳时，会影响喷泉的水型。一般这种供水系统主要用于小型喷泉，或孔流、涌泉、水膜、瀑布等，或与假山石结合造景。这种系统适用于小庭院、室内大厅或临时场所的喷泉。

2）为保证喷水具有稳定的高度和射程，给水需经过特设的水泵房加压，喷出的水仍排入城市雨水管网。

3）为了节约用水，以及高水压和大用水量等要求，大型喷泉可采用循环供水的方式。循环供水的方式有两种：

① 离心泵、设水泵房循环供水：将水泵房设置于地面上较隐蔽处，以不影响景观效果为宜。

② 潜水泵循环供水：将潜水泵直接放入喷水池中或水体内。

4）在有条件的地方，可利用高位的天然水源供水，用完后排除。

5）为了保证水池的卫生，要在池中设置过滤器和消毒设备，以消除水中的污物、藻类等。另外，喷水池的水应按时更换。

7. 喷泉的控制方式

在喷泉的管道系统中还应包括一定量的控制附件。控制附件用来调节水量、水压，隔断水流或改变水流方向。管路常用的控制附件主要有闸阀、截止阀、球阀、浮球阀、单向阀、电磁阀、电动阀、气动阀等。闸阀的作用是隔断水流，控制水流道路的启闭。截止阀起调节和隔断管中的水流的作用。球阀、闸阀和截止阀的作用相同，但管道的水头损失更小，操作方便。浮球阀可以用来控制水位，当水位降低时，浮球阀打开放水。单向阀又称为单向阀，作用是限制水流方向，防止发生倒流。电磁阀是由电信号来控制管道通断的阀门，是喷水工程的自控装置。另外，也可以选择电动阀、气动阀来控制管路的开闭。

喷水景观工程的运行控制常采用手动控制、程序控制、音响控制。手动控制是最常见和最简单的控制方式。在喷泉的供水管上安装手动控制阀，在喷泉工作前调节各管段中水的压力和流量，形成固定的喷水形态后就不再变动。对于程序控制和音响控制的水景工程，水流控制阀门是关键装置之一，要求它能实时控制，保证水流、水的形态的变化与程控信号和声频信号同步，保证长时间反复动作无故障，尽量使开关量与通过的流量保持线性关系。

目前，国内多采用时间控制和音响控制两种方式。时间控制是指由定时器和彩灯闪烁控制器按预先设定的程序定时控制水泵、电磁阀、彩灯等的启闭，从而实现自动变化喷水形态。音响控制的原理是将声音信号转变为电信号，经放大和其他一些处理，推动继电器或电子开关再去控制设在管道上的电磁阀的启闭，从而达到控制喷泉的目的。

8. 喷泉构筑物的组成和施工方法

喷泉除管线设备外，还需配套的构筑物，如喷水池、泵房、给水阀门井与排水阀门井等。

（1）喷水池

喷水池是喷泉的重要组成部分，其本身不仅能独立成景，起到点缀、装饰、渲染环境的作用，而且还能维持正常水位，保证喷水正常。

1）水池的形状和大小：园林的喷水池分为规则式和自然式两种。规则式水池的岸线呈几何形，如圆形、椭圆形、多边形等。自然式水池的岸线为自然曲线，如弯月形、肾形、心形、梅花形等。现代喷水池多采用流线型，活泼大方，富于时代感。

水池的大小应根据周围环境和喷高而定，喷水越高，水池就越大。为了防止水滴漂移而落到池外，水池的半径一般为最大喷高的1~1.3倍；水池深度不宜过深，以免发生危险，一般为0.6~0.8m，这样也保证了吸水口的淹没深度，并且便于池内管路设备的安装施工和维护。为体现亲水特点而进行浅蝶形池体设计时，可采用吸水坑或泵坑。

2）喷水池的构造：由基础、防水层、池底、池壁、压顶等部分组成（图4-33）。

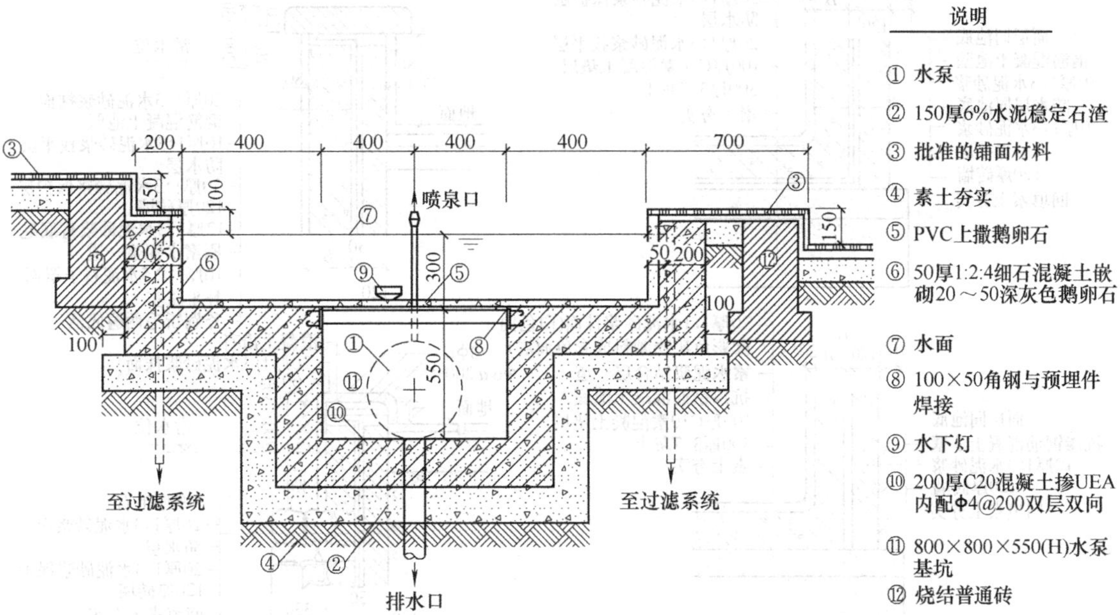

图4-33 喷水池的构造

① 基础：基础是水池的重要组成部分，由灰土和混凝土层组成。灰土层一般厚30cm，C10混凝土垫层厚10~15cm。

② 防水层：水池工程中，防水工程的质量对水池的安全及使用寿命有直接影响，因此正确选择和合理使用防水材料是保证水池质量的关键。水池防水材料的种类较多，如按材料分类，主要有沥青类、塑料类、橡胶类、金属类、砂浆混凝土类及有机复合材料等；如按施工方法分类，有防水卷材、防水涂料、防水嵌缝油膏和防水薄膜等。沥青材料主要选用建筑石油沥青与油毡结合形成防水层；防水卷材主要有油毡、油纸、玻璃纤维毡片、三元乙丙再生胶等；防水涂料主要有沥青与合成树脂防水涂料等。

水池防水材料的选用可根据具体要求确定。一般水池使用普通防水材料即可；钢筋混凝土水池可采用5层防水砂浆（水泥加防水粉）作为防水层；临时性水池可以将吹塑纸、塑料布、聚苯板等材料组合起来使用，也有很好的防水效果。

③ 池底：池底直接承受水的竖向压力，要求坚固耐久，材料一般为钢筋混凝土，厚度应不小于20cm；如果水池容积较大，池底混凝土要配双层钢筋网。变形缝处需用止水带或沥青麻丝填充。每次施工必须由变形缝开始，不得在中间留施工缝，以防漏水。

④ 池壁：池壁是水池的竖向部分，承受池水的水平压力，水越深，承受的压力也就越大。池壁一般有砖砌池壁、块石池壁和钢筋混凝土池壁3种，壁厚根据水池大小而定。砖砌

池壁具有施工方便的优点；但砖体多孔，砌体接缝多，易渗漏，不耐风化，使用寿命短。块石池壁自然朴素，要求垒砌严密，勾缝紧密。混凝土池壁用于深度超过400cm的水池，一般使用C20混凝土现场浇筑；钢筋混凝土池壁的厚度一般小于300cm，多为150～200mm；混凝土宜配直径为8～12mm的钢筋，钢筋间距为200mm（图4-34）。

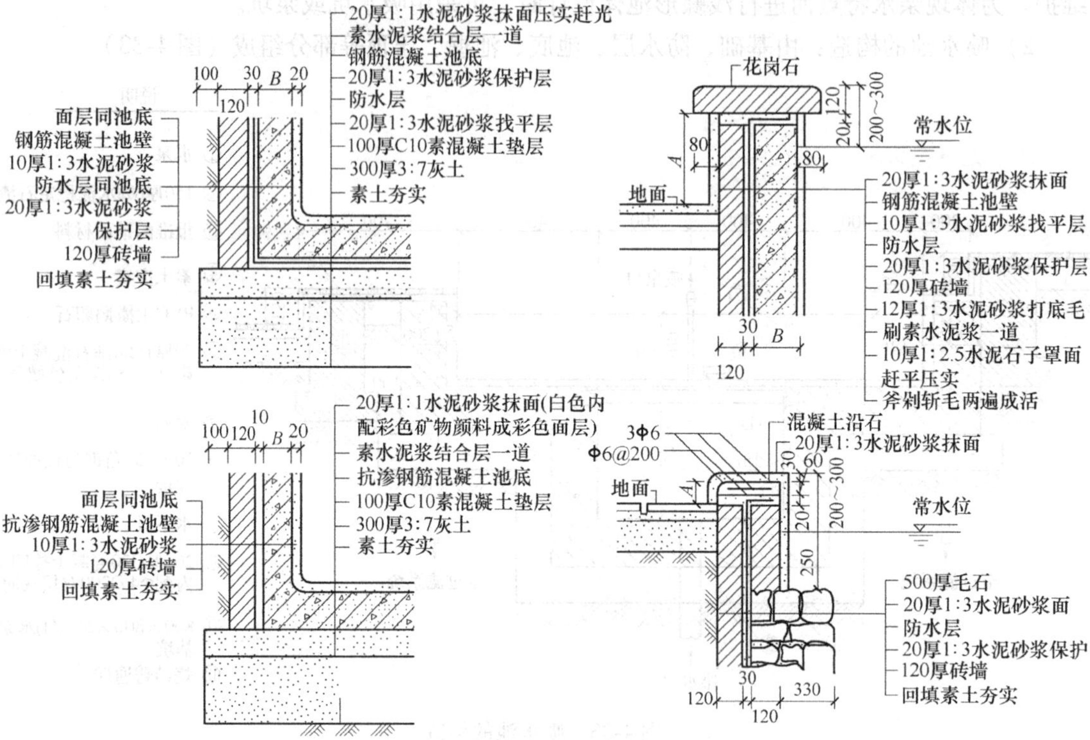

喷水池两种池底做法　　　　喷水池两种池壁做法

图4-34　喷水池池底和池壁的做法

⑤ 压顶：压顶属于池壁最上面的部分，其作用是保护池壁，防止污水及泥砂流入池中，同时也防止池水溅出。对于下沉式水池，压顶至少要高于地面5～10cm；而当池壁高于地面时，压顶的做法必须考虑环境条件，要与景观相协调，可做成平顶、拱顶、挑伸、倾斜等多种形式。压顶材料一般为混凝土和块石。

（2）泵房

泵房是指安装水泵等提水设备的专用构筑物，其空间较小，结构比较简单。水泵是否需要修建专业的泵房应根据需要确定。在喷泉工程中，凡采用清水离心泵循环供水的均不设置泵房。

1）泵房的作用

① 保护水泵。泵房是用来给喷泉供水的，水泵应固定且不宜长期暴露在外，否则会容易生锈，影响运行；同时，泵房还可以防止泥砂、杂物等侵入水泵。

② 安全需要。水泵多采用三相异步电动机驱动，电动机的额定电压为380V，因此为了安全起见也应将水泵安装在泵房内。潜水泵虽不需设置泵房，但也要将控制开关设于室内，控制箱应安装在距地面1.6m以上的位置。

③ 景观需要。喷泉周围的环境讲究整洁明快，各种管线不得暴露，为此应设置泵房或以其他方法进行掩饰。

④ 利于管理。泵房内的各种设备可以长期处于配套工作状态，便于操作和检修，给管理带来方便。

2）水泵的选择。喷泉用的水泵以离心泵和潜水泵使用最为普遍。单级悬壁式离心泵的特点是依靠泵内的叶轮旋转所产生的离心力将水吸入并压出，它结构简单，使用方便，扬程选择范围大，常用的型号有 IS 型和 DB 型。潜水泵使用方便，安装简单，不需要建造泵房，主要型号有 OY 型、QD 型、B 型等。水泵的选择要做到“双满足”，即流量满足、扬程满足，因此应先了解水泵的性能，再结合水力计算来确定水泵的泵型。离心泵型号的含义如图 4-35 所示。

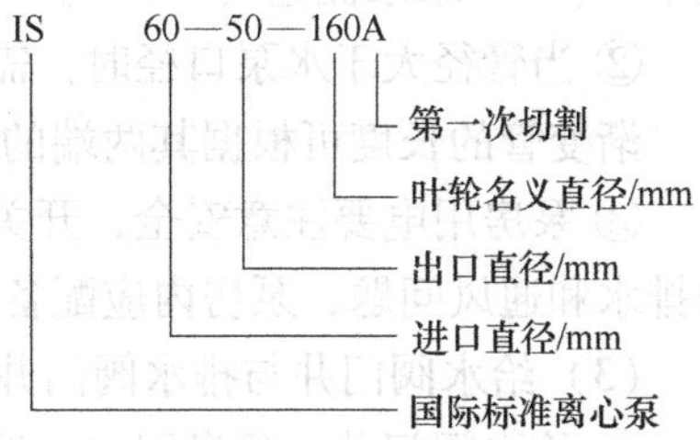

图 4-35　离心泵型号的含义

通过流量和扬程两个主要因素选择水泵的方法是：

① 确定流量：按喷泉水力计算的总流量确定。

② 确定扬程：按喷泉水力计算的总扬程确定。

③ 选择水泵：水泵的选择应依据所确定的总流量、总扬程查表（水泵性能表），即可选定，例如喷泉需用两个或两个以上的水泵提水时（水泵并联，流量增加，压力不变；水泵串联，流量不变，压力增大），用总流量除以水泵数求出每一台水泵的流量，再根据水泵性能进行选择。查表时，若遇到两种水泵都适用，应优先选择功率小、效率高、叶轮小、重量轻的型号。

3）泵房的形式：泵房的形式根据泵房与地面的相对位置可分为地上式、地下式和半地下式 3 种。

① 地上式泵房。地上式泵房的泵房主体建在地面之上，多为砖混结构。因泵房建在喷泉附近，需占用一定的面积，影响喷泉景观，故不宜单独设置。地上式泵房一般常与管理用房结合使用，便于管理；若需单独设置时，应控制体量，讲究造型和装饰，尽量与喷泉周围的环境相协调。地上式泵房具有结构简单、造价低、管理方便的优点，适用于中、小型喷泉。

② 地下式泵房。地下式泵房的泵房主体建在地面之下，多为砖混结构或钢筋混凝土结构，需做防水处理，避免地下水侵入。由于泵房建在地下而不占用地上面积，故不影响喷泉景观；但其结构复杂、造价高、管理和操作不便。地下式泵房适用于大型喷泉。

③ 半地下式泵房。半地下式泵房是指泵房主体的一部分在地上，一部分在地下，兼具地上式和地下式两者的特点。

泵房需注意以下几个问题：

① 水泵进、出水管的管径：水泵在运行时，其进、出口处的流速较快，可达到 3～4m/s，如果进、出水管的管径与水泵的口径相同，由于流速较快，将会产生较大的阻力（管道的阻力与水的流速的平方成正比，流速越高，阻力就越大），从而降低了供水的稳定性，故应将进、出水管的管径适当加大，一般采用渐扩形式，以降低流速、减少阻力，使水流平稳。

实践证明，进水管的流速不宜超过2m/s，出水管的流速不宜超过3m/s。进、出水管的管径可按下式确定并进行调整

$$进水(吸水)管的管径 \geq 800\text{mm}$$

$$出水管的管径 \geq 600/Q\text{mm}$$

式中　Q——水泵流量（m^3/s）。

② 当管径大于水泵口径时，需要在进、出口处配置渐变管作为过渡连接。

渐变管的长度可根据其两端的直径差确定，一般取直径差的7倍可满足要求。

③ 泵房用电要注意安全，开关箱和控制板的安装应符合规定。地下式泵房要注意机房的排水和通风问题，泵房内应配备灭火器等灭火设备。

（3）给水阀门井与排水阀门井

① 给水阀门井：喷泉用水一般由自来水供给，当水源引到喷泉附近时，应在给水管道上设置给水阀门井。

给水阀门井内安装截止阀，根据给水需要可随时启闭，便于操作。给水阀门井一般为砖砌、圆形，由井底、井身和井盖组成。井底一般采用C20混凝土垫层，井底内径不应小于1.2m（考虑下人操作）；井身采用烧结普通砖或混凝土空心砖与M5水泥砂浆砌筑，井深不应小于1.8m（考虑人员站立的高度），井壁应逐渐向上收拢，且一侧应为直壁，便于设置爬梯。

② 阀门井：排水阀门的作用是连接由水池引出的泄水管和溢水管并在井内交汇，然后再排入排水管网。为便于控制，在泄水管道上应安装泄压阀，溢水管应接于阀后，确保溢水管排水通畅。

排水阀门的构造同给水阀门。

【工程案例】

某科技公园的喷泉工程施工方案

某科技公园的喷泉工程由于喷泉设备的安装需要在施工现场进行，且为露天作业，所以对管道、电气、水下灯具等尽量采取提前预制加工的方法，这是确保工程进度和工程质量的关键。

1. 预制及加工的主要工艺流程

（1）预制管道

放样画线→切割下料→钢管弯曲→主管打孔→立管套螺纹→泵口加工→焊接立管→焊接法兰→一次清洗→二次镀锌→运往施工现场

（2）喷头加工

熔铜→铸造→车床车削→抛光处理→防腐处理→合格入库

（3）控制设备

元件检测→线路板焊接→整板调试→组件安装→整机调试→老化试验→合格入库

（4）配电设备

机箱加工→电气设备安装与连线→合格出厂

2. 现场设备安装的主要工艺流程

(1) 管路及设备安装

管路拼装→水泵固定→检漏试验→二次清洗→系统接驳→管道二次防腐处理→系统调试

(2) 灯光安装

灯具定位→灯具接线→系统检测

(3) 电缆的敷设及防水连接

按图样规定布线→连接接线盒→按图编号→电缆沿电缆沟敷设到控制室→系统调试

(4) 配电控制设备安装

控制及配电设备在控制室按图就位→按线缆编号→将负载设备接入控制设备的相应端子→电控柜接零线→线路与电气设备的绝缘检查

3. 系统调试

系统安装完成后，进行系统调试。

(1) 系统调试前的准备工作

1) 清洁水池，并将水池注水至正常水位。

2) 清扫机房及清洁设备外壳和柜（箱）内杂物。

3) 对电气设备进行干燥处理。

4) 检查系统安装是否完全正确。

5) 对电气设备进行单机试运行。

(2) 系统调试

1) 检查所有阀门。打开所有控制阀门，关闭所有排水通道的阀门。检查所有喷嘴是否安装到位，并查看喷嘴有无堵塞等不良状况。按流程图及管道施工图查看管道安装情况，确保没有脱裂、变形等有可能导致漏水和压力损失的问题。

2) 单机调试。按电气原理图及电控柜二次接线图仔细查看水泵、水下灯具、变频器、程控器的接线是否准确无误。在确认水泵有工作水源的情况下，手动开启调试（在一台水泵进行单机调试时，关闭其他所有用电设备的电源，以免引起连锁破坏）。水泵运转后，根据出水状况查看水泵有无反转，有无噪声。

3) 手动开启所有水泵。每台水泵都经过单机调试后，将所有水泵一并开启（此时应关闭控制回路，以防意外），查看喷泉的喷水效果。

4) 变频器单台手动调试。根据每台变频器所连接的水泵电动机的参数及变频器的工作要求对每台变频器进行参数设置。参数设置好后，对每台变频器及匹配的水泵进行单组手动调试。

5) 把所有变频器及匹配的水泵手动开机，查看喷水效果及各设备的运转情况。

6) 整体试机运行。将变频器、水泵等全部设置成自动控制，让程控器运行，查看整个喷泉的运转情况。

7) 调整阀门和变频器。根据喷泉的各喷嘴的喷水高度及效果，调整阀门及变频器，使相关水形达到设计要求。

8) 根据设计要求进行最终效果调试，调整相关的时间控制及各喷嘴的变换程序调试，使水形及整个喷泉的效果达到最佳状态。

【思考与练习】

1. 喷泉管道布置的基本要求是什么？
2. 喷泉的景观类型有哪些？
3. 喷泉的供水形式有哪些？
4. 喷泉构筑物的组成和施工方法有哪些？
5. 泵房的形式有哪些？
6. 现场参观某喷泉工程，写出调查报告。

项目5

园林建筑小品工程施工

【工作任务】

1. 任务1　花坛的施工
2. 任务2　园林挡土墙的施工
3. 任务3　亭的施工
4. 任务4　花架的施工
5. 任务5　园桥的施工技术

【知识目标】

1. 了解普通砖、石材、砂浆的工程特点和用途。
2. 了解园林挡土墙的结构、美化手法，以及排水的施工处理技术。
3. 理解花坛施工、挡土墙施工等工艺。掌握简单花坛的施工方法与步骤。
4. 了解主要亭、花架及园桥的基础施工特点，开工前的施工准备工作，并能制定各类园林建筑小品施工方案及施工顺序的安排。
5. 掌握不同材料园林建筑小品的安装时的施工工艺及步骤。

【技能目标】

1. 会查找和搜索砌体材料相关的文献资料。
2. 能识别园林砌体及挡土墙剖面图及结构图。
3. 会简单花坛的施工方法与步骤。
4. 会不同砌体表面及园林挡土墙装饰。
5. 会园林建筑小品的基础工程的施工。
6. 能进行简单园林建筑的放样。
7. 会园桥安装时的施工工艺。

【教学建议】

1. 园林建筑小品工程的基本工作流程可在一体化教室或多媒体教室完成，重点以选择当地典型的施工技术进行阐述。

2. 花坛、挡土墙及简易园桥施工技术的操作应结合场地边讲边训练，训练完毕应及时进行验收，检验质量。

3. 亭、花架等较为复杂的建筑小品的施工技术可运用录像和现场观摩进行学习，有条件的可以制作木结构的亭、花架，以便于拆装。

园林建筑小品种类繁多，它们功能简明，体量小巧，富于神韵，立意有章，精巧多彩，有高度的传统艺术性，是讲究的精致小品。园林建筑小品工程项目重点讲述其中花坛、挡土墙、亭、花架及园桥等工作任务的施工技术。

任务1　花坛的施工

【技能要求】

1. 会在花坛砌体施工中应用烧结普通砖、石材及砂浆材料。
2. 会应用花坛饰面砖、花岗石饰面板、水磨石饰面板和青石板等表面材料对花坛饰面进行装饰。
3. 能进行花坛定点放线、砌筑花坛墙体、表面装饰填土整地等几道工序。

花坛在庭院、园林绿地中广为存在，常成为局部空间环境的构图中心和焦点，对活跃庭院空间环境，点缀环境绿化景观起到十分重要的作用。它是在具有一定几何轮廓的植床内，种植各种不同色彩的观花、观叶与观果的园林植物，从而构成一幅富有鲜艳色彩或华丽纹样的装饰图案，以供观赏。花坛作为硬质景观和软质景观的结合体，具有很强的装饰性，既可作为主景，也可作为配景。花坛在布局上，一般设在道路的交叉口，公共建筑的正前方或园林绿地的入口处，或在广场的中央（即游人视线的交汇处）构成视觉中心。花坛的平、立面造型应根据所在园林空间环境特点、尺度大小，以及拟栽花木的生长习性和观赏特点来确定。

【工作流程】

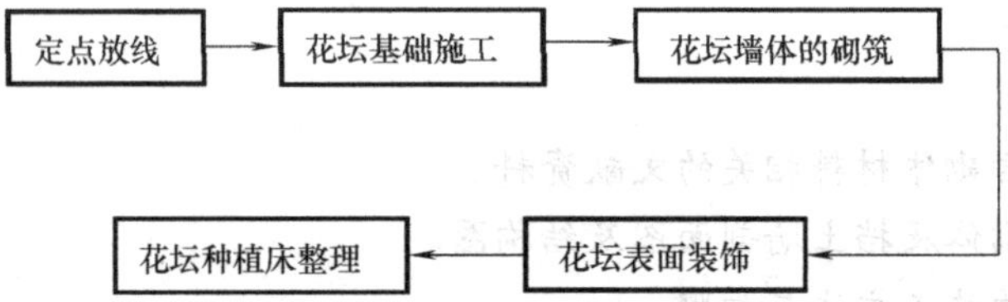

图5-1　花坛施工流程

【学习与操作】

把花坛及花坛群搬到地面上去，就必须要经过定点放线、花坛基础施工、花坛墙件的砌筑、花坛表面装饰、花坛种植床整理等几道工序（图5-1）。要根据施工的复杂程度准备工具，常用工具为皮尺、绳子、木桩、木锤、石灰粉、铁锹、经纬仪、水泥、砂、砖、表面装饰材料（如文化石、釉面砖等），并按规范要求清理施工现场。

步骤一：定点放线

根据设计图和地面坐标系统的对应关系，用不同方法把花坛群坐标测设到地面上，再把纵、横中轴线上的其他中心点的坐标测设下来，将各中心点连线即在地面上放出了花坛群的纵、横线。据此可量出各处个体花坛的中心，最后将各处个体花坛的边线放到地面上就可以了。

方法一：方格网放样。在图样上以一定的尺寸画好方格网，然后在实地根据相应的比例画出实地方格（通常为1m×1m），再参照现有的地物进行放线（较为粗放）。当地形较为复杂或施工地域较大时，这种方法只能作为参考（图5-2）。

图5-2　方格网放样

方法二：平板仪联合法。用平板仪定出目标点的方向，用测量工具在这个方向上定出距离，从而确定这个目标点的位置。

方法三：应用全站仪可实现自动测角、自动测距、自动计算和自动记录。由于所有的计算是由全站仪自动完成，所以放线过程中不会受到参与者个人的主观影响。

【提示】 应根据施工的条件选择合适的方法。方格网对放线设备没有更多的要求，在缺乏相应设备的条件下，能完成小范围的园林施工放线工作。平板仪联合法在放线过程中，由于操作者必须与平板仪上的图样接触，可能会引起定向的移位，从而带来方向上的偏差。当图面上的目标点太多时，需要多次换站点。全站仪体积小、重量轻且灵活方便，较少受到地形限制（除非全站仪无法看到棱镜），且不易受外界因素的影响（只要三角架扎稳，一般不会引起仪器的偏移），只要合理保护全站仪，即使在复杂的自然条件下也可以照常工作。

步骤二：花坛基础施工

放线完成后，开挖墙体基槽，基槽的开挖宽度应比墙体基础宽10cm左右，深度根据设计而定，一般在12～20cm。槽底土面要整齐、夯实，有松软处要进行加固，不得留下不均匀沉降的隐患。在砌基础之前，槽底应做一个3～5cm厚的粗砂垫层，作为基础施工找平用。

步骤三：花坛墙体的砌筑

花坛工程的主要工序就是砌筑花坛墙体。墙体一般用砖砌筑，高15～45cm，其基础和墙体可用1∶2水泥砂浆或M2.5混合砂浆砌MU7.5标准砖做成。墙砌筑好之后，回填泥土将基础埋上，并夯实泥土。再用水泥和粗砂配成1∶2.5的水泥砂浆，对墙抹面，抹平即可，不要抹光；或按设计要求勾砖缝。

如果用烧结普通砖进行砌筑，普通砖墙的厚度有半砖、一砖、四分之三砖、一砖半、二砖等，常用砌筑方法有一顺一丁、三顺一丁、梅花丁、条砌法等（图5-3）。

【提示】 一顺一丁式的特点是整体性好，但墙体交接处砍砖较多；全顺式是每皮均以顺砖组砌，上、下皮的左、右搭接为半砖，适用于模数型多孔砖的砌筑。全顺式只适用于半砖厚墙体，两平一侧式只适用于“180mm厚”墙体；顺丁相间式的特点是砌筑较难，墙体整体性较好，外形美观，常用于清水砖墙。

砌筑砖砌体时，砖应提前1～2d浇水湿润。砖墙的水平灰缝厚度和竖向灰缝宽度一般为10mm，但不应小于8mm，也不应大于12mm。灰缝的砂浆应饱满，水平灰缝的砂浆饱满度

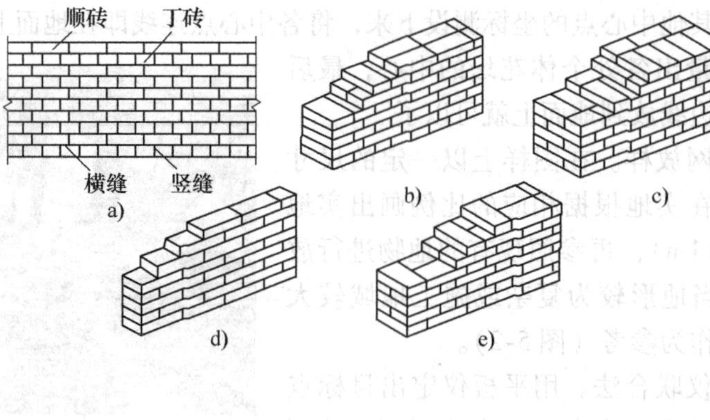

图 5-3　砖砌方法

a）砖缝形式　b）、c）一顺一丁式　d）全顺式　e）顺丁相间式

不得低于 80%。实心粘土砖用作基础材料，这是园林中花坛砌体工程常用的基础形式之一。它属于刚性基础，从宽大的基底开始逐步收退（台阶式地收到墙身厚度），收退的数据应按图样实施，一般有等高式大放脚每两皮一收，每次收退 60mm（1/4 砖长）；间隔式大放脚是两层一收及间一层一收交错进行。

如果用毛石块砌筑墙体，其基础采用 C7.5～C10 混凝土，厚 6～8cm，砌筑高度由设计而定。为使毛石墙体整体性强，常用料石压顶或钢筋混凝土现浇，再用 1∶1 水泥砂浆勾缝或用石材本色水泥砂浆勾缝作装饰。

步骤四：花坛表面装饰

首先采用 1∶3 水泥砂浆打底，厚 12mm，底层灰浆要刮平、找出规矩并表面“划毛”。振实砂浆至铺设高度后，将板块掀起移至一旁，检查砂浆表面与板块之间是否相匹配，如发现有空虚处，应用砂浆填补，底层灰浆凝固后，将已湿润的板块背面均匀地抹上、下各2～3mm 厚的素水泥浆，随即粘贴在墙面上用木锤轻敲，使其粘贴牢固，同时用靠尺找平找直（图 5-4）。安放时四角同时往下落，用橡胶锤或木锤轻击木垫板，根据水平线用水平尺找平，铺完第一块，按后退方向顺序铺砌。施工完毕后，用清水将饰面冲洗干净（图 5-5）。

图 5-4　花坛饰面施工

图 5-5　花坛转角饰面施工

步骤五：花坛种植床整理

在已完成的边缘石圈子内，进行翻土作业。一面翻土，一面挑选、清除土中杂物，一般花坛土壤的翻挖深度不应小于25cm，若土质太差，应将劣质土全部清除掉，另换新土填入花坛中。在填土之前，先填进一层肥效较长的有机肥作为基肥，然后才填进栽培土。

一般的花坛，其中央部分填土应该较高，边缘部分填土则应低一些。单面观赏的花坛，前边填土应低些，后边填土则应高些。花坛土面应做成坡度为5%～10%的坡面。在花坛边缘地带，土面高度填至填体顶面以下2～3cm，以后经过自然沉降，土面即降到比缘石顶面低7～10cm处，这就是边缘土面的合适高度。花坛内的土面一般要填成弧形面或浅锥形面，单面观赏花坛的上面则要填成平坦土面或是向前倾斜的直坡面。填土达到要求后，要把上面的土粒整细、耙平，以备植物图案放线，栽种花卉植物。

【考核与评价】

单元考核与评价见表5-1。

表5-1　单元考核与评价

考核内容	考核要求与标准（100分）	学生自我评价	教师评价
1. 定点放样	符合图样要求，定位准确（15分）		
2. 砌体尺寸及位置	砌体尺寸、位置的实际偏差应在允许偏差值以内。少数超过允许偏差的检查处，应不超过总的检查处数量的30%（15分）		
3. 墙体砌筑	清水墙面组砌正确，刮缝深度适宜、一致，棱角整齐，墙面清洁（10分）		
4. 转角处	砌体转角处同时砌筑，交接处不能同时砌筑时必须留斜槎（10分）		
5. 砖墙面垂直度	检查墙面垂直度的方法是用托线板沿垂直方向紧靠墙面，看线锤是否与托线板上的中心墨线重合，如两者重合，表示墙面垂直（20分）		
6. 砖墙面平整度	对于清水墙面，空隙最大宽度应不超过5mm；混水墙面则不超过8mm（20分）		
7. 表面装饰材料	材料的色泽、规格符合设计要求，表面平整，勾缝均匀美观（10分）		

【知识链接】

1. 花坛砌体材料的种类

大多数砌体系指将块材用砂浆砌筑而成的整体。砌体结构所用的块材有烧结普通砖、非烧结硅酸盐砖、混凝土空心砖、小型砌块、粉煤灰实心中型砌块、料石、毛石和卵石等。花坛砌体材料常用的有烧结普通砖、料石、毛石、卵石和砂浆等。

（1）烧结普通砖

烧结普通砖是以粘土、页岩、煤矸石、粉煤灰为主要原料经焙烧而成，其尺寸为240mm×115mm×53mm。因其尺寸全国统一，故也称为标准砖。烧结普通砖分为烧结粘土砖和其他烧结普通砖。

1）烧结粘土砖。烧结粘土砖是以砂质粘土为原料，经配料调制、制坯、干燥、焙烧而成，保温、隔热及耐久性能良好，强度能满足一般要求。烧结粘土砖又分为实心砖、空心砖（大孔砖）和多孔砖。无孔洞或孔洞率小于15%的砖通称为实心砖，也有比标准尺寸略小些的实心粘土砖，其尺寸为220mm×105mm×43mm。实心粘土砖按生产方法不同分为人工砖和机制砖；按砖的颜色可分红砖和青砖，一般来说青砖较红砖结实，耐碱、耐久性好。

为了节省用土和减轻墙体自重，在实心砖的基础上还进行了改造，做成空心砖（大孔砖）和多孔砖，即孔洞率等于或大于15%。其各个砖面的名称分别为：有孔洞的面称为大面；较长的侧面称为条面；较短的侧面称为顶面。

依据《砌体结构设计规范》（GB 50003—2011）的规定，烧结普通砖、烧结多孔砖等的强度等级为MU30、MU25、MU20、MU15和MU10。

2）其他烧结普通砖。其他烧结普通砖包括烧结煤矸石砖和烧结粉煤灰砖等。烧结煤矸石砖是以煤矸石为原料；烧结粉煤灰砖的原料是粉煤灰加部分粘土。它们是利用工业废料制成的，优点是化废为宝、节约土地资源、节约能源。其他烧结普通砖的强度等级与烧结粘土砖相同。

除烧结普通砖外，还有硅酸盐类砖，简称不烧砖。它们是由硅酸盐材料压制成型并经高压釜蒸压而成。其种类有灰砂砖、粉煤灰砖、矿渣硅酸盐砖等。其强度等级为MU7.5～MU10，尺寸与标准砖相同。与烧结普通砖相比，硅酸盐类砖耐久性较差。

园林中的花坛、挡土墙等砌体所用的砖须经受雨水、地下水等侵蚀，故采用烧结粘土砖、烧结煤矸石砖等，而灰砂砖、粉煤灰砖、矿渣硅酸盐砖等则不宜使用。

（2）石材

石材的抗压强度高，耐久性好。石材的强度等级可分为MU100、MU80、MU60、MU50、MU40、MU30和MU20等。石材的强度等级是把石块做成70mm立方体，经压力机压至破坏后，按得出的平均极限抗压强度值确定的。石材按其加工后的外形规则程度可分为料石和毛石。

1）料石。料石也称为条石，是由人工或机械开采的较规划的六面体石块，经人工略加凿琢而成。根据料石表面加工的平整程度分为毛料石、粗料石、半细料石和细料石四种。毛料石一般仅稍加整理，厚度不小于20cm，长度为厚度的1.5～3倍；粗料石表面的凸凹深度要求不大于2cm，厚度和宽度均不小于20cm，长度不大于厚度的3倍；半细料石除表面凸凹深度要求不大于1cm外，其余同粗料石；细料石经细加工，表面凸凹深度要求不大于0.2cm，其余同粗料石。料石常由砂岩、花岗石、大理石等质地比较均匀的岩石开采琢制，至少有一面的边角整齐，以便互相合缝，主要用于墙身、踏步、地坪、挡土墙等。粗料石部分可选来用于毛石砌体的转角部位，控制两面毛石墙的平直度。

2）毛石。毛石是由人工采用撬凿法和爆破法开采出来的不规则石块。由于岩石层理的关系，一般可以获得相对平整的和基本平行的两个面。它适宜用于基础、勒脚和一层墙体。

2. 花坛表面装饰材料

花坛的栽植床面一般高出地面十几厘米，边缘石用来固定土壤以防止水土流失和人为踩踏。通过装饰材料可以增加花坛的美观，但花坛边缘的形式要简单，色彩要朴素。花坛表面装饰总的原则应同园林的风格与意境相协调，色调上或淡雅、或端庄，在质感上或细腻、或粗犷，与花坛内的花卉植物相得益彰。花坛常用的装饰材料有花坛砌体材料、花坛贴面材料和花坛抹灰材料三大类。

(1) 花坛砌体材料

花坛砌体材料主要是砖、石块、卵石等，通过选择砖、石的颜色、质感，砌块的组合变化，以及砌块之间勾缝的变化来形成美的外观，如图5-6所示。石材表面加工通过留自然荒包、打钻路、扁光、钉麻丁等方式可以得到不同的表面效果。

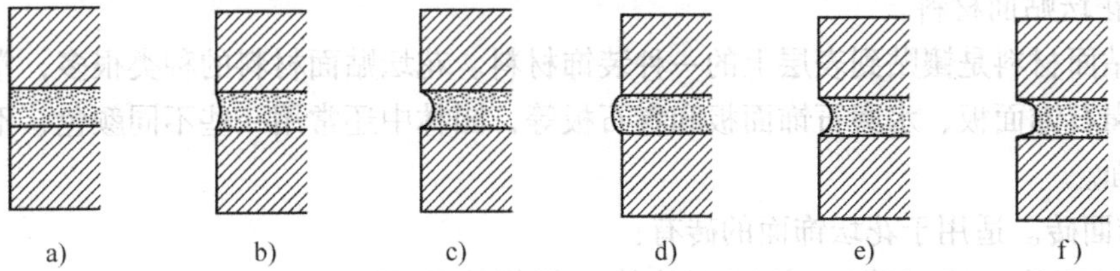

图5-6　砌块勾缝示例

1) 勾缝类型。

① 齐平。齐平是一种平淡的装饰缝，雨水直接流经墙面，适用于露天的情况。通常用泥刀将多余的砂浆去掉，并用木条或麻袋布打光。

② 风蚀。风蚀的坡形剖面有助于排水。其上方2~3mm的凹陷在每一砖行产生阴影线。有时将垂直勾缝抹平以突出水平线。

③ 钥匙。钥匙是用窄小的弧线工具压印的更深的装饰缝。其阴影线更加美观，但对于露天的场所不适用。

④ 凸出。凸出是将砂浆抹在砖的表面，可起到很好的保护作用，并伴随着日晒雨淋而形成迷人的乡村式外观。此处可以选择与砖块的颜色相匹配的砂浆，或用麻布进行打光。

⑤ 提桶把手。提桶把手的剖面图是曲线形的，利用圆形工具获得，该工具是镀锌桶的把手。提桶把手适当地强调了每块砖的形状，而且能防日晒雨淋。

⑥ 凹陷。凹陷是利用特制的“凹陷”工具将砖块间的砂浆方方正正地按进去，强烈的阴影线夸张地突出了砖线。本方法只适用于非露天的场地。

2) 勾缝装饰（图5-7）。

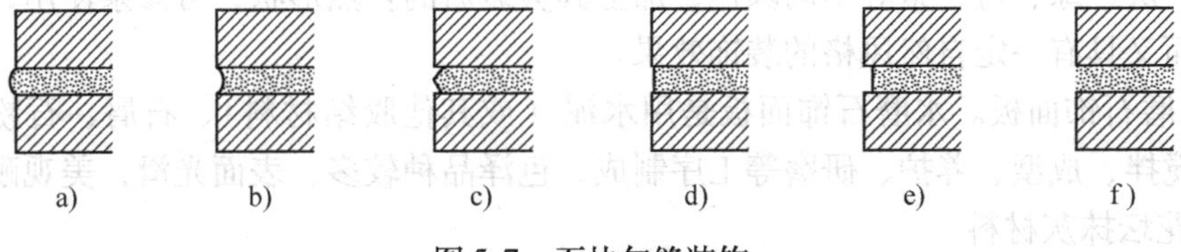

图5-7　石块勾缝装饰

a) 蜗牛痕迹　b) 圆形凹陷　c) 双斜边　d) 刷　e) 方形凹陷　f) 草皮勾缝

① 蜗牛痕迹。蜗牛痕迹使线条纵、横交错，使人觉得每一块石头都与相邻的石头相配。当砂浆还是湿的时候，利用工具或小泥刀沿勾缝方向划平行线。

② 圆形凹陷。圆形凹陷是利用湿的卵石（或弯曲的管子或塑料水管）在湿砂浆上按入一定深度，这使每块石头之间形成强烈的阴影线。

③ 双斜边。双斜边是利用带尖的泥刀加工砂浆，产生一种类似鸟嘴的效果。本方法需要专业人员完成，以求达到美观的效果。

④ 刷。此装饰是在砂浆完全凝固之前，用坚硬的铁刷将多余的砂浆刷掉。

⑤ 方形凹陷。如果是正方形或长方形的石块，最好是使用方形凹陷。方形凹陷需使用专用工具。

⑥ 草皮勾缝：草皮勾缝是利用泥土或草皮取代砂浆，只有在石园或种有绿篱的清水石墙上才适用。要使勾缝中的泥土与墙的泥土相连以保证植物根系的水分供应。

（2）花坛贴面材料

花坛贴面材料是镶贴到表层上的一种装饰材料。花坛贴面材料的种类很多，常用的有饰面砖、花岗石饰面板、水磨石饰面板和青石板等，园林中还常用一些不同颜色、不同大小的卵石来贴面。

1）饰面砖。适用于花坛饰面的砖有：

① 外墙面砖（墙面砖）。外墙面砖的一般规格为 200mm × 100mm × 12mm、150mm × 75mm × 12mm、75mm × 75mm × 8mm、108mm × 108mm × 8mm 等，表面分为有釉和无釉两种。

② 陶瓷锦砖（马赛克）。陶瓷锦砖是将以优质瓷土烧制的片状小瓷砖拼成各种图案贴在墙上的饰面材料。

③ 玻璃锦砖（玻璃马赛克）。玻璃锦砖是以玻璃烧制而成的小块贴于墙上的饰面材料，有金属透明和乳白、灰、蓝、紫等多种花色。

2）饰面板。用于花坛饰面板之一的花岗石饰面板，是用花岗石荒料经锯切、研磨、抛光及切割而成。饰面板因加工方法及加工程序的差异，分为下列 4 种：

① 剁斧板：表面粗糙，具有规则的条状斧纹。

② 机刨板：表面平整，具有相互平行的刨纹。

③ 粗磨板：表面光滑、无光。

④ 磨光板：表面光亮、色泽鲜明、晶体裸露。不论采用上述哪一种面板，装饰效果都较好。

3）青石板。青石板是水层岩，材质软，较易风化，其材性纹理构造易于劈裂成面积不大的薄片。其使用规格一般为长、宽为 300 ~ 500mm 不等的矩形块，边缘不要求很直。青石板有暗红、灰、绿、蓝、紫等不同颜色，加上其劈裂后的自然形状，可掺杂使用，形成色彩富有变化而又具有一定自然风格的装饰效果。

4）水磨石饰面板。水磨石饰面板是用水泥（或其他胶结材料）、石屑、石粉、颜料与水，经过搅拌、成型、养护、研磨等工序制成，色泽品种较多，表面光滑，美观耐用。

（3）花坛抹灰材料

一般花坛的抹灰用水泥、石灰砂浆等材料。它虽然施工简单，成本低，但装饰效果较差。比较高级的花坛则用水刷石、水磨石、斩假石、干粘石、喷砂、喷涂及彩色抹灰等，这些材料的装饰效果较好。

对于装饰抹灰使用的材料，主要是起色彩作用的石渣、彩砂、颜料及白色硅酸盐水泥等。

1）彩色石渣。彩色石渣是由大理石、白云石等石材经破碎而成，用于水刷石、干粘石等，要求颗粒坚硬、洁净，含泥量不超过 2%。使用前根据设计要求选择好品种、粒径和色泽，并应进行清洗除去杂质，按不同规格、颜色、品种分类保洁放置。

2）花岗石石屑。花岗石石屑主要用于斩假石面层，平均粒径为2~5mm，要求洁净、无杂质和泥块。

3）彩砂。彩砂有用天然石屑的，也有烧制成的彩色瓷粒，主要用于外墙喷涂。其颗粒粒径为1~3mm，要求彩色稳定性好，颗粒均匀，含泥量不大于2%。

4）其他材料

① 颜料。颜料要求采用耐碱、耐光的矿物颜料。颜料的掺入量不大于水泥用量的12%，作为配制装饰抹灰色彩的调刷材料。

② 108胶：108胶为一种高分子合成建筑胶粘剂，是聚乙烯醇与甲醛在酸性介质中进行缩合反应而制得的一种高分子粘接溶液，属半透明或透明水溶液。108胶具有施工合易性好、粘结强度高、经济实用的特点。

③ 有机硅憎水剂（如甲基硅醇钠）。有机硅憎水剂是无色透明液体，主要在装饰抹灰面层完成后喷于面层之外，可起到憎水、防污的作用，从而提高饰面的洁净性及耐久性；也可掺入聚合物水泥砂浆进行喷涂、辊涂、弹涂等。该液体应密封存放，并应避光直射及长期暴露于空气中。

④ 氯偏磷酸钠。氯偏磷酸钠主要用于喷涂、辊涂等调制色浆的分散剂，使颜料能均匀分散和抑制水泥中游离成分的析出。氯偏磷酸钠的掺入量一般为水泥用量的1%。其储存要用塑料袋封闭，做到防潮和防止结块。

装饰抹灰所用材料的产地、品种、批号、色泽应力求相同，能做到专材专用。在配合比上要统一计量配料，并达到色泽一致。选定的装饰抹灰面层在确定色彩后，应对所用材料预先看样订货，并尽可能一次将材料采购齐全，以免造成色差。所用材料必须符合国家有关标准的规定。总之，新材料在使用前要详细阅读产品说明书，了解各项指标性能，从而可进行检验及按产品说明书的要求进行操作。

【工程案例】

某小区花坛施工方案

现以某小区花坛的施工为例阐述两种花坛施工的要点：一种是花坛均为砖砌，高度为50cm，宽度为30cm，基础深20cm，花岗石贴面装饰；另一种是花坛均为砖砌，高度为60cm，宽度为30cm，基础深20cm，雨花石贴面装饰。

1. 定点放线

可根据设计图样，应用几何原理直接用皮尺量好尺寸，并用石灰线作出明显标志。较为复杂的花坛，要求线条准确无误，必须用方格法放线。

2. 花坛墙体的砌筑

放线完成后，开挖墙体基槽，槽底土面要整齐、夯实；在砌基础之前，槽底做一个3cm厚的粗砂垫层；用砖砌筑墙体；墙砌筑好之后，回填泥土将基础埋上，并夯实泥土；再用水泥和粗砂配成1∶2.5的水泥砂浆对墙抹面，抹平即可，不要抹光（图5-8）。

3. 花坛饰面

花坛砌体材料主要是砖、文化石、蘑菇石、卵石等，通过选择砖、石的颜色、质感，砌块的组合变化，以及砌块之间勾缝的变化，形成美的外观。花坛表面装饰的种类较多，应根据设计图样选择不同的板材。有些石材表面加工通过拉丝、火烧等方式可以得到不同的表面效果。

图 5-8　花坛墙体的砌筑

图 5-9　花坛饰面维护

由于花坛贴面材料较重，需要相关辅助材料固定支撑，待水泥砂浆干燥，1～2d 后再进行拆除（图 5-9）。有些花坛边缘还有可能设计有金属矮栏花饰，应在饰面之前安装好。矮栏的柱脚要埋入墙内，并用水泥砂浆浇筑固定。待矮栏花饰安装好后，才进行墙体饰面工序。

洗石子贴面时，洗石子层的配方似灰泥，不同的是砂被石子取代了。一般石子的粒径为 2～4mm，颜色有黑、灰、白、褐等，可以选用单色或混合色。混合施工时，先贴水泥砂浆层，上面加一层 1cm 厚的灰泥。灰泥层干燥后，再加一层洗石子层。洗石子层的水泥与石子的配合比是 1∶1 或 1∶1.5。铺洗石子层时，要用灰匙边推边压，把石子压入水泥之中，并使表面平整。洗石子贴面施工特别要留意冲水量与水压的控制，以及冲洗的时机。要在涂上洗石子层后水泥略凝结而尚未凝固时冲洗，用刷子或喷水器轻轻地将表层石子间隙中的灰泥冲去，使大约半粒石子裸露出来。使用喷水器时要有耐心，用力不可太大，以免水泥流失太多；冲水量与水压都要适度，否则过多的水或过强的水压均会破坏效果，甚至连石也被冲走。花坛完成后养护如图 5-10 所示。

图 5-10　花坛完成后养护

【思考与练习】

1. 花坛砌体的材料有哪些？如何进行花坛砖墙砌体的砌筑？
2. 如何在施工中检查花坛砌体的垂直度和平整度？
3. 花坛外表装饰的途径和方法有哪些？

4. 花坛贴面的顺序是什么？如何解决转角贴面和弧形贴面的问题？

任务2 园林挡土墙的施工

【技能要求】

1. 会进行园林挡土墙的地基和垫层的施工。
2. 会进行挡土墙的排水处理。
3. 熟悉园林挡土墙的不同类型，会正确砌筑干垒园林挡土墙和钢筋混凝土挡土墙墙身。
4. 能处理挡土墙施工的收尾工作。

挡土墙是在园林建设上用以支持并防止土体坍塌的工程结构体，即在土坡外侧人工修建的防御墙。在园林建设过程中，由于使用功能、植物生长、景观要求等的需要，常将不同坡度的地形按要求改造成所需的场地。挡土墙应保证填土及挡土墙本身的稳定，另外墙身应有足够的强度，以保证挡土墙的安全使用。在施工过程中，当斜坡超过允许的极限强度时，原有的土体平衡遭到破坏，发生滑坡和塌方，所以需在土坡外侧修建挡土墙以维持稳定。

【工作流程】

干垒挡土墙施工流程如图5-11所示。钢筋混凝土挡土墙施工流程如图5-12所示。

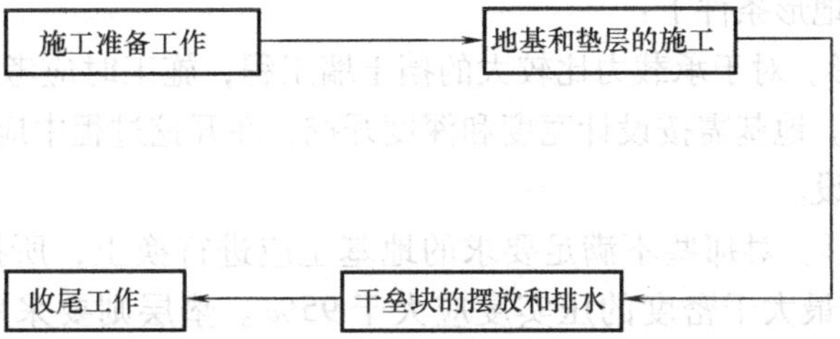

图5-11 干垒挡土墙施工流程

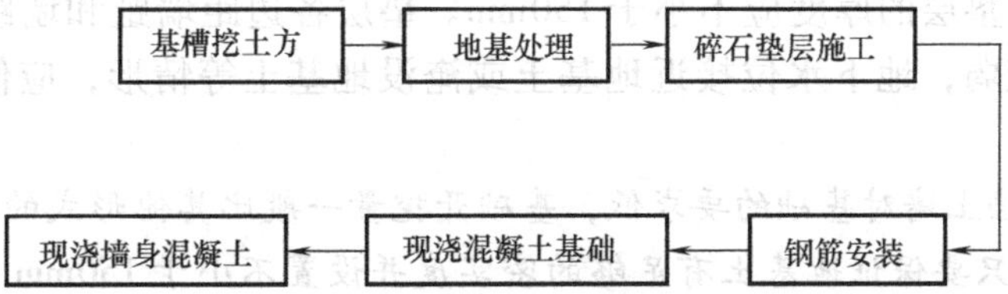

图5-12 钢筋混凝土挡土墙施工流程

【学习与操作】

1. 干垒挡土墙的施工操作（图5-13）

步骤一：施工准备工作

准确、完整的现场勘察资料，合理的计划安排，优质的材料和合理的方法是施工所必备的。同时，施工前应提交完整的现场试验检测数据，包括压实材料的最大干密度和现场土的密实度，以证明现场的压实施工是否满足设计要求。设计中的坡度、高度、开挖或回填区等数据须进行现场测量核实，现场任何变动均应标注在竣工图上。施工前还应与当地建设部门联系，以确保挖方不造成对地下管线等设施的破坏。

图 5-13　干垒挡土墙

【提示】*所选择的石料必须是质地坚硬，不易风化，没有裂缝且大致方正的块石，其厚度不宜大于20cm，其抗水性、抗冻性、抗压强度等均应符合施工详图或有关技术的规定。石料使用前应先清除泥土和水锈杂质，砌体表面的石料必须平整。*

步骤二：地基和垫层的施工

按设计进行边线和坡度的开挖，应尽量避免超挖，并确保开挖后的安全坡度。干垒挡土墙一般建在下列两种地形条件下：

1）须开挖的地形。对于承载力比较大的挡土墙工程，施工时应考虑不对周围建筑物的地基承载力造成影响。地基需按设计宽度和深度开挖，在开挖过程中应检查地基土是否满足设计中对该土质的假设。

2）须加填的地形。对那些不满足要求的地基土应进行换土，所换入的土应满足设计要求，且相对于该土最大干密度的压实度应大于95%。垫层则要采用压实的碎石或素混凝土。用碎石作垫层时，应使用平板振动器压实至95%。施工中应使垫层平整以确保干垒块与垫层材料结合严密，可用一薄层低强度等级混凝土在已压实的垫层上进行找平，以提高施工速度。垫层的厚度应不小于150mm。垫层各边距墙趾和墙踵至少150mm。对于地基土承载力较弱，地下水位接近地基土或淹没地基土等情形，应使用土工布等材料进行特殊处理。

【提示】*干垒挡土墙对基础的要求低，基础开挖量一般比其他形式的挡墙少并无须特别处理。正常情况下只要保证地基土有足够的密实度并设置不小于150mm的夯实好的级配碎石或素混凝土垫层即可。*

步骤三：干垒块的摆放和排水

为确保工程质量，首层干垒块的摆放非常重要。首层干垒块应切掉后缘，确保与垫层结合严密，准确码放并保持水平。干垒挡土墙后面应填以排水集料，排水集料的厚度不得小于300mm。为防止排水集料与土体掺混，可在排水集料与其后的土体之间放置土工布。排水集料后的填土应分层压实，每150～200mm进行一次。压实度应不小于95%。在距墙面1m内只可进行人工压实。集水问题需通过安装排水管解决。排水管可用PVC管或塑料波纹管，可用土工布将排水管包上以起到滤土作用。排水管应能使挡土墙的集水靠重力排出墙外。排水管的出口应与墙外集水井连接或与墙后不影响墙体稳定的集水口连接。主排水管的直径不应小于75mm，辅助排水管应靠重力排水或与主排水管的侧壁相连，辅助排水管的间距不大于15m。

确保排水集料与已摆放的干垒块齐平或略低。清理干垒块顶部的杂土后再放置干垒块，放置时应确保“错台连锁”以形成抗剪连接。调整干垒块的位置，以保证平直度与水平度。若干垒块挡土墙须使用拉结网片，通常应从墙前至压实的加筋土区满铺，拉结网片的强度和材料须满足设计要求。拉结网片应与墙体的垂直方向按设计标高水平摆放，网片应平整并用钢丝固定（图5-14）。墙前处拉结网片的衔接不可缝制搭接，衔接时应采用对接并确保无间隙。拉结网片铺放就位后，在墙后放置排水集料和回填加筋土，土体厚为150～200mm，压实度不小于95%。土体回填和压实过程中应避免拉结网片的破坏，如起皱和移动等。大型施工设备或车辆不得直接在拉结网片上压碾，工作时其表面至少覆以150mm厚的填土。

图5-14　干垒块和网片

步骤四：收尾工作

压顶块的安装和清场是施工的主要收尾工作。可在干垒块的顶部安装压顶块。压顶块应由砂浆等粘接材料与下部块体粘接在一起。在墙后填土的顶层应铺至少300mm厚的低渗水率的填土，以减少墙顶面的地表水渗入加筋土区。

2. 钢筋混凝土挡土墙的施工操作（图5-15）

图5-15　钢筋混凝土挡土墙

步骤一：基槽挖土方

基槽挖土方采用挖掘机及人工配合进行。挖土方应配合墙体施工分段进行，先测量放线，定出开挖中线及边线，以及起点及终点；再设立桩标，注明高程及开挖深度；最后用反铲挖掘机开挖，多余的土方装车外运弃土。在施工过程中，应根据实际需要设置排水沟及集水坑进行施工排水，保证工作面干燥及基底不被水浸。

步骤二：地基处理和碎石垫层施工

当挖土方时发现有淤泥层或软土层时，需进行换土处理，报请监理工程师及业主批准后，方可进行施工。根据设计图样，现浇钢筋混凝土挡土墙的基础垫层为C10混凝土，垫层厚度为10cm。

步骤三：钢筋安装和现浇混凝土基础

现浇钢筋基础先安装基础钢筋，预埋墙身竖向钢筋，待基础浇筑混凝土完成后且混凝土达到一定强度（2.5MPa）后，方可进行墙身钢筋安装。预制钢筋混凝土挡土墙的基础钢筋分二次安装，第一次安装最底层的钢筋，基础达到一定强度、安装好预制墙身后，再安装第二阶的基础钢筋。

按挡土墙的分段长度，整段进行一次性浇筑，在清理好的垫层表面测量放线，立模浇筑。

步骤四：现浇墙身混凝土

现浇钢筋混凝土挡土墙与基础的结合面，应按施工缝处理，即先进行凿毛，将松散部分的混凝土及浮浆凿除，并用水清洗干净；然后架立墙身模板。混凝土开始浇筑时，先在结合面上刷一层水泥浆或垫一层2～3cm厚的1:2水泥砂浆；再浇筑墙身混凝土。

【提示】 混凝土由混凝土加工厂，用混凝土运输车运至现场，在墙顶搭设平台，用起重机吊送混凝土至平台进行浇筑。混凝土浇筑从低处开始分层均匀进行，分层厚度一般为30cm，采用插入式振捣棒振捣，振捣棒的移动距离不应超过其作用半径的1.5倍，并与侧模保持5～10cm的距离，不得漏振或过振。在混凝土浇筑的过程中，如表面泌水过多，应及时将水排走或采取逐层减水的措施，以免产生松顶。浇筑到顶面后，应及时抹面，定浆后再二次抹面，使表面平整。

墙身模板采用光面七夹板拼装，竖枋规格采用8cm×10cm，枋间距为40cm，用钢管作围楞，用8cm×10cm的木枋作斜撑进行支撑。侧模用$\phi 16$的螺栓对拉定位，螺栓间距为80cm，螺栓穿孔可采用内径为20～25cm的硬塑料管；拆模时，将螺栓拔出，再用1:2水泥砂浆堵塞螺栓孔。墙身模板根据高度情况分为一次立模和二次立模，一般高度在4m以内为一次立模；高度在4m以上的为二次立模（也可一次立模）。当混凝土的落高大于2.0m时，要采用串筒输送混凝土入仓，或采用人工分灰，以免混凝土产生离析（图5-16）。

图5-16 钢筋安装和现浇混凝土基础

混凝土的浇筑过程中应派出木工、钢筋工、电工及试验工在现场值班，发现问题应及时处理。

混凝土试块的制作应在现场的拌和地点或浇筑地点随机制取，每工作班应制作不少于2组试件（每组3块）。

混凝土浇筑完进行收浆后，应及时洒水养护，养护时间最少不得少于7d。在常温下一般24h即可拆除墙身侧模板，拆模时必须小心，不得损坏墙面（图5-17）。

图5-17 拆除模板

在浇筑墙身时要注意伸缩缝、沉降缝及泄水孔的处理。

【提示】现浇钢筋混凝土挡土墙的伸缩缝和沉降缝的宽度为2cm，（施工时缝内夹2cm厚的泡沫板或木板，施工完后抽出木板或泡沫板）从墙顶到基底沿墙的内、外、顶三侧填塞沥青麻丝，深15cm。挡土墙泄水孔为ϕ100mm的硬质空心管，泄水孔的进口周围铺设50cm×50cm×50cm碎石，碎石外包土工布；下排泄水孔的进口底部铺设30cm厚的粘土层并夯实。

【考核与评价】

单元考核与评价见表5-2。

表5-2 单元考核与评价

考核内容	考核要求与标准（100分）	学生自我评价	教师评价
1. 平面位置	符合图样要求，定位准确（15分）		
2. 顶面高程	符合图样要求，高程准确（15分）		
3. 竖直度或坡度	吊垂线检查3处检（20分）		
4. 截面尺寸	不小于设计尺寸（15分）		
5. 底面高程	符合图样要求，误差不超过5cm（15分）		
6. 表面平整度	符合图样要求，误差不超过5cm（20分）		

【知识链接】

1. 园林挡土墙的常见材料

在古代有用麻袋、竹筐取土，或者用铁丝笼装卵石形成“石龙”，堆叠成庭园假山的陡坡，以取代挡土墙；也有用连排木桩插板作挡土墙的，这些土、铁丝、竹木材料的使用时间都不长久，所以现在的挡土墙常由石块、砖、木材、混凝土和钢筋混凝土等硬质材料构成。

（1）石块

不同大小、形状和地区的石块，都可以用于建造挡土墙。

石块一般有两种形式：毛石（或天然石块）；加工石。

无论是毛石还是加工石，用来建造挡土墙都可使用两种方法：浆砌法与干砌法。浆砌法就是将各石块用粘接材料粘接在一起；干砌法是不用任何粘接材料来修筑挡土墙，此种方法是将各个石块巧妙地镶嵌成一道稳定的砌体，由于重力作用，每块石头相互咬合十分牢固，增加了墙体的稳定性。

（2）砖

砖也是挡土墙的建造材料，它能形成平滑、光亮的表面。砖砌挡土墙需用浆砌法。

(3) 混凝土和钢筋混凝土

混凝土既可现场浇筑，又可预制。现场浇筑具有灵活性和可塑性；预制水泥件则有不同的大小、形状、色彩和结构标准。从形状或平面布局而言，预制件的灵活性和可塑性没有现浇件的好。有时为了进一步加固，常在混凝土中加钢筋，成为钢筋混凝土挡土墙，也可分为现浇和预制两种，外表与混凝土挡土墙相同。

(4) 木材

粗壮的木材也可以做挡土墙，但须进行加压和防腐处理。用木材做挡土墙，其目的是使墙的立面不要有耀眼和突出的效果，要与木建筑产生统一感。木制挡土墙的缺点是没有其他材料经久耐用，而且还需要定期维护，以防止其受风化和潮湿的侵蚀。木质挡土墙最易受损害的部位是与土地接触的部分，因此这一部分应安置在排水良好、干燥的地方，尽量保持干燥。木制挡土墙在实际工程中应用较少。

2. 园林挡土墙的构造类型

园林中一般挡土墙的构造情况有如下几类（图5-18）：

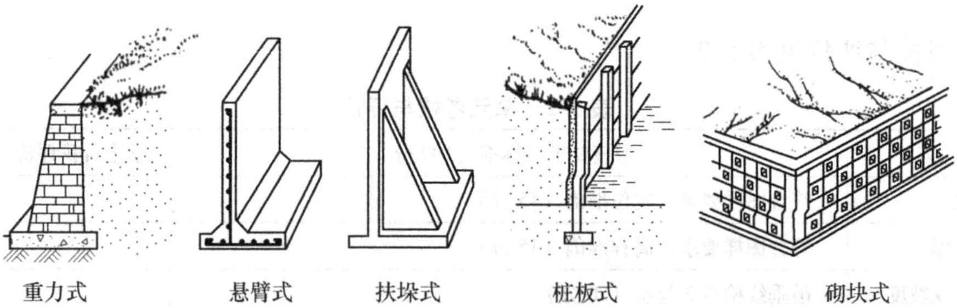

图5-18　各类挡土墙示意图

(1) 重力式挡土墙

重力式挡土墙依靠墙体自重取得稳定性，在构筑物的任何部分都不存在拉应力，砌筑材料大多为砖砌体、毛石和不加钢筋的混凝土。用不加钢筋的混凝土时，墙顶宽度至少应为200mm，以便于混凝土浇筑和捣实。基础宽度则通常为墙高的1/3或1/5。从经济的角度来看，重力式挡土墙适用于侧向压力不太大的地方，墙体高度以不超过1.5m为宜，否则墙体截面增大，将使用大量的砖石材料，其经济性反而不如其他的非重力式挡土墙。园林中通常都采用重力式挡土墙。

(2) 悬臂式挡土墙

悬臂式挡土墙的截面通常做成L形或倒T形，墙体材料都是混凝土。墙高不超过9m时，都是较经济合理的。3.5m以下的低矮悬臂墙，可以用标准预制构件或者预制混凝土块加钢筋砌筑而成。根据设计要求，悬臂的脚可以向墙内一侧、墙外一侧或者墙的两侧伸出，构成墙体下的底板。如果墙的底板伸入墙的内侧，便处于它所支承的土壤下面，也就利用了上面土壤的压力，使墙体自重增加，可更加稳固墙体。

(3) 扶垛式挡土墙

当悬臂式挡土墙的设计高度大于6m时，在墙后加设扶垛，连起墙体和墙下底板。扶垛的间距为1/2～2/3墙高，但不小于2.5m。这种加了扶垛壁的悬臂式挡土墙，称为扶垛式挡土墙。扶垛壁在墙后的，称为后扶垛墙；若在墙前设扶垛壁，则称为前扶垛墙。

(4) 桩板式挡土墙

预制钢筋混凝土桩排成一行插入地面，桩后再横向插下钢筋混凝土栏板，栏板相互之间以企口相连接，这就构成了桩板式挡土墙。这种挡土墙的结构体积较小，也容易预制，而且施工方便，占地面积也较小。

(5) 砌块式挡土墙

按设计的形状和规格预制混凝土砌块，然后用砌块按一定花式做成挡土墙。砌块一般是实心的，也可做成空心的；但孔径不能太大，否则挡土墙的挡土作用就降低了。这种挡土墙的高度在1.5m以下为宜。用空心砌块砌筑的挡土墙，还可以在砌块的空穴里充填树胶、营养土，并播种花卉或草籽，以保证水分供应；待花草长出后，就可形成一道生趣盎然的绿墙或花卉墙。这种与花草种植结合为一体的砌块式挡土墙，称为“生态墙”。

3. 挡土墙的剖面细部构造

挡土墙的剖面细部构造如图5-19所示。

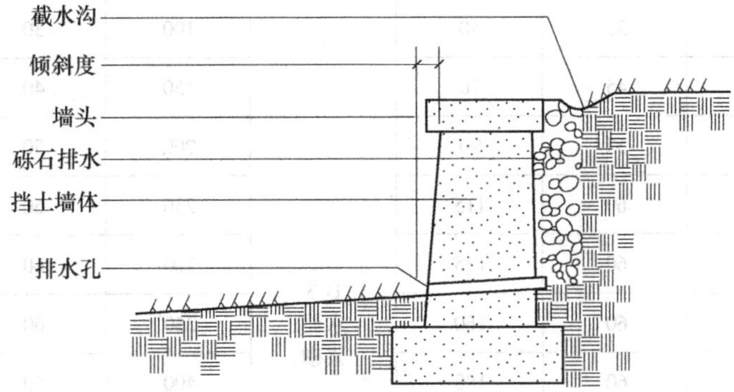

图5-19　挡土墙的剖面细部构造示意

4. 园林挡土墙的横截面确定（以重力式为例）

(1) 挡土墙横截面的选择

重力式挡土墙常见的横截面形式有以下3种（图5-20）：

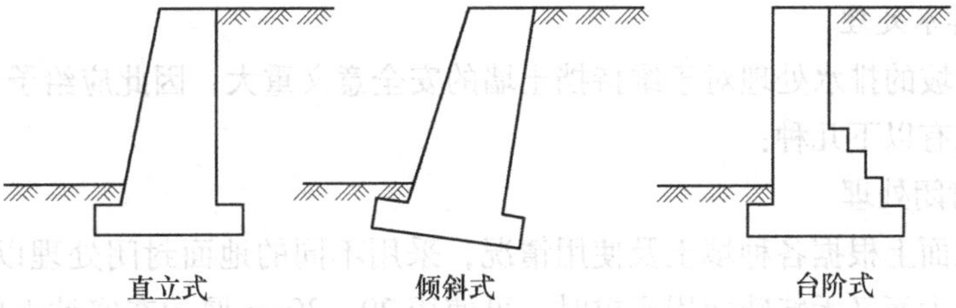

图5-20　重力式挡土墙的横截面形式

1）直立式。直立式挡土墙指墙面基本与水平面垂直，但也允许有10:(0.2~1)的倾斜度的挡土墙。直立式挡土墙由于墙背所承受的水平压力大，只适用于2m以下的挡土墙。

2）倾斜式。倾斜式挡土墙常指墙背向土体倾斜，倾斜坡度在20°左右的挡土墙。这种形式的水平压力相对较少，同时墙背坡度与天然土层比较密贴。倾斜式挡土墙可以减少挖方数量和墙背回填土的数量，适用于中等高度的挡土墙。

3）台阶式。对于更高的挡土墙，为了适应不同土层深度的土压力和利用土的垂直压力增加稳定性，可将墙背做成台阶形。

（2）挡土墙横截面尺寸的确定

挡土墙根据墙高来确定墙的顶宽和底宽（图5-21），表5-3中的数据可作为参考。挡土墙的力学计算是十分复杂的工作，实际工作中较高的挡土墙（高于112cm）必须由结构工程师专门计算，保证稳定后方可施工。

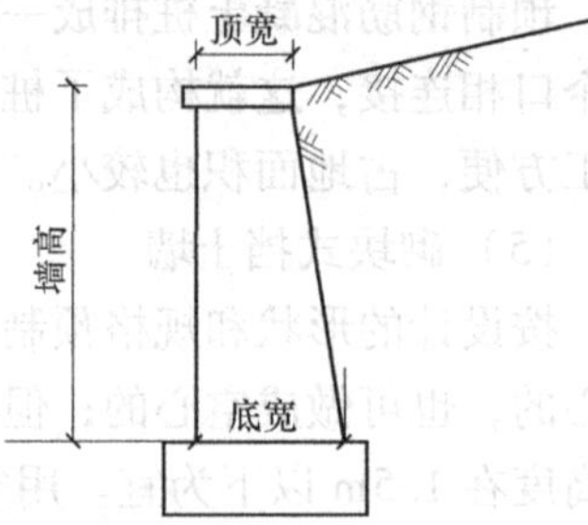

图5-21　浆砌块石挡土墙尺寸

表5-3　重力式浆砌块石挡土墙尺寸　（单位：cm）

类别	墙高	顶宽	底宽	类别	墙高	顶宽	底宽
1:3 白灰浆砌	100	35	40	1:3 水泥浆砌	100	30	40
	150	45	70		150	40	50
	200	55	90		200	50	80
	250	60	115		250	60	100
	300	60	135		300	60	120
	350	60	160		350	60	140
	400	60	180		400	60	160
	450	60	205		450	60	180
	500	60	225		500	60	200
	550	60	250		550	60	230
	600	60	300		600	60	270

5. 挡土墙排水处理

挡土墙后土坡的排水处理对于维持挡土墙的安全意义重大，因此应给予充分重视。常用的排水处理方式有以下几种：

（1）地面封闭处理

在墙后的地面上根据各种填土及使用情况，采用不同的地面封闭处理以减少地面渗水。在土壤渗透性较大而又无特殊使用要求时，可使用20～30cm厚的夯实粘土层或种植草皮进行封闭；还可采用胶泥、混凝土或浆砌毛石进行封闭。

（2）设地面截水明沟

在地面设置一道或数道平行于挡土墙的明沟，利用明沟纵坡将降水和上坡地面径流排除，减少墙后地面渗水；必要时还要设纵、横向盲沟，力求尽快排除地面水和地下水（图5-22）。

(3) 内外结合处理

在墙体之后的填土中用乱毛石做排水盲沟，盲沟宽不小于50cm。经盲沟截下的地下水，再经墙身的泄水孔排出墙外。泄水孔直径一般为20～40mm，高以一层砖石的高度为准，在墙面水平方向上每隔2～4m设一个，竖向上则每隔1～2m设一个。混凝土挡土墙可以用直径为5～10cm的圆孔或毛竹筒作泄水孔。有的挡土墙由于美观上的要求不允许墙面留泄水孔，则可以在墙背面刷防水砂浆或填一层厚度在50cm以上的粘土隔水层；并在墙背面的盲沟下设置一道平行于墙体的排水暗沟。排水暗沟的两侧及挡土墙基础的上面用水泥砂浆抹面或做出沥青砂浆隔水层，也可以做一层粘土隔水层。墙后积水可以通过盲沟、暗沟再从沟端引出墙外（图5-23）。

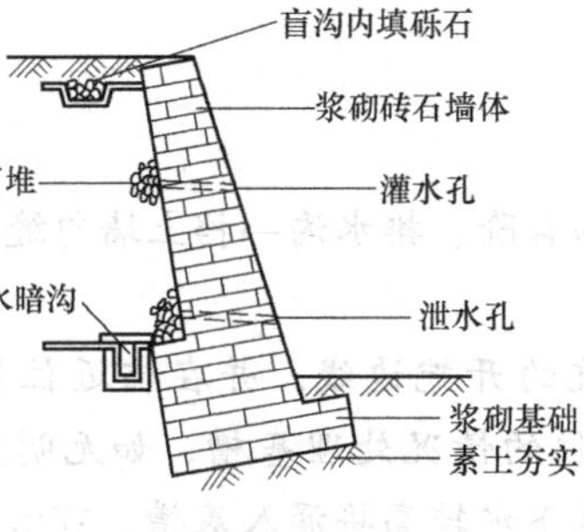

图5-22 排水处理方式

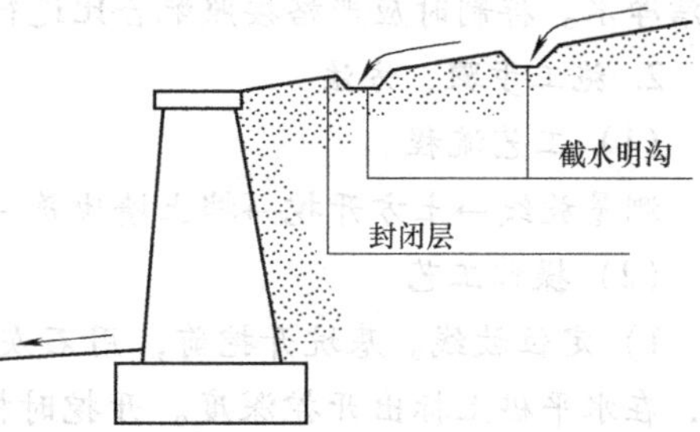

图5-23 墙背排水盲沟和暗沟

【工程案例】

某住宅小区园林挡土墙施工方案

某住宅小区园林挡土墙工程为毛石挡土墙，基础形式为条形基础。

1. 施工条件

(1) 机械及工具准备

挖掘机、自卸汽车、手推车、蛙式打夯机、大锤、锤子、撬棍、泥桶、绳子、抬杠、钢卷尺、线坠、粉笔、托线板、脚手板、秤、铁锹、木抹子。

(2) 材料技术要求

1) 水泥

① 进仓时要有质量证明文件。

② 应按品种、强度、出厂日期、生产厂家等检查验收，并分别堆放，先到先用。

③ 袋装水泥的叠堆高度不宜超过10包。

④ 不宜露天堆放。如露天堆放，应下有防潮垫板，上有防雨风篷布。

⑤ 使用期不宜超过出厂期三个月，超期应先检验其强度。

2) 砂子。砂子宜采用中砂，砂的质量要求：松散体积密度应大于1400kg/m^3，空隙率应小于45%；用肉眼观察，不宜含有草根、树叶、树枝、塑料、煤块、矿渣等杂物，砂的含泥量不应超过5%。

3) 毛石。毛石进场前应检查其强度等级与耐久性是否满足设计要求。检查砌筑石材的力学性质时除了要检查抗压强度外，根据工程需要，还应检查抗剪强度、冲击韧度等。石材的耐久性主要包括抗冻性、抗风化性、耐火性、耐酸性等。采用的毛石应质地坚实，无风化、剥落和裂纹；石材表面的泥垢、水垢等杂质，砌筑前应清除干净。毛石应呈块状，中部厚度不宜小于200mm。

4）PVC管。PVC管应采用符合国家标准的合格产品。外观检查管材的内、外表面，应光滑、平整，无凹陷、分解变色线和其他影响性能的缺陷。

管材不应含有杂质，应不透光。管材端面应切割平整并与轴线垂直。

5）砂浆。砂浆进场前需做检测试验，保证砂浆的等级和强度符合设计的要求（M7.5水泥砂浆）。拌制砂浆用的水泥、砂应符合工程技术要求，施工用水应采用不含有有害物质的洁净水。拌制时应严格按照配合比进行配制。

2. 施工步骤、方法

（1）工艺流程

测量放线→土方开挖→挡土墙砌筑→土方回填→台阶、排水沟→挡土墙勾缝

（2）操作工艺

1）定位放线。基坑开挖前，用石灰粉撒出基坑的开挖边线，并在临近位置打入水平桩，在水平桩上标出开挖深度。开挖时根据地下水位的情况处理基槽，如无明显出现地下水，将基槽按设计要求尺寸平整夯实即可；如预见地下水较高将涌入基槽，可沿基坑两边分别加宽开挖300mm，作为预留施工工作面和集水井排水明沟的布设位置。

2）分段分层开挖基坑。挡土墙基坑采用挖掘机开挖，沿等高线自上而下、分层、分段、依次进行。每段基坑开挖可沿等高线自上而下分层开挖，每层挖深约1m，分层开挖至要求深度。机械开挖至设计基底标高以上预留200mm，再由人工根据预留高差进行加深和平整直到设计基底深度，以防止基底土层受到扰动。

3）挡土墙砌筑。挡土墙的基础及墙身采用MU30毛石、M7.5水泥砂浆砌筑。基础砌筑前，应先检查基坑的尺寸和标高，清除杂物，确保槽底无较大的突起；接着进行基础放线，拉上准线放出基础轴线及边线，立好基础皮数杆，皮数杆上标明退台及分层砌石的高度（分层砌筑的高度为50~60cm）。皮数杆之间要拉上准线。

图5-24　基础与第一层石块砌筑

砌第一层石块时，基底先要坐浆，使石块底面与地基接触均匀（图5-24）。石料应选用较大的平毛石，石块大面向下。选择比较方正的石块砌在各转角上，作为角石，角石两边应与准线相合，四角的角石选用大致相等的规格砌筑。角石砌好后，再砌里、外的石块，作为面石；最后砌中间部分的填腹石。砌填腹石时，应根据石块的自然形状交错放置，尽量使石块间隙最小；然后再将砂浆填在空隙中，再根据各缝隙的形状和大小选择合适的小石子放入，用小锤轻击，使石块全部挤入缝隙中。接砌第二层以上的石块时，每砌一块石块，应先铺好砂浆，砂浆应满铺并铺得稍厚一些；当石块往上砌时，恰好压到要求厚度，并刚好铺满整个灰缝。灰缝厚度宜

为20～30mm，砂浆应饱满。砌筑基础的最上一层时，宜选用较大的毛石砌筑。每天砌筑基础的高度应控制在1.2m以内。毛石砌体的组砌形式应“内外搭砌、上下错缝”，拉结石、丁砌石交错设置。毛石墙的拉结石，每米墙面不应少于1块。

毛石墙须设置拉结石。拉结石应均匀分布，相互错开，按要求每0.7m^{2}墙面至少设置一块，且同皮内的中距不得大于2m。拉结石的长度，对于墙厚等于40cm的墙体部分，应等于墙厚；墙厚大于40cm的墙体，可用两块拉结石内外搭接，搭接长度不小于15cm，且其中一块的长度不小于墙厚的2/3。砌筑毛石挡土墙前，必须核对轴线位置，在砌体两边挂线，每边放宽10mm；一般砌筑的分层高度为50～60cm，每日的砌筑高度控制在1.2m（图5-25）。

图5-25　挡土墙墙身砌筑

毛石砌体要分层砌筑到顶，每个分层高度找平一次，两个分层高度间的错缝不得小于80mm，拉结石要相互错开。毛石砌筑时，石块间不得有相互接触的现象，灰缝厚度宜为20～30mm。由于毛石块的形状不规则，空隙大的应先填一部分砂浆，用小毛石填充。砌好以后要试摇动，若不稳定，可垫小毛石，不允许干填块石后再灌浆。

4）挡土墙后回填土。挡土墙后填土采用原土（碎石土），填土内不得混有有机物或其他杂物。填土时应边砌墙边填土，并由人工配合蛙式打夯机分层夯实，每层厚度小于200mm。基槽回填应在相对两侧或四周同时进行。填土前应将基槽底上的垃圾等杂物清理干净；肥槽在回填前，必须清理到基础底面标高，将回落的松散垃圾、砂浆、石子等杂物清除干净。检验回填土有无杂物，粒径是否符合规定，以及回填土的含水量是否在控制的范围内（如回填土的含水量偏高，可采用翻松、晾晒或均匀掺入干土等措施；如回填土的含水量偏低，可采用预先洒水润湿等措施）。回填土应分层铺摊，每层的铺土厚度应根据土质、密实度要求和机具性能确定。

一般蛙式打夯机每层的铺土厚度为200～300mm；人工打夯不大于200mm。每层铺摊后，应马上耙平。回填土每层至少夯打三遍。打夯应一夯压半夯，夯夯相接，行行相连，纵横交叉（严禁采用水浇使土下沉的“水夯法”）。深、浅两基槽相连时，应先填夯深基础；填夯至浅基坑相同的标高时，再与浅基础一起填夯。如必须分段填夯时，交接处应填成阶梯形，阶梯形的高宽比一般为1:2。上、下层的错缝距离不小于1.0m。

填土全部完成后，应进行表面拉线找平，凡超过标准高程的地方，应及时根据拉线铲平；凡低于标准高程的地方，应补土夯实。

5）细部做法。在挡土墙的顶面上铺设20mm厚1:2水泥砂浆抹面，原浆压光；再在墙顶上安装围栏（做法同原有栏杆）。

6）排水处理。挡土墙的墙身设两排PVC泄水管，管口直径为50mm，每排泄水管沿挡土墙的长度方向间距2.0m排列；沿高度方向间距1.5m排列，梅花形布置，按4%坡度预埋在墙身内。第一道泄水管布置在距地面200mm处，第二道泄水管布置在距地面1700mm处。

【思考与练习】

1. 挡土墙中的干垒块如何进行摆放？
2. 挡土墙的伸缩缝、沉降缝及泄水孔的处理方式是什么？
3. 挡土墙的排水处理方式有哪些？
4. 钢筋混凝土挡土墙在现浇墙身混凝土时需要注意哪些问题？
5. 挡土墙在回填土时应注意的问题有哪些？

任务3　亭的施工

【技能要求】

1. 能进行亭的定点放线。
2. 会根据亭的类型选择施工工艺。
3. 会进行亭的基础施工，以及亭柱及亭顶的施工。

亭在园林中，既要能成景，成为人们观赏的对象；又要能得景，吸引人们驻足，所以亭的位置经营特别重要。古代匠师在这方面取得了出色的成绩，有的亭可供人饱览山景，如河北承德避暑山庄中的“锤峰落照”、“南山积雪”、“北枕双峰”、“四面云山”等亭；有的亭可供人沐浴清风，如苏州园林中的“荷风四面”、“月到风来”等亭；有的亭供人欣赏水景，如“观瀑”、“听涛”、“饮绿”、“洗秋”等亭；有的亭以借景取胜，如苏州拙政园的塔影亭将报恩寺塔借入本园等。它们同时也是从其他景点观赏的目标。亭与廊、墙、桥组合在一起，更可形成别具一格的建筑形式，如扬州瘦西湖的五亭桥、北京北海的五龙亭、广西三江的程阳桥等。

【工作流程】

混凝土亭施工流程如图5-26所示。木亭施工流程如图5-27所示。

图5-26　混凝土亭施工流程

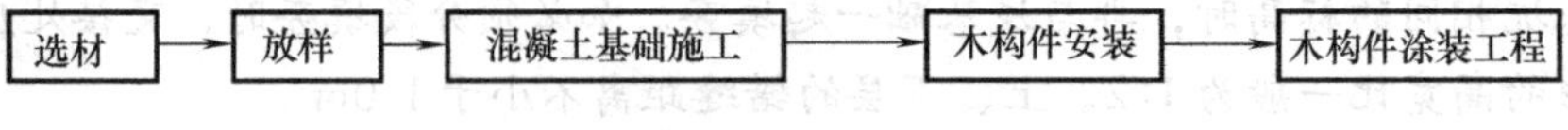

图5-27　木亭施工流程

【学习与操作】

1. 混凝土亭施工

步骤一：施工准备工作

根据施工方案配备好施工技术人员、施工机械及施工工具，按计划购入施工材料。认真分析施工图，对施工现场进行详细踏勘，做好施工准备。

步骤二：施工放线

在施工现场引进高程标准点后，用方格网控制出建筑基面界线，然后按照基面界线外边各加1～2m放出施工土方开挖线。放线时注意区别桩的标志，如角桩、台阶起点桩、柱桩等。

步骤三：地基与基础施工

根据现场施工条件确定挖方方法（可人工挖方，也可人工结合机械挖方）。开挖时要注意基础厚度及加宽的要求，挖至设计标高后，基底一般可采用基坑排水，坑边的四周一般可设临时排水沟排水。相隔一定距离，在底板范围外侧设置集水井，如果地下水较高则用深井抽水以降低地下水位。

景亭一般采用混凝土基础较多，进行混凝土基础施工时先在夯实的碎石层上浇筑混凝土垫层，浇筑完1～2d后在垫层面测定底板中心；再根据设计尺寸进行放线，定出柱基础及底板的边界线，画出钢筋布线，根据边界线绑扎钢筋，接着安装柱基础和底板的模板。

【提示】 在绑扎钢筋时，检查钢筋是否符合设计要求，上下钢筋应用“铁掌”加以固定，使钢筋在浇捣过程中不发生变位。底板要一次浇筑完，不留施工缝。混凝土浇筑可用平板振动器，也可用插入式振捣棒。混凝土浇筑后不得在其上面设置脚手架，以及安装模板和搬运工具，同时要做好混凝土的养护工作。基础养护3～4d后，可进行亭柱施工。

步骤四：柱身施工

亭柱一般为方柱和圆柱，方柱一般采用木模法，先按设计规格将模板钉好，然后现浇混凝土，一次性浇完，浇筑时要将模板内全部浇满。圆柱目前一般采用油毛毡施工法，即先按设计直径用钢筋预制圆圈，一般每20cm放一个；然后将钢筋圆圈与柱配筋绑扎好或焊接好，将已绑扎好的柱筋立起和基础预留的钢筋接口焊接固定；再用单层油毛毡绕柱包被，用玻璃胶或粘贴胶固定好，再包一层油毛毡，拉紧后封死并绑牢，即可浇筑混凝土。无论采用哪种方法施工，固定模板前都要在内侧涂刷脱模剂。混凝土养护5～7d后可脱模（图5-28）。

图5-28　亭柱身施工

步骤五：亭顶施工

亭顶可分为预制和现浇两种。亭顶梁架的构成方法多用仿抹角梁法、井字交叉梁法和框圈法。由于亭顶采用了以钢板网代替木模板的做法，不使用起重设备，节约了大量木材和工人，还增加了亭顶的钢性。

亭顶多采用琉璃瓦或油毡瓦屋面，这种亭顶具有简洁、大方，规格多样的特点。顶部采用水泥混合砂浆（掺合料为粘土膏，因粘土膏的材质与琉璃瓦相同，更能减少由收缩引起的琉璃瓦龟裂）作为卧瓦层。30°以下的坡屋面，直接采用水泥: 砂: 粘土膏 = 1:6.83:0.659 的水泥混合砂浆卧瓦；30°以上的坡屋面，在基层施工时预埋铜丝挂瓦条与瓦件绑扎，然后再用水泥混合砂浆卧瓦。施工完成后的琉璃瓦屋面拼接紧凑，搭接严密，屋脊、檐沟顺直，屋面防水效果好，成型后的观感质量很好。完工后的亭顶如图 5-29 所示。

【提示】底瓦灰（泥）的厚度一般为 4cm。底瓦应窄头朝下，从下往上依次摆放。底瓦的搭接密度应能做到“三搭头”，即每三块瓦中，第一块与第三块能做到首尾搭头。底瓦灰（泥）应饱满；瓦要摆正，不得偏歪。底瓦垄的高低和直顺程度都应以瓦刀线为准。每块底瓦的“瓦翅”，宽头的上棱都要贴底瓦垄、近瓦刀线。

图 5-29　完工后的亭顶

2. 木亭施工

步骤一：选材

根据设计图样，木材应选用含水率不大于 25% 的原木，按设计尺寸预留干缩量（约 6mm），画线、弹线、去荒、刨光。加工完毕，合理堆垛并加遮盖，进行自然干燥。干燥一段时间后，防腐、定型。

【提示】制作中应注意：画线一定要准确，锯削一定要谨慎细心，因为柱、梁是木亭中的主要承重构件，截面虽然不大，但如果锯截不慎，刮削过量，会破坏结构的整体承重能力，无形中降低了建筑物的寿命。

步骤二：放样

场地初平，按施工图样测设放线，撒好基槽灰线。这项工作对精度要求很高，要防止出现差错，以免以后在安装构件时出现困难。在经自检合格后，要提请有关部门和建设单位验线。验线合格后才可正式开挖。

步骤三：混凝土基础施工

（1）施工准备

1）选择有良好信用等级的商品混凝土搅拌公司。

2）预埋钢构件应有出厂合格证，按规定做力学性能复试。构件表面应无锈蚀及油污。

3）熟悉图样，按设计要求检查已加工好的钢构件的规格、形状、数量是否正确。

（2）人工挖土方

沿灰线直边切出槽边的轮廓线，然后自上而下分层开挖。挖至槽底标高后，由两端轴线引桩拉通线，检查距槽边的尺寸，然后修槽、清底。雨季开挖必须处理好坑内排水和地面截水、降水、排洪工作。最简易的截水方法是利用挖出的土沿基坑四周或迎水面筑起高 500 ~ 800mm 的土堤，同时将地面水通过场地排水沟排出。验槽应由施工单位、设计单位、建设单位、质量监督部门等共同赴现场观察检查，并做好验槽记录。

（3）埋设预埋件

做好抄平放线工作，弹好水平标高线，准确安置预埋件。

（4）混凝土基础施工

工艺流程：槽底内清理→混凝土浇筑→混凝土振捣→混凝土养护

在地基或基土上清除淤泥和杂物，并应有防水和排水措施。对于干燥土应用水润湿，表面不得留有积水。混凝土浇筑应分层连续进行，分层厚度一般为振捣器作用部分长度的1.25倍，最大不超过50cm。

使用插入式振捣棒时应快插慢拔，插点应均匀排列，逐点移动，顺序进行，不得遗漏，做到振捣密实。移动间距不大于振捣棒作用半径的1.5倍。振捣上一层时应插入下层5cm，以清除两层间的接缝。平板振动器的移动间距，应能保证振动器的平板覆盖已振捣部分的边缘。

浇筑混凝土时，应经常注意预埋件有无移动。当发现预埋件有变形、位移时，应立即停止浇筑，并及时进行处理，处理好后再继续浇筑。

混凝土振捣密实后，表面应用木抹子搓平。最后进入混凝土的养护阶段。

【提示】 混凝土浇筑完毕后，应在12h内加以覆盖和浇水，浇水次数应能保持混凝土有足够的润湿状态。养护期一般不少于7d。雨期施工时，露天浇筑混凝土应编制季节性施工方案，采取有效的施工措施，确保混凝土的质量。

步骤四：木构件安装

柱的安装：用托线板测垂直、校正标高，使柱的垂直度、水平度、标高符合设计要求。

梁的安装：利用经纬仪准确定位，然后用承口螺栓联接梁、柱。

步骤五：木构件涂装工程

（1）作业条件

施工温度保持均衡，不得突然有较大的变化，且通风良好、湿作业已完成，并具备一定的强度，环境比较干燥。一般涂装工程施工时的环境相对湿度不宜大于60%。在室外高于3.6m处作业时，应预先搭设好脚手架，并以不妨碍操作为准。

操作前应认真进行交接检查工作，并对遗留问题进行妥善处理。木基层表面的含水率一般不大于12%。

（2）操作工艺

工艺流程：基层处理→润色油粉→满刮油腻子→涂刷油色→涂刷第一遍清漆（涂刷清漆→修补腻子→修色→磨砂纸）→涂刷第二遍清漆→涂刷第三遍清漆

基层处理：首先将木料表面上的灰尘、油污、斑点、胶迹等用刮刀或碎玻璃片刮除干净，注意不要刮出飞边；然后用上砂纸顺木纹打磨，先磨线角、裁口；后磨四口平面，直到光滑为止。

润色油粉：用质量配合比为腻子粉：松香水：熟桐油＝24：16：2的混合料搅拌成色油粉（颜色同样板颜色），盛在小油桶内。用棉丝蘸油粉反复涂于木料表面，擦过木料鬃眼内；

然后用麻布或“木丝”擦净，线角应用竹片除去余粉。注意构件的连接件上不得沾染油粉。待油粉干后，用砂纸轻轻顺木纹打磨，先磨线角、裁口；后磨四口平面，直到光滑为止。注意保护棱角，不要将鬃眼内的油粉磨掉。磨光后将磨下的粉末、灰尘擦净。

满刮油腻子：抹腻子的质量配合比为石膏粉∶熟桐油∶水 =20∶7∶50，并加颜料调成油色腻子（颜色浅于样板1~2色）。要注意腻子的油性不可过大或过小，如油性过大，涂刷时不易浸入木质内；如油性过小，则易钻入木质内，使油色不易均匀。用牛角板将腻子刮入钉孔、裂纹、鬃眼内，刮抹时要“横抹竖起”，如遇接缝或节疤较大时，应用牛角板将腻子挤入缝内，然后抹平。腻子一定要刮光，不得残留。待腻子干透后，用砂纸轻轻地顺木纹打磨，先磨线角、裁口；后磨四口平面。注意保护棱角，来回打磨至光滑为止。磨光后应将磨下的粉末擦净。

涂刷油色：先将铅油（或调合漆）、汽油、光油、清油等混合在一起过箩（颜色同样板颜色），然后倒在小油桶内；使用时应经常搅拌，以免沉淀造成颜色不一致。

【提示】涂刷油色时，应从外至内，从左至右，从上至下进行，顺着木纹涂刷。因油色干燥较快，所以涂刷油色时动作应敏捷，要求无缕无节，横平竖直。涂刷油色时刷子要轻飘，避免出现刷绺。油色涂刷后，要求木材色泽一致，而又不盖住木纹，所以每一个刷面一定要一次刷好，不留接头，两个刷面的交接棱口不要互相沾油（沾油后要及时擦掉）。

涂刷第一遍清漆：涂刷方法与涂刷油色相同，但涂刷第一遍用的清漆应略加一些稀料以便快干。因清漆粘性较大，最好使用已用出刷口的旧刷子，涂刷时要注意不流、不坠，涂刷均匀。待清漆完全干透后，用旧砂纸彻底打磨一遍，将头遍清漆面上的光亮基本打磨掉，再将粉尘擦净。

修补腻子：一般要求涂刷油色后不抹腻子，特殊情况下可以使用油性略大的带色石膏腻子修补残缺不全处；操作时必须使用牛角板刮抹，不得损伤漆膜，腻子要收刮干净，光滑无腻子疤。

修色：木料表面上的黑斑、节疤、腻子疤和材色不一致处，应用漆片、酒精加色调配（颜色同样板颜色），或用由浅到深的清漆、调合漆和稀释剂调配，进行修色；材色深的应修浅，浅的应提深，将深浅色的木料拼成一色，并绘出木纹。

磨砂纸：使用细砂纸轻轻地往返打磨，然后擦净粉末。

涂刷第二遍清漆：应使用原桶清漆（不加稀释剂），涂刷方法同前，但涂刷动作要敏捷。清漆应涂刷得饱满一致，不流不坠，光亮均匀，刷完后再仔细检查一遍，有问题要及时纠正。涂刷此遍清漆时，周围环境要整洁，宜暂时禁止通行。

涂刷第三遍清漆：待第二遍清漆干透后，首先要进行磨光，然后过水布，最后涂刷第三遍清漆（涂刷方法同前）。

完工后的木亭如图5-30所示。

图5-30 完工后的木亭

【考核与评价】

单元考核与评价见表5-4。

表5-4 单元考核与评价

考核内容	考核要求与标准（100分）	学生自我评价	教师评价
1. 木作工程	（1）骨架所用木材的树种、材质等级、含水率必须符合设计要求和相关规定（5分） （2）加工时需留好干缩量，以满足构件尺寸要求（5分） （3）在加工成型后，用墨线弹出中心通线，以便以后安装需要（10分）		
2. 模板工程	（1）模板及其支架必须具有足够的强度、刚度和稳定性，其支撑部分应有足够的支撑面积，如安装在基土上，基土必须坚实，并有排水措施（10分） （2）模板接缝处应严密，预埋件应安置牢固；缝隙不应漏浆，缝隙宽度应小于1.5mm（5分） （3）模板与混凝土的接触面应清理干净，脱模剂应涂刷均匀，不得漏刷或沾污钢筋（5分）		
3. 钢筋工程	（1）钢筋的品种和质量必须符合设计要求和有关标准的规定（5分） （2）钢筋的表面必须清洁。带有颗粒状或片状锈蚀，且经除锈后仍留有麻点的钢筋，严禁按原规格使用。钢筋表面应保持清洁（5分） （3）钢筋的规格、形状、尺寸、数量、锚固长度、接头位置，必须符合设计要求和施工规范的规定（5分） （4）钢筋对焊接头的机械性能，必须符合钢筋焊接及验收的规定（10分）		
4. 混凝土工程	（1）按标准对混凝土进行取样、制作、养护和试验，评定混凝土强度是否符合设计要求（5分） （2）混凝土应振捣密实，不得有蜂窝、孔洞、露筋、缝隙、夹渣（10分）		
5. 涂装工程	涂装工程的等级和材料品种的质量应符合设计要求和有关标准的规定（10分） 涂装工程严禁出现脱皮、漏刷、斑迹等缺陷（10分）		

【知识链接】

1. 亭的类型

在众多类型的亭中，方亭最常见，它简单大方；圆亭更秀丽，但额坊挂落和亭顶都是圆的，施工要比方亭复杂。在亭的类型中还有半亭、独立亭和桥亭等，多与走廊相连，依壁而建。亭的平面形式有方形、长方形、五角形、六角形、八角形、圆形、梅花形、扇形等。亭顶除攒尖以外，歇山顶也相当普遍。根据材料分类，亭又可分为木亭、钢亭、草亭、石亭等。

2. 亭的基本构造

景亭一般由亭顶、亭柱（亭身）、台基（亭基）三部分组成。亭的结构繁简不一，但一般较简单，即使传统的木结构亭施工上较繁杂一些，但其各部分的构件可按设计样式预制而成，使亭的结构及施工均较为简便，造价经济合理。尤其是亭的建造，以前多采用竹、木、砖、瓦等地方性传统材料，如今更多的是用钢筋混凝土或兼以轻钢、铝合金、玻璃钢、镜面玻璃、充气塑料等新材料组建而成。

（1）亭顶

亭的顶部梁架可用木材制成，也可用钢筋混凝土或金属铁架等。亭顶一般分为平顶和尖顶两类，其形状有方形、圆形、多角形、仿生形、十字形和不规则形等。顶盖的材料则可用瓦片、稻草、茅草、树皮、木板、树叶、竹片、柏油纸、石棉瓦、塑胶片、铝片等。

（2）亭柱和亭身

亭柱的结构因材料而异。制作亭柱的材料有钢筋混凝土、石料、砖、树干、木材、竹竿、钢木等。亭一般无墙壁，故亭柱在支撑顶部重量及美观要求上都极为重要。亭身大多开敞通透，置身其间有良好的视野，便于眺望、观赏。柱间下部常设半墙、坐凳或鹅颈椅，供游人坐憩。柱的形式有方柱（海藻柱、长方柱、下方柱等）、圆柱、多角柱、梅花柱、瓜楞柱。柱可多段合成或雕成各种花纹以增加美观。

（3）台基

台基（亭基）多以混凝土为材料，若地上部分的负荷较大，则需加钢筋、地梁；若地上部分负荷较轻，如用竹柱、木柱盖以稻草的亭，则仅在亭柱部分掘穴以混凝土作为基础即可。不同形式和材质的景亭，其结构做法也不同。

3. 其他种类亭的施工注意事项

（1）草亭施工

草亭可就地取材，做法自然亲切，充分利用地方材料，柱可采用树干，如松杉、棕榈等（现常用钢筋混凝土仿树建造），体现自然、朴实、粗犷的质感。额枋、挂落、坐凳可用半个圆木取代，或用棕榈树干做成（匾额宜稍精致一些）。攒尖式亭顶宜用直径50～100mm的树棍或竹竿间隔200mm左右做桁椽，构成亭顶骨架；再以花纹竹席打底，铺一层油毡防水，竹片压条顺水间隔200mm，钢丝绑扎；最上层可用茅草或稻草覆盖，竹篾绑扎（目前也有用仿茅草的加气中空水泥浆拉抹做成草顶盖的尝试，效果不错）。

基础可用预制混凝土块，预埋2～50mm的燕尾扁铁，扁铁上留出14mm的孔；再以2个$\phi12$对销螺栓固定即可。

就地取材的野趣式草棚、自然式草堂和海滨浴场的草亭（图5-31），都是比较优秀的作品。

图5-31　海滨浴场的草亭

（2）石亭施工

石亭多为仿木结构，但因石材本身的材质，导致施工构造有一定的局限性，形成其独特的特征——“石堆积木”，颇具技巧。其特点有以下几点：

1）装配式搭置，有利于用混凝土预制品代用。

2）以直代曲，甚为简洁。以简代繁，代替原来木结构所需复杂的多个构件；以缓代陡，便于施工架设。石亭的亭面粗犷古朴，这是因为石材的抗弯性能差，加工所需构件粗大所导致的外观效果。石亭多用花岗石和混凝土石建造，强度高，加工还属方便。石亭的柱截面多用棱柱或海棠柱，下贯地栿，上与檐额枋相连，再加普柏枋。在栌斗上置明栿，栿正中安置栌斗，斗上覆盘石，分置大角梁、斜栿各四，再铺上石板屋面即可。

3）亭顶构造多用叠涩、挑梁、过梁、角梁等方式。

4）歇山式石亭则仍可仿用木结构的抹角梁和搭角梁，借助于童柱完成翼角起翘而构成。

（3）竹亭施工

竹亭多仿木结构，但结构更纤巧，选用毛竹作为受力构件，直径一般为60~100mm。在搭接的接头处，内填直径相当的圆木，以免受力时产生应力集中而破裂。在构造或非受力构件中，竹的直径多取20~50mm。

竹亭亭顶的构造有两种做法：

1）仿木结构：主要采用伞法或大梁法。

2）门式构架法：采用梁柱相连，辅以钉、铆的方法建造。主要受力构件用直径为100mm的毛竹弯成。

在施工中通常要注意以下几点：

1）木结构亭的显著特点是具有榫节，柱须以榫结入，柱下端一般加须弥座处理。

2）柱间可以用园椅（美人椅）、挂落相连接。

3）少数有底板的亭子，柱间以梁板处理。

4）木结构的处理，木材要蒸（浸）去皮，木材成料以桐油处理两遍，亮漆（光漆）处理两遍。

5）竹料在使用过程中，尽量不要用铁钉，因为铁钉易生锈。

6）由于木结构自身受材料的影响和限制，其成品的体量一般较小。

7）木结构易受白蚁等虫害，在后期的养护中要增加涂装工序；也可以用石灰水多次防腐，但应用较少。

8）木、竹结构亭易燃，对消防有特殊的要求。

9）竹材必须选用节短、肉厚、质坚、表面光滑的竹材制作，且要符合设计要求。

10）榫眼应选在竹节处。

（4）仿竹木和仿树皮亭施工

亭采用仿竹和仿树皮装修，工序简单，具有自然野趣，可不使用木模板，造价低，工期短。

施工工艺：在砌好的地面台座上，将成型的钢筋放置就位，焊接成网片，进行空间吊装就位，并与周围从柱头及面板上皮甩出的钢筋焊接牢固；再满铺钢板网一层，并与下面的钢筋网片焊接牢固。在钢板网的上下同时抹水泥麻刀灰1遍，再堆抹C20细石混凝土（坍落度为0~2mm），并压实抹平，同时用1:2.5水泥浆找平；并将各个方向的坡度找顺、找直、找平，分两次，各抹1mm厚的水泥砂浆，压光。

仿竹亭装修：将亭顶屋面坡分成若干竹垅，截面仿竹搭接成宽100mm、高60~80mm、间隔100mm的连续曲波形。自宝顶往檐口处，用1:2.5水泥浆堆抹成竹垅，表面抹彩色水泥浆，厚2mm，压光出亮；再分竹节、抹竹芽，将亭顶脊梁做成仿竹竿或仿拼装竹片。做竹节时，加入盘绕的石棉纱绳会更逼真。

仿树皮亭装修：顺亭顶坡分3～4段，弹线。自宝顶向檐口处按顺序压抹仿树皮色水泥浆，并用工具使仿树皮纹路翘曲自然，按槎通顺。

角梁戗背可仿树干，不必太直，略有弯曲；做好节疤，画上年轮。做假树桩时可另加适量棕麻，用薄钢板拉出树皮纹。

神似和合适的尺度是钢筋混凝土材料在园林传统建筑中的运用的关键，逼真的外观不仅要靠合适的尺度，还要求精致的细部处理和优良的施工质量，而不是粗糙的装模作样，该用木材处还得用木材等传统材料（如挂落、扶手、小木作等）。

(5) 蘑菇亭施工注意事项

蘑菇亭粗看如同厚边平板亭，实际上蘑菇亭的檐口深而下垂，构造大小相同，有时还要在亭顶的底板下做出菌脉，即可利用轻钢构架外加水泥抹面仿生做成；灵芝菌亭的边缘呈多折面，因此组成的搁架也是多折式，中心用法兰节头钢管套于柱顶即成。

【工程案例】

某小区钢结构亭的施工（图5-32）

1. 工艺流程

清场→基坑开挖→基础工程→成型钢构件焊接→除锈→金属饰面

2. 各分部分项工程施工要点

该工程与木质构件有些相同，在此只介绍与前一节不同的部分。

(1) 成型钢构件操作工艺

焊接的工艺流程：作业准备→电弧焊接（平焊、立焊、横焊、仰焊）→焊缝检查

1) 钢结构电弧焊接

平焊：选择合适的焊接工艺、焊条直径、焊接电流、焊接速度及焊接电弧长度等，通过焊接工艺试验验证。

图5-32 钢结构亭

清理坡口：焊前检查坡口、组装间隙是否符合要求，定位焊是否牢固，焊缝周围不得有油污、锈物。

烘焙焊条应符合规定的温度与时间，从烘箱中取出的焊条应放在焊条保温桶内，边用边取。焊接电流：根据焊件厚度，焊接层次，焊条型号、直径，及焊工熟练程度等因素，选择适宜的焊接电流。

钢结构亭工程的涂装应在钢结构安装验收合格后进行。油漆涂刷前，应将需涂装部位的铁锈、焊缝药皮、焊接飞溅物、油污、尘土等杂物清理干净。为了保证涂装质量，根据不同需要进行除锈工艺。

2) 底漆涂装。调制红丹防锈漆，控制油漆的黏度、稠度、稀度，兑制时应充分搅拌，

使油漆的色泽、黏度均匀一致。

涂刷第一层底漆时，涂刷方向应该一致，接槎整齐。涂刷时应采用勤蘸、短刷的原则，防止刷子带漆太多而流坠。待第一遍涂刷完后，应保持一定的时间间隙，防止第一遍未干就涂刷第二遍，这样会使漆液流坠起皱，质量下降。待第一遍漆干燥后，再涂刷第二遍，第二遍的涂刷方向应与第一遍的涂刷方向相垂直，这样会使漆膜的厚度均匀一致。底漆涂装后应过4h后才能表干，表干前不应涂装面漆。

3）面漆涂装。建筑钢结构涂装底漆与面漆时，一般中间间隙的时间较长。钢构件涂装防锈漆后送到工地去组装，组装结束后才统一涂装面漆。这样，在涂装面漆前需对钢结构表面进行清理，清除杂物，对缺失漆层的构件还应预先补漆。应选择颜色完全一致的面漆，兑制的稀料应合适，面漆使用前应充分搅拌，保持色泽均匀。其工作黏度、稠度应保证涂装时不流坠，不显刷纹。

面漆在使用过程中应不断拌和，涂刷的方法和方向与上述工艺相同。涂装工艺采用喷涂施工时，应调整好喷嘴口径、喷涂压力；喷枪胶管能自由拉伸到作业区域，空气压缩机的气压应在$0.4 \sim 0.7N/mm^2$。

喷涂时应保持好喷嘴与涂层的距离，一般喷枪与作业面的距离应在100mm左右，喷枪与钢结构基面的角度应该保持垂直（以喷嘴略为上扬为宜）。喷涂时喷嘴应该平行移动，移动时应平稳，速度一致，保持涂层均匀。喷涂的涂层厚度一般较薄，故应多喷几遍，喷涂时每层应待上层漆膜已经完全干燥时进行。

4）涂层检查与验收。表面涂装施工时和施工后，应对涂装过的工件进行保护，防止飞扬尘土和其他杂物。涂装后的处理检查，应该是涂层颜色一致，色泽鲜明光亮，不起皱，不起疙瘩。

涂装漆膜厚度的测定，用触点式漆膜测厚仪测定漆膜的厚度，漆膜测厚仪一般测定3点的厚度，取其平均值。

（2）成品保护

1）焊后不准撞、砸接头，不准往刚焊完的钢材上浇水。

2）不准随意在焊缝外的母材上引弧。

3）各种构件校正好之后方可施焊，并不得随意移动垫铁和卡具，以防造成构件尺寸的偏差。隐蔽部位的焊缝必须办理完隐蔽验收手续后，方可进行下道隐蔽工序。

4）钢构件涂装后应加以临时围护隔离，防止损伤涂层。

5）钢构件涂装后，在4h之内如遇有大风或下雨天气时，应加以覆盖，防止粘染尘土和水汽，影响涂层的附着力。

6）涂装后的钢构件不得接触酸类液体，防止损伤涂层。

（3）应注意的质量问题

1）尺寸超出允许偏差：对于焊缝的长度、宽度、厚度不足，中心线偏移，以及弯折等偏差，应严格控制焊接部位的相对位置尺寸，合格后方可焊接，焊接时应精心操作。

2）焊缝裂纹：为防止产生裂纹，应选择合适的焊接参数和施焊程序，避免使用过大电流，不要突然熄火；焊缝接头应搭接10～15mm，焊接中不允许搬动、敲击焊件。

3）表面气孔：焊条按规定的温度和时间进行烘焙，焊接区域必须清理干净；焊接过程中选择适当的焊接电流，降低焊接速度，使熔池中的气体完全逸出。

4）焊缝夹渣：多层施焊应层层将焊渣清除干净，操作中应运条正确，弧长适当，并注意熔渣的流动方向。

5）涂层作业的环境温度以5～38℃为宜，当环境温度高于40℃时，应停止涂层作业（因构件温度超过40℃时，钢材表面的油漆会产生气泡，降低漆膜的附着力）。

6）当空气湿度大于85%，或构件表面有结露时，不宜进行涂层作业。

7）钢构件制作前，应对构件的隐蔽部位及结构夹层难以除锈的部位提前除锈、提前涂刷。

【思考与练习】

1. 亭基础的施工如何进行钢筋的绑扎和混凝土的浇筑？
2. 木结构亭的木构件在涂装时需要注意哪些问题？
3. 钢构件在焊接时应该注意的事项有哪些？
4. 简述琉璃瓦屋面处理的施工工艺。
5. 亭的基本构造包含哪些，在其施工流程中不同结构亭的施工区别在哪里？

任务4　花架的施工

【技能要求】

1. 能根据花架的类型挑选材料。
2. 熟悉常见花架的施工程序。
3. 能对双柱花架工程进行施工。

花架是在园林绿地中，利用藤本植物装饰、美化建筑棚架的一种垂直绿化形式，既可供游人歇息、游览、赏景；也可以与亭、廊、水榭等结合，组成外形美观的园林建筑群。它是以植物材料为顶的廊，既具有廊的功能，又比廊更接近自然、融合于环境之中。花架布局灵活多样，尽可能由所配置植物的特点来构思。花架的形式有条形、圆形、转角形、多边形、弧形、复柱形等。花架常用的建筑材料有竹木材、钢筋混凝土、石材和金属材料等多种。竹木材朴实、自然、廉价、易于加工；但耐久性差，竹木材限于强度及截面尺寸，梁、柱间距不宜过大。钢筋混凝土既可根据设计要求浇筑成各种形状；也可做成预制构件，现场安装，灵活多样，经久耐用，使用最为广泛。石材厚实耐用；但运输不便，常用块料作为花架柱。金属材料轻巧易制，构件截面及自重均较小，采用时要注意使用地区和选择攀援植物的种类，以免损伤嫩枝叶，并应经常进行养护，以防发生腐蚀。

【工作流程】

花架施工流程如图5-33所示。

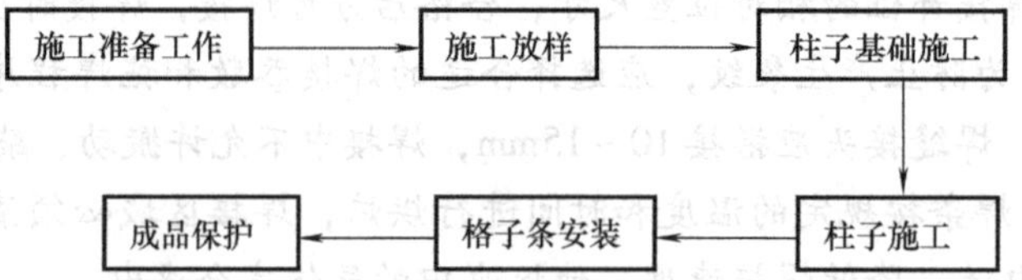

图5-33　花架施工流程

步骤一：施工准备工作

安装前要按设计图样翻出样图和节点大样，高低平面处理及收头要预先复核图样。基层表面应平整、光洁、干燥、不起灰，安装前应清扫干净；同时，柱子的间距应严格按设计图样的要求取值。施工材料要求如下：

1）碎石垫层采用粗细均匀的碎石，应分铺均匀，含泥量不大于10%。石料含泥量过高应用水冲洗。

2）钢筋混凝土采用中粗砂，硅酸盐水泥，2～4cm的碎石集料（含泥量不大于3%）。钢筋应按图样进行设计，并做好隐检手续，按现行施工规范要求进行养护。

3）砌体完工阶段应防止雨水冲刷砌体。

4）所有材料有出厂合格证。

5）砂浆的品种及强度必须符合设计要求。

6）转角处必须同时浇筑。

7）混凝土的强度等级按图样设计要求确定，并做好强度检验。

8）钢筋、焊缝要满足施工规范和设计的要求。

步骤二：施工放样

根据基础平面图及开挖深度等计算开挖坡度，定出开挖边线的位置。用水准仪把相应的标高引测到水平桩或轴线桩上，并做好标志。基坑开挖后，基坑开挖的宽度应通线校核，坑底强度和水平标高校核无误后，再把轴线和标高引至基坑，在垫层面上放出基础平面尺寸及地梁位置。基础模板完成后，应按设计图样校核模板安装的几何尺寸及预留孔洞、管道预埋件的位置等，在模板的周边放出基础面的标高线，并用钉子或红漆做好标志。柱的轴线和边线标在延长基础边线外，以方便复核。基础完成后，把轴线引测至基础面，并按施工图放出有关的柱等截面尺寸线。

步骤三：柱子基础施工

采用混凝土基础或现浇混凝土做成的花架或花架式长廊，如施工环境多风、地基不良或要种植瓜果类植物，因其荷载加大，容易产生破坏，因此施工时多用“地龙”，以提高抗风抗压力。

“地龙”是基础施工时加固基础的一种施工方法。施工时，柱基坑不是单个挖方，而是所有柱基均挖方，成一坑沟（深度一般为60cm，宽60～100cm）。打夯后，在沟底铺一层素混凝土，厚15cm，稍干后配钢筋（需连续配筋）；然后按柱所在位置焊接柱配钢筋。在沟内填入大块石，用素混凝土填充空隙，最后在其上再浇1遍混凝土；保养4～5d后可进行下道工序。

步骤四：柱子施工

柱基部分采用C25钢筋混凝土基础，采用Φ10@150钢筋网进行绑扎时，四周两行钢筋的交叉点应每点扎牢。浇筑混凝土前应对模板浇水湿润，柱模板的清扫口在清扫后应封闭。混凝土的自由倾落高度不宜超过2m，因此在浇筑柱时应在柱的中部开设门洞；使用插入式振动棒应快插慢拔，插点要均匀排列，逐点移动，按顺序进行，不得遗漏，做到均匀振实。

混凝土浇筑时应派专人检查钢筋、预留洞、预埋件、插筋等有无移位、堵塞情况，发现问题应及时修整完毕。待混凝土浇筑后加入320mm×320mm预埋件（8mm厚），保养3～4d后将100mm×100mm方钢管（5mm厚）焊接在预埋件上，要注意检查方钢管的垂直度。方钢管涂刷带颜色的涂料时，配料要合适，保证整个花架都用同一批涂料，并且涂料宜一次用完，确保颜色一致。柱基根据设计图采用花岗石贴面，注意转角处的接缝处理；最后根据设计图将防腐木条用螺钉固定在方钢管上。涂装工程严禁出现脱皮、漏刷、斑迹等缺陷。

【提示】钢结构在焊接前要检查坡口、组装间隙是否符合要求，定位焊是否牢固，焊缝周围不得有油污、锈物。角焊缝起、落弧点应在焊缝端部，宜大于10mm，不应随便打弧。对接焊缝及对接和角接组合焊缝，在焊缝两端设引弧板和引出板，必须在引弧板上引弧后再焊到焊缝区；中途接头则应在焊缝接头前方15～20mm处打火引弧，将焊件预热后再将焊条退回到焊缝起始处，把熔池填满到要求的厚度后，方可向前施焊。

步骤五：格子条安装

对于竹木花架、钢花架可在放线且夯实柱基后，直接将竹、木、钢管等正确安放在定位点上，并用水泥砂浆浇筑。水泥砂浆凝固并达到强度后，再沿着柱子排列的方向布置梁，进行格子条施工，修整清洁后，最后进行装修刷色。对于混凝土花架，现浇、装配均可。

花架上部格子条的截面常为50mm×(100～160)mm，间距为200mm，两端外挑400～450mm，内跨径常为2700mm、3000mm或3300mm。为减少构件的尺寸及节约粉刷，可用高强度等级混凝土浇捣，一次成型后刷色即可。修整清理后，最后按要求进行装修。有时，花架上部不搁置小横梁而改用平板或开孔斜板，但孔口开洞处应配置洞口附加钢筋。

【提示】花架纵梁的截面一般为80mm×(160～180)mm，可分别根据施工构造情况，按简支梁或连续梁设计。纵梁收头处的外挑尺寸常取750mm，内跨径则在3000mm上下。悬臂挑梁除了满足受力要求外，还有起拱和上翘要求，以满足视觉效果。一般起翘高度为60～150mm（根据悬臂长度而定），搁置在纵梁上的支点可采用1～2个。混凝土柱现浇、预制均可，截面一般控制在150mm×150mm或150mm×180mm；若用圆柱，则直径为160mm左右。

装修时，格子条可采用已进行防腐处理的菠萝格。

另外，对于砖石花架，花架柱在夯实地基后以砖块、石板、块石等虚实对比或镂花砌筑，花架纵、横梁用混凝土斩假石或条石制成。块石柱截面大于350mm×350mm，砖柱宽大于240mm×240mm，石柱勾缝有平、凸、凹之分，也可以做清水砖柱。

图5-34　花架成品保护

步骤六：成品保护（图5-34）

1）混凝土未达到规范规定的拆模强度时，不得提前拆模，否则会影响混凝土的质量。

2）预制的构件在运输、保管和施工过程中，必须采取措施防止损坏。

3）拆除架子时注意不要碰坏柱子和格子条。

4）花架刷色前首先清理好周围环境，防止尘土飞扬，影响刷色质量。

5）刷色完成后应派专人负责看管，禁止摸碰。

6）对已完工工程应进行保护，若施工时被污染应立即清理干净。

【考核与评价】

单元考核与评价见表5-5。

表5-5 单元考核与评价

考核内容	考核要求与标准（100分）	学生自我评价	教师评价
1. 木作工程	（1）骨架所用木材的树种、材质等级、含水率必须符合设计要求和相关规定（5分） （2）加工时需留好干缩量，以满足构件尺寸要求（5分） （3）在加工成型后，用墨线弹出中心通线，以便以后安装需要（5分）		
2. 模板工程	（1）模板及其支架必须具有足够的强度、刚度和稳定性，其支撑部分应有足够的支撑面积，如安装在基土上，基土必须坚实，并有排水措施（10分） （2）模板接缝处应严密，预埋件应安置牢固；缝隙不应漏浆，缝隙的宽度应小于1.5mm（10分） （3）模板与混凝土的接触面应清理干净，脱模剂应涂刷均匀，不得漏刷或沾污钢筋（5分）		
3. 钢筋工程	（1）钢筋的品种和质量必须符合设计要求和有关标准的规定（10分） （2）钢筋的表面必须清洁。带有颗粒状或片状锈蚀，且经除锈后仍留有麻点的钢筋，严禁按原规格使用。钢筋表面应保持清洁（10分） （3）钢筋的规格、形状、尺寸、数量、锚固长度、接头位置，必须符合设计要求和施工规范的规定（10分） （4）钢筋对焊接头的机械性能必须符合钢筋焊接及验收的规定（10分）		
4. 混凝土工程	（1）按标准对混凝土进行取样、制作、养护和试验，评定混凝土强度是否符合设计要求（5分） （2）混凝土应振捣密实，不得有蜂窝、孔洞、露筋、缝隙、夹渣（5分）		
5. 涂装工程	（1）涂装工程的等级和材料品种质量应符合设计要求和有关标准的规定（5分） （2）涂装工程严禁出现脱皮、漏刷、斑迹等缺陷（5分）		

【知识链接】

1. 花架的基本构造

花架造型丰富，其造型变化多体现在顶架的形式，可采用传统的屋架造型，更可采用各种新结构造型，以体现新结构千姿百态之美。花架大体由柱子和格子条构成。柱子的材料可分为木柱、铁柱、砖柱、石柱、水泥柱、钢木柱等。柱子一般可用混凝土做基础；柱顶端加附格子条，其材料一般为木条（也可用竹竿、铁条），格子条主要由横梁、椽、横木组成。

2. 花架的分类

花架常用的分类方式：一是按结构形式分，二是按平面形式分，三是按施工材料分，四是按上部结构受力分。

（1）按结构形式分类

1）单柱花架。单柱花架是在花架的中央布置柱，在柱的周围或两柱之间设置休息椅凳，供游人休息、聊天、赏景。

2）双柱花架。双柱花架又称为两面柱花架，即在花架的两边用柱子进行支撑，并且布置休息椅凳，游人可在花架内漫步游览，也可坐在其间休息。

（2）按平面形式分类

按平面形式分类有直线形、曲线形、三角形、四边形、五边形、六边形、七边形、八边形、圆形、扇形以及其他的变形图案。

（3）按施工材料分类

按施工材料分类一般有木制花架、竹制花架、仿竹制花架、混凝土花架、砖石花架、钢质花架等。木制、竹制与仿竹制花架整体比较轻，适于屋顶花园选用，也可用于营造自然灵活、富有生活气息的园林小景。钢质花架富有时代感，且空间感较强，适于与现代建筑相搭配，在某些水景平台上采用效果也很好。混凝土花架寿命长，且能有多种色彩，样式丰富，可用于多种设计环境。

（4）按上部结构受力分类

1）简支式。简支式多由两根支柱、一根横梁组成悬臂式，又分为单挑和双挑。

2）拱门钢架式。拱门钢架式的材料多由钢筋、轻钢、混凝土组成。

3. 花架的功能特点

花架是攀援植物的支架，那么使植物得到充分的光照及通风条件，保证植物的正常生长，就是花架本身最重要的功能（因为植物所提供的生态效益比起花架体的造型美对提高城市环境的质量具有更重要的意义）。

花架是一个空透的游憩空间，尤其在植物生长季节，花架可以提供一个理想的休息及观赏周围景物的场所；但是花架虽能较好地解决遮阳问题，但不能避风雨，门架及篱架也不能完全代替门及实体墙的安全保护作用，所以花架的建筑功能具有一定的局限性。

花架可以用来引导交通或阻止车行，在园林中可以构成一个绿色步廊式的导游线。

花架可以作为景框使用，将园中的最佳景色收入画面。花架也可以遮挡陋景，用花架的墙体或基础把园内既不美又不能拆除的构筑物如车棚、人防工事的顶盖等隐蔽起来。花架还可以用作划分空间和增加景深、层次的材料，是运用传统造园艺术手法的一种较理想的素材。

4. 花架应用的一般原则

由于花架的形式结构简单，虽然可以创造出不拘一格的建筑形式，但是因为花架要在不同的园林中起不同的作用，所以它的设计和运用也与公园设计一样，具有相应的规律性，必须给予应有的重视。

1）由于花架要为植物生长创造条件，所以花架位置的选择是十分重要的。按照所栽植物的生物学特性，确定花架的方位、体量，以及花池的位置及面积等，尽可能使植物得到良好的光照及通风条件。

目前，应用园林中的蔓生花架植物不下于几十种，由于它们的生长速度、枝条长短、叶和花的色彩形状各不相同，因此在使用花架时必须综合考虑所在公园的气候、地域立体条件、植物特性及花架在园林中的功能作用等因素。避免出现有架无花或花架的体量和植物的生长能力不相适应，致使花不能布满全架，以及花架面积不能满足植物生长需要等问题。

2）一般来讲，公共绿地中的花架须要突出它的组景、造景作用和提供游憩设施的功能，这是公共绿地的性质所决定的。公共绿地游人较多，需要充分利用一切设施为游人服务。公共绿地的绿化面积较大，花架在形态、体量、色彩及负载感上都较易与环境形成鲜明的对比，引起游人的注目，能够显著地表现花架组景、造景的美化艺术效果。

3）在专用绿地内，花架应当偏重于体现它装饰建筑空间和增加环境绿量的作用。因为专用绿地周围建筑的比重较大，要充分利用任何一块可能被利用的空间来增加绿量，以改善生态，美化和减弱建筑空间的呆板、枯燥形象。花架门、花架墙、花架廊等都是以弥补建筑空间的缺点和不足来创造花架的形式。

4）作为主景的花架，必须突出自身的风格艺术特点。使人感觉亲切的花架，首先要有一个适合于人活动的尺度，花架的柱高不能低于2m，也不要高出3m；廊宽也要在2～3m等。使人感到壮观的花架，也应在不失灵巧空透的前提下，与周围环境相协调的基础上，或以攀援植物的枝、叶、花、果繁茂取胜，或以廊架的引伸漫长、棚架的开阔壮观来体现。花架的造型美一般表现在线条、轮廓、空间组合变化方面，以及选材和色彩的配合上。但是造型美的集中表现，应当是对植物优美姿态的衬托，以及反映环境的宁静安详或热烈等特定的气氛方面，因此花架的造型不必刻意求奇，否则反倒喧宾夺主，冲淡了花架的植物造景作用。但却可以在线条、轮廓或空间组合的某一方面有独到之处，不失其为一个优美的主景花架。

5）园林中的配景花架受到各种条件的制约，在功能上要满足休憩和观赏周围景色的要求；在艺术效果上要衬托主景，强调主景与环境的过渡。花架的形式既要受环境条件的限制，又必须与主景相协调。在以水为主景的园林空间中，若以水面的辽阔平静取胜，那么花架的位置以临水为宜，它的色彩、线条、轮廓应当具有变化丰富的特点；花架的倒影既可点缀水面，又可衬托出水面的辽阔与安静。若以瀑布、喷泉、叠水为主景的动态水体，则花架就应当设置在观景最佳的角度及视距处，造型应当简洁，色彩比较淡雅，这种处理会使主景显得热烈而奔放。园林中以植物为主景时，花架的作用一般是以划分空间增加景深为主，色彩与线条要和绿色及植物的形态成鲜明的对比；以建筑为主景时，花架的作用一般是建筑的延续，作为强调建筑的某种符号来设置，所以其风格、色彩和形式都应当和建筑协调统一，但其以空透的立体及优美的植物姿态来装饰建筑的作用就显得十分突出。

【工程案例】

某木廊架施工方案

1. 施工流程

木材成型加工→芬兰木工序定型→施工现场放线→基础施工→现场安装→饰面工程

2. 各分部分项工程的施工要点

(1) 选料

本工程选用芬兰原木，该树种材质坚硬。

(2) 工程内容

本工程木廊架由柱、梁、格子条等构件组成（图5-35）。

1）制作方法。选用含水率不大于25%的原木，按设计尺寸预留干缩量（约6mm），画线、弹线、去荒、刨光。加工完毕，合理堆垛并加遮盖，进行自然干燥。待一段时间后，将芬兰木防腐、定型。

制作中应注意：画线一定要准确，锯削一定要谨慎细心，因为柱、梁是木廊架中的主要承重构件，截面虽然不大，但如果锯截不慎，刮削过量，会破坏结构的整体承重能力，无形中降低了建筑物的寿命。

图5-35　木廊架组成

2）放线。场地初平，按施工图样测设放线，撒好基槽灰线。这项工作对精度要求很高，以免以后构件安装时出现问题。在经自检合格后，要提请有关部门和建设单位验线，验线合格后才可正式开挖。

3）混凝土基础施工。沿灰线直边切出槽边的轮廓线，然后自上而下分层开挖。挖至槽底标高后，由两端轴线引桩拉通线，检查距槽边的尺寸，然后修槽、清底。雨季开挖必须处理好坑内排水和地面截水、降水、排洪工作。最简易的截水方法是利用挖出的土沿基坑四周或迎水面筑起高500~800mm的土堤，同时将地面水通过场地排水沟排出。做好抄平放线工作，弹好水平标高线，准确安置预埋件。

在地基或基土上清除淤泥和杂物，并应有防水和排水措施。对于干燥土应用水润湿，表面不得留有积水。混凝土浇筑应分层连续进行，分层厚度一般为振捣器作用部分长度的1.25倍，最大不超过50cm。使用插入式振捣棒时应快插慢拔，插点应均匀排列，逐点移动，顺序进行，不得遗漏，做到振捣密实。移动间距不大于振捣棒作用半径的1.5倍。振捣上一层时应插入下层5cm，以清除两层间的接缝。平板振动器的移动间距，应能保证振动器的平板覆盖已振捣部分的边缘。

浇筑混凝土时，应经常注意预埋件有无移动。当发现预埋件有变形、位移时，应立即停止浇筑，并及时进行处理，处理好后再继续浇筑。

混凝土振捣密实后，表面应用木抹子搓平。混凝土浇筑完毕后，应在12h内加以覆盖和浇水，浇水次数应能保持混凝土有足够的润湿状态。养护期一般不少于7d。

4）木构件安装

柱的安装：用托线板测垂直、校正标高，使柱的垂直度、水平度、标高符合设计要求，立即定位焊固定，然后焊接整条焊缝。

梁的安装：利用经纬仪准确定位，然后用承口螺栓联接梁、柱。

5）涂装工程

在室外高于3.6m处作业时，应预先搭设好脚手架，并以不妨碍操作为准。

首先将木料表面上的灰尘、油污、斑点、胶迹等用刮刀或碎玻璃片刮除干净，注意不要刮出飞边；然后用砂纸顺木纹打磨，先磨线角、裁口；后磨四口平面，直到光滑为止。

成色油粉（颜色同样板颜色）盛在小油桶内。用棉丝蘸油粉反复涂于木料表面，擦过木料鬃眼内；然后用麻布或“木丝”擦净，线角应用竹片除去余粉。注意构件的连接件上不得沾染油粉。待油粉干后，用砂纸轻轻顺木纹打磨，先磨线角、裁口；后磨四口平面，直到光滑为止。注意保护棱角，不要将鬃眼内的油粉磨掉。磨光后将磨下的粉末、灰尘擦净。

满刮油腻子：抹腻子的质量配合比为石膏粉∶熟桐油∶水＝20∶7∶50，并加颜料调成油色腻子（颜色浅于样板1～2色）。要注意腻子的油性不可过大或过小，如油性过大，涂刷时不易浸入木质内；如油性过小，则易钻入木质内，使油色不易均匀。用牛角板将腻子刮入钉孔、裂纹、鬃眼内，刮抹时要“横抹竖起”，如遇接缝或节疤较大时，应用牛角板将腻子挤入缝内，然后抹平。腻子一定要刮光，不得残留。待腻子干透后，用砂纸轻轻地顺木纹打磨，先磨线角、裁口；后磨四口平面。注意保护棱角，来回打磨至光滑为止。磨光后应将磨下的粉末擦净。

涂刷油色：先将铅油（或调合漆）、汽油、光油、清油等混合在一起过箩（颜色同样板颜色），然后倒在小油桶内；使用时应经常搅拌，以免沉淀造成颜色不一致。涂刷油色时，应从外至内，从左至右，从上至下进行，顺着木纹涂刷。因油色干燥较快，所以刷油色时动作应敏捷，要求无缕无节，横平竖直。涂刷油色时刷子要轻飘，避免出现刷绺。

油色涂刷后，要求木材色泽一致，而又不盖住木纹，所以每一个刷面一定要一次刷好，不留接头，两个刷面的交接棱口不要互相沾油（沾油后要及时擦掉）。

涂刷第一遍清漆：涂刷方法与涂刷油色相同，但涂刷第一遍用的清漆应略加一些稀料以便快干。因清漆粘性较大，最好使用已用出刷口的旧刷子，涂刷时要注意不流、不坠，涂刷均匀。待清漆完全干透后，用旧砂纸彻底打磨一遍，将头遍清漆面上的光亮基本打磨掉，再将粉尘擦净。

修补腻子：一般要求涂刷油色后不抹腻子，特殊情况下，可以使用油性略大的带色石膏腻子修补残缺不全处；操作时必须使用牛角板刮抹，不得损伤漆膜，腻子要收刮干净，光滑无腻子疤。

修色：木料表面上的黑斑、节疤、腻子疤和材色不一致处，应用漆片、酒精加色调配（颜色同样板颜色），或用由浅到深的清漆、调合漆和稀释剂调配，进行修色；材色深的应修浅，浅的应提深，将深、浅色的木料拼成一色，并绘出木纹。

磨砂纸：使用细砂纸轻轻地往返打磨，然后擦净粉末。

涂刷第二遍清漆：应使用原桶清漆（不加稀释剂），涂刷方法同前，但涂刷动作要敏捷。清漆应涂刷得饱满一致，不流不坠，光亮均匀，刷完后再仔细检查一遍，有问题要及时纠正。涂刷此遍清漆时，周围环境要整洁，宜暂时禁止通行。

涂刷第三遍清漆：待第二遍清漆干透后，首先要进行磨光，然后过水布，最后涂刷第三遍清漆（涂刷方法同前）。

【思考与练习】

1. 花架柱基施工浇筑混凝土需要注意的问题有哪些？
2. 简述钢结构花架与混凝土基础结合部的施工工艺处理方法。
3. 木花架的防腐防裂处理的重要性及施工工艺的重点是什么？

4. "地龙"的常见处理施工工艺中需要注意哪些环节？

5. 现场调查某公园或广场花架，写出其施工工艺方案及要点。

任务5 园桥的施工

【技能要求】

1. 能根据园桥的类型挑选材料。
2. 熟悉常见园桥的施工程序。
3. 能对钢梁园桥工程进行施工。

我国园林以自然山水为基本形式，其中水面一般占有相当大的比重，而组织与水有关的景观时，大多与桥的布局有关。"遇水架桥，逢山开路"，因此常用桥来组织水面的景观。园林中设置桥梁可以联系两岸交通，同时在观赏和景观方面也起着重要作用，所以园桥的形式非常丰富，制作也极为讲究。

【工作流程】

园桥施工流程如图5-36所示。

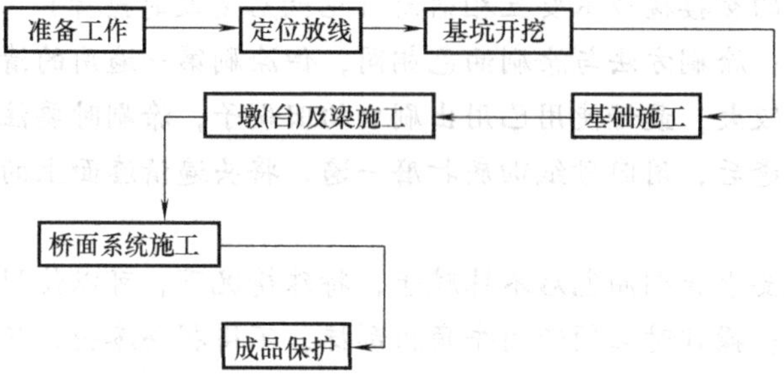

图5-36 园桥施工流程

【学习与操作】

园桥结构的类型有很多，有板梁柱式、悬臂梁式、拱券式、桁架式、悬索式。现以钢梁园桥（图5-37）为例分析其施工流程。

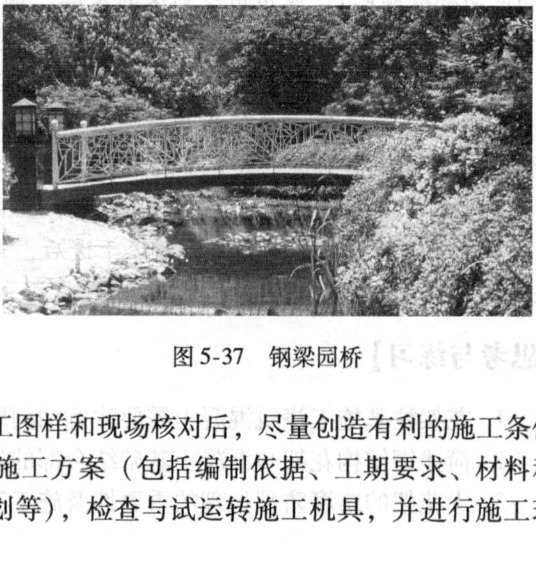

图5-37 钢梁园桥

步骤一：准备工作

在承接了施工任务后，在工程施工前应尽快检查设计图样和现场是否有出入，及时查缺补漏。通过熟悉设计文件、研究施工图样和现场核对后，尽量创造有利的施工条件以保证施工能如期完成。园桥施工前要制定施工方案（包括编制依据、工期要求、材料和机具数量、施工方法、劳动力安排、进度计划等），检查与试运转施工机具，并进行施工现场的清理。

【提示】根据施工现场的清理，要注意地下如果有电缆、管道或构筑物靠近开挖桥涵的基础时，应当与业主和监理单位及时沟通，确定桥涵位置是否与设计位置相符，同时要注意与园路之间的衔接。

步骤二：定位放线

根据施工图上园桥的定位进行现场测量，找到桥涵的中线并设置位置桩、水准点桩及必要的护桩。基坑各定位点的标高及开挖过程中的标高检查，应按一般水准测量方法进行，基础平面应根据土质、开挖深度确定的边坡及施工方式确定坑底工作面，从而放出开挖线。

步骤三：基坑开挖

基坑的开挖应根据桥的大小和河床中有无地表水等因素综合考虑。

一般小桥开挖基坑时，可用人工开挖，如果土质不易于稳定可采用有支撑的基坑，如加锚杆或锚桩；大、中型桥的基础工程，基坑深，平面尺寸大，挖方量也相应增加，可用挖掘机或半机械施工，以降低劳动强度和提高工作效益。当挖掘机挖至坑底时应保留不少于30cm 的厚度，在基础浇筑混凝土前应人工挖至基底标高。

水中基础的基坑开挖常采用围堰法。围堰顶高宜高出施工期间最高水位 70cm 以上，最少不应低于 50cm。围堰外形应适应水流排泄，大小不应压缩流水截面过多；堰身截面应保持有足够的强度和稳定性，使基坑开挖后围堰不发生破裂、滑动或倾覆。必要时在坑内的基础范围内设置排水沟和集水井，以人工或机械抽水降低地下水。

【提示】为了减轻基坑坡壁顶面的静荷载，沿基坑顶面周围至少在 1m 范围内不得堆置土方、物料。在基坑底部，为了施工方便应留有一定宽度的工作面，其宽度根据具体情况而定。基础挖至设计标高时应及时进行检验，检查基坑开挖的标高、尺寸是否满足设计规定的要求，符合后方可进行基础施工。

步骤四：基础施工

基础材料为混凝土。混凝土砌体采用挤浆法分层、分段进行砌筑，严禁采用灌浆法施工。分段位置宜设在沉降缝或伸缩缝处。砌块不得无砂浆直接接触，表面砌缝宽度不得大于2cm，两层间的竖向错缝不得小于 10cm。砌体表面的砂浆要饱满，砌缝要整齐。沉降缝应整齐、垂直，上下贯通，沉降缝要用沥青麻筋填塞密实后用沥青灌缝。如需设泄水孔，应严格按设计要求的位置和泄水孔规格设置泄水孔，确保泄水孔畅通。

混凝土砌体表面的勾缝采用与砌体砂浆同强度等级的砂浆进行勾缝。勾缝采用凹缝，缝宽 1.5 ~ 2.0cm（同一区段砌体的缝宽必须一致），缝深 0.8 ~ 1.0 cm。严禁使用低于砌体砂浆强度的砂浆进行勾缝。

砌筑完毕后要及时进行覆盖，并经常洒水保持湿润，常温下养护期不得少于 7d。特别是夏季，严禁新砌筑的砌体在高温下无覆盖暴晒，即使未砌筑完毕，当中午休息时间过长时，也要覆盖洒水养护，以免砂浆失去水分，影响强度。冬季严禁洒水养护，应采用保温膜、草袋等覆盖养护。

步骤五：墩（台）及梁施工

园桥混凝土基础的施工有安装墩（台）模板和混凝土浇筑两道工序。先根据设计要求选择相应的模板安装类型，并安装好模板。在墩（台）施工前，应将基础顶面冲洗干净，除去表面浮浆，在基础顶面放出墩（台）中线和墩（台）内、外轮廓线的准确位置。浇筑时应经常检查模板、钢筋及预埋件的位置和保护层厚度，确保位置正确，不发生变形。浇筑混凝土要连续操作，如中途停止，应按施工缝处理。脱模后表面不平整或有其他缺陷要予以修补（图 5-38）。

图 5-38　桥墩施工

园林中的桥台通常采用拱座式、U 型、轻型、箱式结构建造。如需搭设脚手架，脚手架应环绕墩（台）搭建，用以堆放石料、砌块和砂浆，并支承工人砌筑、镶面及沟缝。石砌墩（台）在砌筑前，应按设计实样挂线砌筑。形状比较复杂的墩，应先做出配料设计图，注名砌块尺寸；形状比较简单的墩，也要根据砌体高度、尺寸、错缝等，先行放样配好材料。台石块在使用前要湿润，应清洗干净，混凝土预制块均以砂浆粘接。所有的砌缝要求砂浆饱满。若用小块碎石填塞砌缝时，要求碎石周围都有砂浆。砌石顺序为先角石，再镶面，后填腹（填腹石的分层高度应与镶面相等）。园桥所使用的材料种类比较多，做法比较灵活，梁施工的做法可以根据不同的类型灵活处理。较为简单的做法是直接利用工字钢作为梁，在较平坦的岸坡用混凝土支承梁，在其中预埋螺栓，以便与大梁联接；在岸坡较陡处应改设木桩桥台。对于焊缝的长度、宽度、厚度不足，中心线偏移，以及弯折等偏差，应严格控制焊接部位的相对位置尺寸，合格后方可焊接，焊接时应精心操作。

步骤六：桥面系统施工

施工时将工字钢固定在岸边的桥墩上，下垫工字钢卧梁。卧梁上面板采用防腐木板，用螺栓和钉固定，两边再用钢管做成栏杆（图 5-39）。

钢梁的截面尺寸要根据载重量和跨度而定。一般游客人行桥当跨度为 5m 时，工字钢的型号采用 36a 或 36b，钢梁中距为 1500 ~ 2000mm；当跨度小于等于 3.5m 时，工字钢的型号采用 36a 或 36b，钢梁中距为 1000 ~ 1500mm。人行桥面板的厚度一般为 50mm。

图 5-39　桥梁施工

步骤七：成品保护

1）冬期施工应防止混凝土受冻，当混凝土达到规范规定的拆模强度后方可拆模，否则会影响混凝土的质量。

2）拆除模板时应按程序进行，禁止用大锤敲击，防止混凝土出现裂纹。

3）施工中不得污染成品，对已完成的工程应进行保护，若施工时被污染应即时清理干净。

4）严格按照施工顺序进行施工，少数工种（电、设备安装等）应优先施工，以防止损坏桥面。

其他注意问题

1）为避免桥墩（台）的位置发生偏差，在施工前要进行准确的复核。

2）地基一定要结实、坚固。

3）要合理选材。不同树种的木材强度和弹性模量各不相同，因此必须按设计要求选择木材。

4）模板安装前，先检查模板的质量，不符合质量标准的不得投入使用。

5）木材要选择抗拉强度好的种类。

6）天然石材品种多样，即使是同一种岩石，在材质上也有很大的差异，在具体应用时，可先做试验，慎重验算。

7）按先后顺序进行施工。

8）施工中听从指挥，注意施工安全。

9）选择材料时，应考虑承载跨度，并结合当时的水文和技术条件等认真考虑。

10）桥墩（台）要有深入地基的基础，上面应采用耐水流冲刷的材料。

11）拆模程序一般是后支的先拆，先支的后拆；先拆除非承重部分，后拆除承重部分；重大复杂模板的拆除，应预先制定拆模方案。

12）拆模时不要用力过猛、过急，拆下来的木料要及时运走、整理。

13）模板坚持每次使用后清理板面，涂刷脱模剂。

【考核与评价】

单元考核与评价见表5-6。

表5-6 单元考核与评价

考核内容	考核要求与标准（100分）	学生自我评价	教师评价
1. 混凝土基础	平面尺寸、基础底面标高的偏差为±50mm，轴线偏差小于25mm（20分）		
2. 墩（台）身砌体	墩（台）长、宽的偏差小于20mm；垂直度或坡度用垂线或经纬仪测量纵、横各2点，偏差小于0.3%；墩（台）顶面高程的偏差小于±10mm，轴线偏差小于10mm（20分）		
3. 梁、板安装	支座中心偏差小于5mm；用水准仪抽查梁、板顶面的纵向高程，偏差为+8～-5mm（20分）		

（续）

考核内容	考核要求与标准（100 分）	学生自我评价	教师评价
4. 桥面铺装	平整度不超出设计图要求 5mm（20 分）		
5. 栏杆安装	栏杆柱平面偏差，栏杆扶手平面偏差，栏杆柱顶面高差，栏杆柱纵、横向垂直度偏差，相邻栏杆扶手高差等符合图样要求，误差不超过 5cm（20 分）		

【知识链接】

1. 园桥的形式

（1）平桥

平桥有木桥、石桥、钢筋混凝土桥等。桥面平整，结构简单，平面形状为一字形。桥边常不做栏杆或只做矮护栏。桥体的主要结构部分是石梁、钢筋混凝土直梁或木梁，也常见直接用平整石板、钢筋混凝土板作为桥面而不用直梁的。

（2）平曲桥

平曲桥的基本情况和一般平桥相同。桥的平面形状不为一字形，而是左、右转折的折线形。根据转折数，可有三曲桥、五曲桥、七曲桥、九曲桥等。桥面转折多为 90°直角，但也可采用 120°钝角，偶尔还可用 150°转角。平曲桥的桥面设计以低而平的效果最好。

（3）拱桥

拱桥常见的有石拱桥和砖拱桥，少有钢筋混凝土拱桥。拱桥是园林中造景用桥的主要形式，其材料易得，价格便宜，施工方便；桥体的立面形象比较突出，造型可有很大变化；并且圆形桥孔在水面的投影也十分好看，因此拱桥在园林中应用极为广泛。

（4）亭桥

在桥面较高的平桥或拱桥上修建亭子，就做成亭桥。亭桥是园林水景中常用的一种景物，它既是供游人观赏的景物点，又是可停留其中向外观景的观赏点。

（5）廊桥

廊桥与亭桥相似，也是在平桥或平曲桥上修建风景建筑，只不过采用的是长廊形式。廊桥的造景作用和观景作用与亭桥一样。

（6）吊桥

吊桥是以钢索、铁链为主要结构材料（以前有用竹索或麻绳的），将桥面悬吊在水面上的一种园桥形式。吊桥吊起桥面的方式又有两种：一种是全用钢索、铁链吊起桥面，并作为桥边扶手；另一种是在上部用大直径钢管做成拱形支架，从拱形钢管上等距地垂下钢制缆索，吊起桥面。吊桥主要用在风景区的河面上或山沟上面。

（7）栈桥与栈道

架长桥为道路，是栈桥和栈道的根本特点。严格地讲，这两种园桥并没有本质上的区别，只不过栈桥更多地是独立设置在水面上或地面上，而栈道则更多地依傍于山壁或岸壁。

（8）浮桥

将桥面架在整齐排列的浮筒（或舟船）上，可构成浮桥。浮桥适用于水位常有涨落而又不便人为控制的水体中。

2. 园桥的基本构造

园桥由上部结构、下部支撑结构两大部分组成。上部结构包括梁（或拱）、栏杆等，是园桥的主体部分，既要求坚固耐用，又要美观。下部结构包括桥墩（台）等支撑部分，是园桥的基础部分，要求坚固耐用，耐水流的冲刷。桥墩（台）要有深入地基的基础，上面应采用耐水流冲刷的材料，还应尽量减少对水流的阻力。

3. 主要园桥类型施工要点

（1）石板桥

常用石板的宽度为0.7～1.5m，以1m左右为多，长度1～3m不等；石料不加修琢，仿真自然，也不设或只在单侧设栏杆。若游客流量较大，则并列加拼一块石板，宽度为1.5～2.5m（甚至可取3～4m）。为安全起见，一般都加设石栏杆，栏杆不宜过高（一般高度为450～650mm）。石板的厚度宜取200～220mm。

（2）石拱桥

园林桥多用石料，统称为石桥，以石砌筑拱券成桥，故称为石拱桥。石拱桥在结构上分为无铰拱与多铰拱。拱桥的主要受力构件是拱券，拱券由细料石榫卯拼接构成。拱券石能否在外荷载作用下共同工作，取决于榫卯方式与拱券石的砌置方式。

1）无铰拱的砌筑方式有以下几种：

① 并列砌筑。并列砌筑是将若干个独立拱券栉比并列，逐一砌筑合龙。一圈合龙，即能单独受力，并有助于毗邻拱券的施工。

并列砌筑的优点：一是简练安全，节省工料，便于维护，只要搭起宽0.5～0.6m的脚手架，便能施工；二是即使拱券一道或几道损坏倒塌，也不会影响全桥，对桥基的多种沉稳有较大的适应性。

② 横联砌筑。横联砌筑指拱券在横向交错排列的砌筑，拱券横向联系紧密，从而使全桥拱石的整体工作性显著加强。由于园桥建筑立面处理和用料上的需要，横联拱券又发展出镶边和框式两种。北京颐和园的玉带桥即为镶边横联砌筑，在拱券两外侧各用高级汉白玉石镶箍成拱券，全桥整体性好。框式横联拱券吸取了镶边横联拱券的优点，又避免了前者边券单独受力与中间诸拱无联系的缺点，使得拱桥内外券材料选用有差异，外券材料可高级些，而内券材料可稍差些，不影响拱桥相连成整体。施工时需要满堂脚架是镶边和框式横联拱券的共同缺点。

2）多铰拱的砌筑方式有以下几种：

① 有长铰石。有长铰石的每节拱券石的两端接头用可转动的铰来联系。具体做法是将宽600～700mm、厚300～400mm、每节长为1m左右的内弯的拱石板（即拱券石）上下两端凿成榫头，上端嵌入长铰石的卯眼（300～400mm）中，下端嵌入台石的卯眼中。靠近拱脚处的拱板石较长些，顶部则较短些。

② 无长铰石。无长铰石的两端直接琢制卯接以代替有长铰石的榫头。榫头要紧密匹配，接连面必须严紧合缝，外表看不出有榫头。

多铰拱的砌置，不论有无长铰石，实际上都应该使拱背以上的拱上建筑与拱券一起成为整体工作。

在多铰拱券砌筑完成后，在拱背两端各筑有间壁一道，即在桥台上垒砌一条长石作为间壁基石，再在基石之上竖立一排长石板，下端插入基石，上端嵌入长条石底面的卯槽中。间壁和拱顶之间另用长条石一对（300～400mm 的长方形或正方形），叠置平放于肩墙之上。长条石两端各露出 250～400mm 于肩墙之外，端部琢花纹，回填三合土（碎石、泥沙、石灰土）；最后在三合土上铺砌桥面石板、栏杆柱、栏板石、抱鼓石等。

3）毛石（卵石）砌筑。完全用不规则的毛石（花岗石、黄石）或卵砾石干砌的拱桥，是我国石拱桥的杰出之作。跨径多在 6～7m，截面多为变截面的圆弧拱。施工多用满堂脚手架或推土成胎模，桥建成后挖去桥孔径内的胎模土即成。目前，有些地方由于施工质量水平所限，在毛石拱底也灌入少量砂浆，以求稳定。

园林工程中的无铰拱通常采用拱券石镶边横联砌筑法，即在拱桥的两侧最外券各用高级石料（如大理石、汉白玉、精琢的花岗石等）镶嵌砌成一独立拱券，宽度≥400mm，厚度≥300mm，长度≥600mm；内券的拱石采用横联纵列错缝嵌砌，拱石间紧密重叠砌筑。

【工程案例】

某公园现代传统石拱桥

1. 项目概况

某公园现代传统石拱桥由 3 段组成，桥面中间一段为拱段，两边段可进行八字形展开。跨径也不大，在 4m 以内。桥设有供游人上下的踏步台阶，其宽度≥280mm，高度≤150mm（图 5-40）。

图 5-40　石拱桥

2. 工艺流程

施工准备→基础施工→桥身施工→桥面施工→成品保护

3. 施工要点

(1) 基础施工

砌筑基础用石以普通片石为主，片石应质地坚硬、不易风化、无裂纹、无水垢，表面的污渍及泥土要清除干净。普通片石的中部厚度不小于 15cm。镶面片石应有两个大致平行面，且厚度不小于 15cm，外露表面基本平整，平面形状（边数）应是四边形以上（不得采用三角形），最短边的长度不小于 20cm，最长边的长度为 30～50cm。

分层水平砌缝（每 1.2m 应找平一次砌筑高度）应大致水平。砌筑时，石块应大面朝下，严禁将石块立放砌筑。砌筑前应在基底铺设一层砂浆。砌筑过程中，对不规则的石块应稍加修整，去掉尖角，保证石块间不产生大的砌缝。砌体外露面要选用大面平整的片石砌筑，各砌块的砌缝应相互错开表面砌缝的宽度不得大于 4cm，三角缝内切圆的直径应小于 7cm，两层间的竖向错缝不得小于 8cm。在面石砌筑完毕时，砌筑作业人员应沿石缝剔出 2～3cm 深的勾缝所需的凹槽。

砌体表面的勾缝采用与砌体砂浆同强度等级的砂浆进行勾缝。全标段统一采用凹缝，缝宽、缝深应保证均匀一致（1.5cm 宽，0.8～1.0cm 深），勾缝应采用专用的勾缝刀进行。砌筑完毕后，将缝间砌筑砂浆铲除2~3cm深（应经检查剔缝合格），然后用M10水泥砂浆进行勾缝，勾缝前应将缝洒水湿润。勾缝砂浆用砂应用细砂，水泥的强度等级应不小于32.5级。砌体勾缝应牢固、美观、圆滑、顺直，宽度及色泽应一致。砌筑时严禁出现贴缝、空洞、通缝、叠砌和浮塞等缺陷，应做到“石石有缝，缝缝有浆”，石块之间不得贴缝（石块与石块紧靠，石料间无砂浆直接接触）。砌缝砂浆要饱满，并应上下错缝，内外搭接（设置拉结石，拉结石应均匀分布，相互错开），不得采用外面侧立石块、中间填心的砌筑方法。石块间较大的空隙应先填塞砂浆，再锤击小石块挤实，不得采用先摆小石块，后塞砂浆或干填小石块的方法。沉降缝整齐垂直，上下贯通，沉降缝要用沥青麻筋填塞密实后用沥青灌缝。如需设泄水孔，按设计要求位置进行设置。

（2）桥身施工

拱圈石可选用上宽下窄的楔形石块，优先选用花岗石料。拱圈石用1:2水泥砂浆砌筑，拱桥边墙用的石料的质量可稍低于拱圈石，但也不能相差过大。基础砌石的要求同上。低于水位以下部分的基础则用浆砌块石。栏杆和栏板的榫槽用1:2.5水泥砂浆固定。

变形缝在拱桥边墙的两端各设置一道，缝宽15~20mm。缝内要完全填充，并在缝隙上加做防水层，要求完全不透水，以防雨水浸入或异物阻塞。

防水层在桥面石的下方铺设，要求完全不透水，具有弹性，以便桥在变形时不会破坏防水层。防水层采用沥青和石棉沥青各做一层底，上铺沥青麻布一层；再在上面铺石棉沥青和纯沥青各1遍，桥墩（台）的基础必须埋置于冰冻层以下300mm。基础应放置在清除了淤泥和浮土后的老土上，同时必须挖至河泥最低点以下500mm处，以防止河泥影响和使地基承载力得到充分保证。

按照图样砌筑拱圈的拱架半径为1630mm；拱架可用钢筋混凝土预制。

施工时拱石以两端拱脚开始砌筑，向拱顶中央合龙。当拱桥干砌时，多铰拱要经过压拱，无铰拱要经过尖拱、压拱等步骤。现在多为现场砌，以保证拱石间有良好的结合。合龙后应使拱石间的灰缝砂浆有足够的结硬时间，以达到规定的强度；然后开始填筑拱背上的建筑物。拱架必须在拱上结构全部完成后才可拆卸。

【思考与练习】

1. 园桥的造型类型有哪些？桥体的结构形式有哪些？
2. 园桥施工时如何对有水基坑进行围堰排水？
3. 桥面施工在进行质量验收时该注意哪些方面？
4. 钢结构园桥的梁如何与桥墩固定？
5. 园桥施工基础采用哪两种方式，其施工要点是什么？
6. 现场调查某园林绿地的园桥，制定出施工工艺方案。

项目6

照明及给水排水工程施工

【工作任务】

1. 任务1　园林照明工程施工
2. 任务2　园林给水排水工程施工
3. 任务3　园林喷灌工程施工

【知识目标】

1. 掌握园林供电施工中绿地配电线路的布置，以及灯具安装施工的方法。
2. 掌握园林中给水管的布置与计算。
3. 了解简单园林喷灌系统施工工艺。
4. 掌握园林中利用地形排水的方法及防止地表径流冲刷地面的措施。
5. 熟悉利用管渠排水、暗渠排水的施工工艺，了解园林管线工程的综合设计。

【技能目标】

1. 会进行简单施工中线路的布置和调整。
2. 会进行不同管线的铺设。
3. 会利用地形排水的方法改造地形。
4. 掌握防止地表径流冲刷地面的措施。
5. 会进行管渠排水、暗渠排水的铺设。
6. 会不同材料、园林建筑小品的安装施工工艺及步骤。

【教学建议】

1. 由于照明工程的操作安全性要求较高，所以实践教学主要以参观观摩为主。
2. 给水排水工程和喷灌工程，如现场有条件，可结合水景工程等一起操作本项目。

园林绿地的性质和特定条件决定了园林工程是一个综合体，夜间需要突出景观效果和必要的照明功能，绿地中也需要结合给水排水和喷灌，因此本项目结合园林照明、给水排水及喷灌工程的任务讲述施工技术。

任务1　园林照明工程施工

【技能要求】

1. 知道供电的基本知识。
2. 知道管线的架空施工技术。
3. 知道管线的埋地敷设。
4. 会检验照明工程的完成质量。

园林照明作为室外照明的一种形式，随着城市化的发展，在体现夜景效果方面越来越重要。而园林照明施工由于专业性较强，为了更好地掌握园林供电施工的规律和方法，除了要了解园林供电设计所必需的基本知识外，也要学习园林照明工程施工的一般方法和注意事项。在这个基础上，重点掌握如何检验照明工程的完成质量。

【工作流程】

园林供电照明施工流程如图6-1所示。

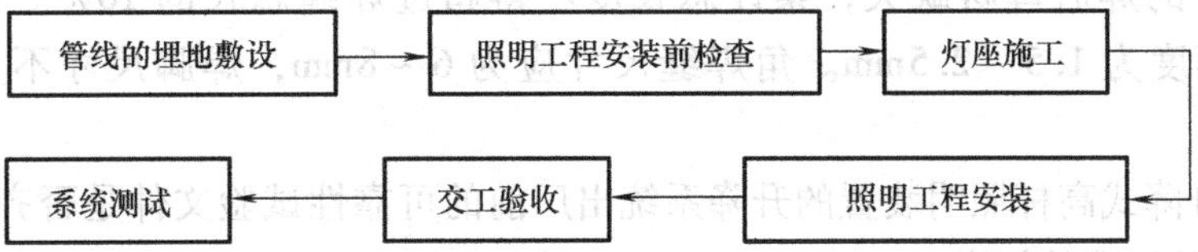

图6-1　园林供电照明施工流程

【学习与操作】

步骤一：管线的埋地敷设

园林绿地建设中，考虑到照明管线的架空施工会对应有的园林景观效果产生破坏作用，故一般采用管线的埋地敷设。但在不影响景观的隐蔽地带或角落施工时，为了节约工程费用，也可以考虑架空敷设。

埋地敷设管线时常采用铠装电缆直接埋入地下敷设，沟槽开挖前由测量人员放线定位。根据管线上方覆土深度的不同，管线埋地敷设又可分为深埋和浅埋两种情况。深埋是指管道上的覆土深度大于1.5m；浅埋则是指覆土深度小于1.5m。一般浅埋的施工步骤为沟槽开挖（深55cm，宽40cm），沟底清平，上敷电缆，回填土夯实。每敷设一档电缆均测一次绝缘电阻（不低于0.5MΩ为合格）。敷设电缆时，禁止在两个灯杆之间有任何接头。按电压等级排列，高压在上面，低压在下面，控制和通信电缆在最下面。敷设完毕后，盖好敷设前揭开的电缆沟水泥板。

管道采用深埋还是采用浅埋，主要决定于下述条件：管道中是否有水？能否受寒冷冻害？土壤冰冻线的深度是多少？当有多条管线平行埋设在一处时，为避免相互影响并保证管线安全，管线之间在水平方向上和垂直方向上都要留有足够的间距。特别是管线相互交叉穿过时，更要保证管线的垂直间距，以免造成管线之间的冲突。

步骤二：照明工程安装前检查

对主要材料、构件、零部件、灯柱、灯盘（含灯具）、配电系统、升降系统、限位装置、避雷装置等，按设计文件中的技术规定及国家（或行业）有关标准的规定进行检验。

1）检查所有零部件的出厂合格证是否齐全，材质、尺寸是否符合设计要求。采用的电器产品应是符合国家标准的产品，零部件应配套。

2）检查灯杆所使用的金属材料的材质检验报告单，检查金属构件材料的抗拉强度、屈服强度、抗冲击强度、延伸率、含碳量和冷弯试验的合格证等是否齐全，并符合国家标准的规定。

3）检查焊接材料的合格证明文件，检查出厂时对焊缝探伤的合格率是否大于95%，并对杆件及其焊缝做外观检查。结构用钢不得有影响材料机械性能的裂纹、分层、夹渣等缺陷，麻点或划痕的深度不得大于钢材负公差的一半，且不应大于0.5mm。

焊缝尺寸必须符合设计要求，焊缝金属表面的焊棱应均匀，不得有影响强度的裂纹、夹渣、焊瘤、烧穿、未熔合、弧坑和针状气孔，并且无折皱和中断等缺陷。焊缝区不允许有深度超过0.5mm的焊后母材缺失，累计总长度不得超过焊缝总长的10%。焊缝宽度小于20mm，焊角高度为1.5～2.5mm。角焊缝尺寸应为6～8mm，焊脚尺寸不允许小于设计尺寸。

4）检查升降式高杆照明装置的升降系统出厂前的可靠性试验文件是否齐全，是否符合设计文件及有关标准的规定。

5）检查生产厂商提供的灯杆结构强度计算书是否符合设计文件中规定的设计条件。

6）检查照明装置的各加工部件是否按设计要求进行了防腐处理，并具有出厂质检证书。

7）灯杆直线度和圆度的各项尺寸误差和形位误差的检验，采用钢直尺、卡尺、水平仪等按设计图样、技术规范及相应的国家标准进行检验，合格后方能使用。

8）检查灯具及其配套的电源、附件、避雷针等的规格、型号是否符合设计要求。

步骤三：灯座施工

灯杆基坑在开挖前，应先测量放线，并请监理工程师现场核准。灯杆定位由专业测量人员进行，保证杆位放线准确。杆坑开挖，顺线路方向的位移不应超过设计档距的5%；垂直线路方向不应超过50mm。基坑开挖深度的偏差应为-50～100mm，施工中如出现基坑超挖，应进行回填和夯实。灯杆底座采用现场混凝土浇筑，接地极打入设计深度。对每根灯杆所需接地极的数量进行试验。接地电阻值不应大于10Ω，若大于10Ω，则应增加接地极，直到符合设计要求为止。

在浇筑灯杆基础前，预制地脚螺栓并按设计尺寸焊接成架子置于钢筋架上；将电缆的进线管按图样要求弯制，用细钢丝固定于地脚螺栓架上，堵好管口。基础配筋完成后进行基础浇筑，混凝土的强度等级应满足设计要求，浇筑时用平板振动器振捣密实，并按要求做好混凝土试块。

步骤四：照明工程安装

在灯杆基础达到设计强度时，可进行灯杆吊装。灯杆吊装前，安装好拔销灯臂并组装好灯具。用轮式起重机吊装灯杆，设专人指挥，确保施工安全。

1）全数检查每个灯杆的平面位置是否符合设计图样的要求。全数检查基础的开挖尺寸，并要求承包人对高杆灯基础的土壤承载力提供试验报告，若不能满足设计要求，应及时通知业主、设计单位等及时处理。

2）对钢筋混凝土基础，应进行全过程旁站监理，地脚螺栓的定位应满足垂直度及基础高程的要求。

3）避雷接地装置的安装过程中，应全过程旁站，并检验接地电阻值是否满足设计要求（高杆灯的避雷接地电阻不大于10Ω）。

4）灯杆就位后，要检查灯杆的垂直度（≤0.5%为合格）。

5）高杆灯安装完成后，对升降部分的卸载和脱离这两个过程要进行两次以上的试验，确保准确无误后，将钢丝绳的终点标示清楚并调整好灯盘上的限位开关。同时，还要检查配电系统、卷扬机的工作是否正常。安装调试要求自动挂钩、安全锁紧装置及升降机构均灵活运转、动作准确，无卡死或迟滞现象，上、下限位器动作可靠，灯具的角度及各部位的照度符合设计要求。

6）检查收费广场、隧道等地的照度是否满足设计文件或合同文件的规定。

步骤五：交工验收

验收时应进行下列检查：

1）灯柱的安装位置、灯柱地面以上的高度、灯柱的垂直度是否符合设计规定。

2）灯柱、灯具、光源的技术规格、材质、防腐等是否符合技术规范或设计要求。

3）检查灯柱、灯具接地装置的安装是否符合设计规定。

4）对照明设施进行安装质量抽查（不少于总数的50%），并做好记录。

5）测量灯、灯柱的受电电压是否符合设计规定。

6）检查照明区内的路面照度是否符合设计要求。

步骤六：系统测试

为保证设备的安装性能符合规范要求，系统测试应连续进行不少于5d，且操作无失误。如果出现失误或不满意操作，应进行校正并重新测试，直到达到要求为止。

【考核与评价】

单元考核与评价见表6-1。

表6-1 单元考核与评价

考核内容	考核要求与标准（100分）	学生自我评价	教师评价
1. 安装前检查	能正确地检查出采用的电器产品是否是符合国家标准的产品，零（部）件应配套（30分）		

（续）

考核内容	考核要求与标准（100 分）	学生自我评价	教师评价
2. 安装阶段	每个灯杆的平面位置符合设计图样的要求，管线施工合理、到位，能安全用电施工（30 分）		
3. 交工试收	能按设计要求使灯柱的安装位置、灯柱地面以上的高度、灯柱的垂直度符合设计规定（40 分）		

【知识链接】

1. 供电基本知识

园林供电的电源基本上都取自地区电网，只有少数距离城市较远的风景区才利用自然山水条件自发电使用。在电源方面需要了解下列几个问题：

（1）电源种类

电源一般分为交流电源与直流电源两大类。电压、电流的大小和方向随着时间变化而进行周期性改变的一类电源是交流电源。园林照明、喷泉、提水灌溉、游艺机械等的用电，都是交流电源。在交流电的供电方式中，一般都提供三相交流电源，即在同一电路中有频率相同而相位互差 120°的三个电源。

（2）电压与电功率

电压是电路中两点之间的电势差，以 V（伏）来表示。电功率是电所具有的做功的能力，用 W（瓦）表示。园林设施所直接使用的电源电压主要是 220V 和 380V。属于低压供电系统的电压，其最远输送距离在 350m 以下，最大输送功率在 175kW（千瓦）以下。中压线路的电压为 1～10kV（千伏），10kV 的输电线路的最大送电距离在 50km 以下，最大送电功率在 10kW 以下。高压线路的电压在 1 万 kV 以上，最大送电距离在 50km 以上，最大送电功率在 1 万 kW 以上。

（3）三相四线制供电

从电厂的三相发电机送出的三相交流电源，采用三根相线和一根地线（中性线）组成一条电路，这种供电方式称为“三相四线制”供电。在三相四线制供电系统中可以得到两种不同的电压：线电压，相电压。线电压与相电压的大小不一样，线电压是相电压的 1.73 倍。单相 220V 的相电压一般用于照明线路的单相负荷；三相 380V 的线电压则多用于动力线路的三相负荷。三相四线制供电的优点是：不管各相的负荷有多少，其电压都是 220V，各相的电器都可以正常使用。当然，如各相的负荷比较平衡，则更有利于减少地线的电流和线路的电耗。

（4）用电负荷

连接在供电线路上的用电设备在某一时刻实际取用的功率总和就是该线路的负荷。不同设备的用电量不一样，其负荷也就不同。在三相四线制供电系统中，只用两条电线工作的电气设备（如电灯），其电源是单相交流电源，其负荷称为单相负荷；凡是用三根电源相线或四线全用的设备，其电源是三相交流电源，其负荷也相应属于三相负荷。无论是单相负荷还是三相负荷，接入电源而能正常工作的条件都是电源电压达到其额定数值。电压过低或过高，用电设备都不能正常工作。根据用电负荷性质（重要性和安全性）的不同，将负荷等级分为三级：一级负荷必须确保不能断电，如果中断供电就会造成人身伤亡或造成重大的政治、经济损失，这种负荷必须有两个独立的电源供应系统；二级负荷一般要保证不断电，若断电就会造成公共秩序混乱或较大的政治、经济损失；三级负荷对供电没有特殊要求，没有一、二级负荷的断电后果。

2. 布置配电线路

一般大中型公园都要安装自己的配电变压器，做到独立供电。但一些小公园、小游园的用电量比较小，常直接借用附近街区原有的变压器提供电源。电源取用点确定以后，要根据园林的用电性质和环境情况决定采用哪种配电线路的布置方式。配电线路的布置方式可采用链式、环式、放射式、树干式和混合式中的任何一种，主要应根据用电性质、用电量和投资情况选定。

布置线路系统时，园林中游乐机械或喷泉等的用电与一般的照明用电最好能分开，其三相电路的负荷都要尽量保持平衡。此外，在单相负荷中，每一单相用电都要分别设开关，严禁一闸多用。支线上的分线路不要太多，每根支线上插座、灯头和的总数最好不超过25个。每根支线上的工作电流，一般为6～10A或10～30A。支线最好走直线，要满足线路最短的要求。

从变压器引出的供电主干线，在进入主配电箱之前要设低压断路器和保险，有的还要设一个总电表；在从主配电箱引出的支干线上也要设出线低压断路器和保险，以控制整个主干线的电路。从分配电箱引出的支线在进入电气设备之前应安装剩余电流断路器，保证用电安全。

3. 园林灯具选择

要从景观效果的整体上考虑选择灯具，要将选用的灯具纳入到环境中，使灯具的配置与总体布局及环境质量密切关联，最终达到环境的整体统一，给人强烈的空间感染力。园林灯具的种类较多，主要有高杆灯、庭院灯、草坪灯、泛光灯、埋地灯、水下灯、壁灯、装饰造型灯等。

（1）高杆灯

高度为18m以上的为高杆照明，而高杆灯主要是在大型广场的照明中使用。根据杆体的形式又分为固定式（初期投资少，但维护时需要使用高空升降机，维护成本高）、升降式（初期投资较高，但维护方便，总体成本低）和倾倒式（初期投资高，只可用于有足够倾倒空间的场合）。一般情况下采用的是升降式高杆灯照明，其光源采用的是高效型高压钠灯或金属卤化物灯。在布置灯具时应首先考虑功能作用，在满足功能的前提下再满足美观要求。高杆灯的样式有蘑菇形、球形、荷花形、伸臂式、框架式及单排照明等。

（2）庭院灯

庭院灯一般放置在公园、街心花园、小区、学校及一些相关的地方，起到照明作用的同时又要达到景观的效果，样式多种多样，如古典式、简洁式等。庭院灯有的安装在草坪中；有的根据公园道路、树林的曲折轮廓设置，达到一定的艺术效果和美感。庭院灯可用的光源较多，如节能灯、金属卤化物灯、低压钠灯及LED灯等，其安装高度一般为3～4m。

（3）草坪灯

草坪灯的设计主要以外形和柔和的灯光为城市绿地景观增添安全与美丽，并且普遍具有安装方便、装饰性强等特点，可用于公园、花园别墅、广场绿化等场所的绿化带的装饰性照明。

（4）泛光灯

泛光灯用于大面积照明，常用于广场的雕塑、周边建筑等地方的照明。泛光灯适应能力强，同时具备良好的密封性能，可防止水分在内部凝结，经久耐用。泛光灯一般采用金属卤化物灯或高压钠灯。

（5）埋地灯

埋地灯可用于广场、停车场、绿化带及公园景点等的照明，其造型比较多，有向上发光的，有向四周发光的，也有只向两边发光的，可用于不同的地方。

埋地灯由于埋设在地底及水下，维修起来比较麻烦，要求密封效果特别好，也要避免水分在内部凝结，属于加压水密封型灯具。埋地灯的光源一般采用的是金属卤化物灯及LED灯。

（6）水下灯

水下灯主要用于水池及各种喷泉等的景观照明，突出水景在晚上的景观效果。以压力水密封型设计，防水深度可达水下10m，但也要避免水分在内部凝结，并且还要耐腐蚀，以确保产品可靠、耐用。水下灯的光源主要采用LED光源，要求有防漏电功能。

（7）壁灯

壁灯是安装在各种墙壁及台阶上的灯具。壁灯一般采用的是节能灯。

（8）装饰造型灯

装饰造型灯种类多样，一般有电子礼花灯及各种造型的灯光雕塑。装饰造型灯可采用各种光源，如LED灯等。

4. 园林灯光造景的形式

园林的夜间形象主要是在园林现有景观的基础上，利用夜间照明和灯光造景来塑造的。园林灯光造景的方式主要有以下几种形式：

（1）场地照明

园林中各类场地的人流相对集中，灯光的设置要考虑人的活动特征。在场地周围选择发光效率高的高杆直射光源可以使场地内光线充足，便于人的活动。若广场范围较大，场地内部又不希望有灯杆的阻碍，则可根据照明的要求和所设计的灯光艺术特色，布置适当数量的地灯作为补充。场地照明一般依据工作照明或安全照明的要求来设置，在有特殊活动要求的广场上还应布置一些聚光灯之类的光源，以便在举行活动时使用。

（2）道路照明

园林道路的类型较多，不同的园路对于灯光的要求也不尽相似。对于园林中行车的主干道和次要道路，需要根据安全照明的要求使用具有一定亮度且均匀的连续照明，以使车辆及行人能够准确判别情况；而对于游憩步道则除了需要照亮路面外，还希望营造出一种幽静、祥和的氛围，因而用环境照明的手法可使其融入柔和的光线之中。采用低杆园灯的道路照明应避免直射灯光耀眼，通常可用带有遮光罩的灯具将视平线以上的光线予以遮挡；或使用乳白灯罩，使光源转化为散射光源。

（3）园林建筑照明

园林建筑一般在园林中占有主导地位，为使园林建筑优美的造型能呈现在夜空之中，以前主要采用聚光灯和探照灯，如今已普遍使用泛光照明。为了突出和显示其特殊的外形轮廓，而弱化本身的细节，通常以霓虹灯或成串的白炽灯安设于建筑的棱边，构成建筑轮廓灯；也可以用经过精确调整光线的轮廓投光灯，将需要表现的形体仅用光线勾勒出轮廓，将其余部分保持在暗色中，并与背景分开，这对于烘托气氛具有显著的效果。

(4) 植物照明

园林灯光透过花木的枝叶会投射出斑驳的光影，使用隐于树丛中的低照明器可以将阴影和被照亮的花木组合在一起。特定的区域因强光的照射而变得绚烂与华丽，而阴影之下又常带有神秘的气氛。利用不同的灯光组合可以强调园中植物的质感或神秘感。灯具安置在树枝之间，将光线投射到园路和花坛之上形成类似于明月照射下的斑驳光影，突出光影的变化。

(5) 水景照明

在夜色中通过灯光照亮湖泊、水池、喷泉，则将让人体验到另一种感受。大型的喷泉使用红色、橘黄色、蓝色和绿色的光线进行投射，会产生欢快的气氛；小型水池运用更为自然的光色则可使人感到亲切，可用蓝光滤光器进行校正，将水映射成蔚蓝色，给人以清爽、明快的感觉。水景照明的灯具位置需要慎重考虑，位于水面以上的灯具应将光源甚至整个灯具隐于花丛中或池岸、建筑的一侧，也就是要将光源背对着游人，以免眩光刺眼。跌水、瀑布中的灯具可安装在水流下方，这不仅能隐藏灯具，而且还可以照亮潺潺流水，变得十分生动。

除了上述几种照明外，还有在水池、喷泉的水下设置的彩色投光灯，射向水幕的激光束，园内的广告灯箱等，此类灯具除了保留一部分照明功能，更多的是对夜景的点缀。大量新式灯具的不断涌现，使园灯有了更多的选择，它所装扮的夜景也更加绚丽多彩。

【工程案例】

某科技公园照明工程施工方案

某科技公园照明工程主要包括电线管、钢管敷设，穿线，灯具安装，开关插座安装，照明配电箱安装及接地安装等流程，为确保工程质量，需要由专业人员进行施工。

1. 电线管、钢管敷设

1）采用电线管、钢管暗敷，按照电线管、钢管敷设分项工程施工工艺标准进行施工，电线管、钢管的进货过程应严格检查，接线盒、灯头盒、开关盒等均要有产品合格证。

2）预埋管要与土建施工密切配合，首先满足水管的布置，其次安排电气配管的位置。

3）暗配管应沿最近线路敷设并减少弯曲，弯曲半径不应小于管外径的10倍，与建筑物表面的距离不应小于15mm；进入落地式配电箱的管口应高出基础面50～80mm，进入盒、箱的管口应高出基础面50～80mm；进入盒、箱的管口宜高出内壁3～5mm。

2. 穿线

电线的进货过程应严格检查，电线的规格、型号必须符合设计要求，并有出厂合格证；到货后检查绝缘电阻、线芯直径、材质和每卷的重量是否符合要求，应按管径的大小选择相应规格的护口，尼龙压线帽、接线端子等的规格和材质均要符合要求。

管内穿线应在建筑结构及土建施工作业完成后进行，先穿带线，两端留出10～15mm的余量；然后清扫管道、开关盒、插座盒等。

穿线时注意同一交流回路的导线必须穿于同一管内，不同回路、不同电压的导线不得穿入同一管内（交流电线与直流电线也不得穿入同一管内），但以下几种情况除外：标准电压为50V以下的回路；同一设备或同一流水作业线设备的电力回路和无特殊防干扰要求的控制回路；同一花灯的几个回路；同类照明的几个回路，但管内的导管总数不应多于8根。

导线预留长度：接线盒、开关盒、插座盒及灯头盒为15cm，配电箱内为箱体周长的1/2。

3. 灯具安装

1）灯具、光源按设计要求采用，所有灯具应有产品合格证，灯内配线严禁外露，灯具配件齐全。

2）根据安装场所检查灯具（庭园灯）是否符合要求，检查灯内配线。灯具安装必须牢固，位置正确，整齐美观，接线正确无误。3kg以上的灯具，必须预埋吊钩或螺栓；高度低于2.4m的灯具，其金属外壳应做好接地。

3）安装完毕，检验各条支路的绝缘电阻合格后，方可通电运行。通电后应仔细检查灯具的控制是否灵活、准确，开关与灯具之间的控制顺序相对应，如发现问题必须先断电，然后查找原因进行修复。

4. 开关插座安装

1）各种开关、插座的规格、型号必须符合设计要求，并有产品合格证。安装开关插座的面板应端正、严密，并与墙面持平，成排安装的开关高度应一致。

2）开关接线应由开关控制相线，同一场所的开关切断位置应一致，且操作灵活，接点接触可靠。插座接线注意单相两孔插座左零右相或下零上相，单相三孔及三相四孔的接地线均应在上方。交、直流或不同电压的插座安装在同一场所时，应有明显区别，且插座均不能互相代用。

5. 照明配电箱安装

成套的动力照明配电箱均由生产厂提供，到货时按设计图样和厂方的产品技术文件核对其电器元件是否符合要求。元器件必须是国家定点厂的产品，并对双电源切换箱、动力配电箱、控制箱做空载控制回路的动作试验，确认产品是否合格。嵌入式配电箱在土建施工时将套箱预埋在墙内，在穿线前再安装配电箱，安装高度要符合设计要求。本工程的接地方式为TN-C-S系统，所有的动力照明配电箱应有零线汇流排和接地端子，PE线安装应明显牢固。

6. 接地安装

施工时按照国家标准《电气装置安装工程接地装置施工及验收规范》(GB 50169—2006)和《利用建筑物金属体做防雷及接地装置安装》(03D501—3）进行施工。土建结构施工时，严格按照规范和设计要求对结构钢筋进行焊接；钢筋的搭接长度：双面焊接不小于8cm，单面焊接不小于16cm。特别注意按设计要求做好等电位联结。

由安装部门负责对系统进行调试，调试合格后提供调试报告，并经试行合格后交竣工验收。

【思考与练习】

1. 园林照明灯具的类型有哪些？
2. 管道穿线应该注意什么问题？
3. 照明工程验收时主要掌握哪几方面？
4. 灯具安装时应该注意哪些环节？

任务2 园林给水排水工程施工

【技能要求】

1. 知道常见园林给水排水工程中管道的种类。
2. 会进行给水管网的安装施工。
3. 知道给水施工应注意的问题与成品保护。
4. 会排水施工流程中的注意事项。
5. 能检查排水管道是否正常。

水是园林中不可或缺的物质，为此必须满足人们对园林中水量、水质和水压的要求。水在使用过程中受到污染，成为污水，要经过处理后才能排放。完整的给水工程、排水工程及污水处理工程，对园林景观的保护和发展具有重要的意义。

【工作流程】

给水工程施工流程如图6-2所示，排水工程施工流程如图6-3所示。

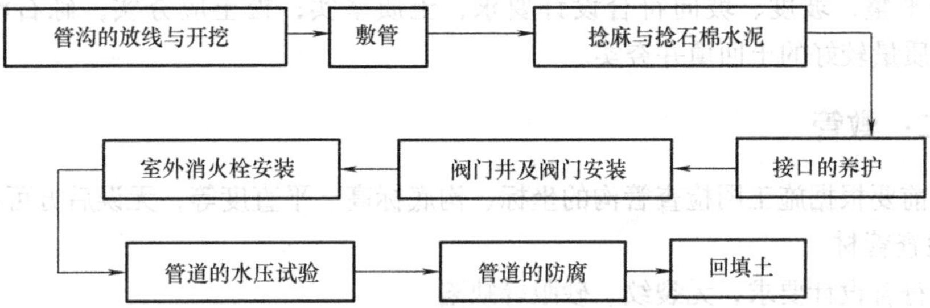

图6-2 给水工程施工流程

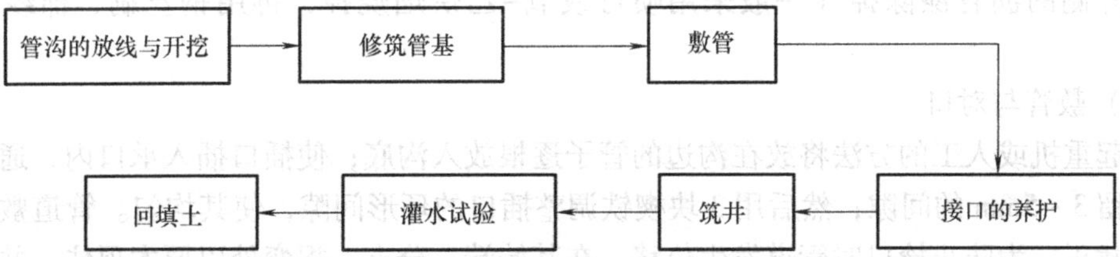

图6-3 排水工程施工流程

1. 给水工程施工

步骤一：管沟的放线与开挖

园林给水工程大多属于隐蔽工程，因而在施工管理上应认真做好施工过程的记录，同时在材料方面应确认管材、管件的规格、质量符合设计要求。

普通给水管道的敷设方式多为埋地。常用的管材有钢管和给水铸铁管两种，其中多采用承插式给水铸铁管。承插式给水铸铁管的接口填料通常为两层：第一层，对于生产给水可采用白麻、油麻、石棉绳、胶圈等，对于生活给水一般采用白麻或胶圈；第二层，采用石棉水泥、自应力水泥砂浆、青铅等，其中多采用石棉水泥。

（1）设置中心桩

根据施工图样测出管道的中心线，在其起点、终点、分支点、变坡点、转弯点的中心钉木桩。

（2）设置龙门板

在各中心桩处测出其标高并设置龙门板，龙门板以水平尺找平，且标出开挖深度以备开挖中检查。板顶面钉3颗钉，中间1颗为管沟开挖的边线。

（3）沟槽的形式

沟槽通常分为直槽、梯形槽、混合槽3种。

（4）沟槽的开挖

采用机械或人工开挖，挖出的土放于沟边一侧，距沟边0.5m以上。沟槽开挖时，如遇有管道、电缆、建（构）筑物或文物古迹，应予以保护，并及时与有关单位和设计部门联系，严防发生事故。

（5）沟底的处理

沟底要平整，坡度、坡向符合设计要求，土质坚实；松土应夯实，砾石沟底应挖出200mm，用质量较好的土回填并夯实。

步骤二：敷管

敷管之前要根据施工图检查管沟的坐标、沟底标高、平直度等，无误后方可铺管。

（1）检查管材

管材应符合设计要求，无裂纹、砂眼等缺陷。

（2）清理承插口

承插式给水铸铁管在出厂之前涂刷在内外表面的沥青漆会影响接口质量，应将承口内侧和插口外侧的沥青漆除掉（一般采用喷灯或氧-乙炔焰烧掉，再用钢丝刷、棉纱将灰尘除净。

（3）敷管与对口

以起重机或人工的方法将放在沟边的管子逐根放入沟底；使插口插入承口内，通常不插到底，留3～5mm的间隙；然后用3块楔铁调整插口的环形间隙，使其均匀。管道敷完后应找平、找正。为防止捻口时管道发生位移，在其始端、分支、拐弯处以原木顶住，并在每节管的中部加盖400mm左右厚的土，以使管道稳固。

【提示】敷管施工应注意的问题与成品保护：

1）在任何情况下，不允许沟内长时间积水，并应严防浮管现象。

2）注意给水铸铁管不得出现裂纹或破管。给水铸铁管在进行水压试验或投入运行时，常因管内空气排除不好而造成严重的水击现象，水击的冲击波可在瞬间破坏铸铁管，造成管道的局部破裂。一旦出现管身破裂，首先应停水，并将水排空，更换管道。

3）给水管道冬期施工时应注意以下几点：

① 进行石棉水泥接口时，应用50℃以上的温水拌和填料；如用膨胀水泥接口时，水温

不应超过35℃。

② 环境温度低于 -5℃时，不宜进行以上两种填料的接口。

4）管材、管件、阀门及消火栓在搬运和堆放时要避免碰撞。

5）在管道安装过程中，管道未捻口前应将接口处做临时封堵；中断施工或工程完工后，凡开口部位必须有封闭措施，以免污物进入管道。

6）刚打好口的管道，不能随意踩踏、冲撞和重压。

7）管道支墩、挡墩应严格按设计或规范要求设置。

8）阀门、水表井要及时砌好，以保证管道附件安装后不受损坏。

9）管道穿越园内主要道路的基础时，要加套管或设管沟。

10）埋地管道要避免受外荷载破坏而产生变形。水压试验要密切注意系统最低点的压力不可超过管道附件的承受能力，试压完毕后要排尽管内积水。放水时，必须先打开上部的排气阀；天气寒冷时，一定要及时泄水，防止受冻。

11）在现场堆码管子时，要按施工方案规定的地点堆放，要注意堆放地点的地质、坡度，严禁超高堆放，严禁上人随意踩踏。

12）采用人工往管沟下管时，使用的绳索和地桩必须牢固可靠，两端放绳速度应一致，且沟内不得站人。

13）管道试压时，升压应缓慢地进行，停泵稳压后方可进行检查。检查时，检查人员不得对着管道的盲板、堵头等处站立。处理管道泄漏等缺陷时必须在泄压后进行，严禁带压修理。

14）管道吊装的吊点应绑扎牢固，起吊时应服从统一指挥，动作协调一致。非操作人员不得进入作业区域。

步骤三：捻麻与捻石棉水泥

（1）捻麻

将白麻先扭成辫子，直径约为承插口环形间隙的1.5倍，然后将捻麻逐圈塞入接口内并打实，打实后以占承口深1/3为宜。

（2）捻石棉水泥

材料的质量配合比为四级石棉绒∶52.5级水泥 = 3∶7。将石棉绒扯松散，与水泥拌均匀，加适量水，应手捏成团，落地开花。拌完料应立即捻口，方法是先将拌料填满接口，再以捻凿捣实，用3kg榔头敲击捻凿；重复上述方法将拌料逐层填满接口并捻实，捻好后应凹入承口内1～2mm。

步骤四：接口的养护

养护就是使石棉水泥接口在一段时间内保持湿润、温暖，以达到水泥的强度等级。养护方法通常是在接口上涂泥、盖草袋，定期浇水（春、秋季每天至少浇2次，夏季每天至少浇4次，冬季不浇水）。管道施工完成后，在管顶覆土约400mm，两端封堵。养护时间越长越好，通常7d即可。

步骤五：阀门井及阀门安装

室外埋地给水管道上的阀门均应设在阀门井内。阀门井有混凝土（预制）和砖砌两种，井盖的形式分为圆形和矩形两种。

（1）阀门井安装

井底通常为现浇混凝土，安装预制混凝土井圈（或砌筑井壁）时要垂直，井底和井口标高要垂直，井底和井口标高要符合设计要求。

（2）阀门安装

阀门安装常用法兰式闸阀，阀门前后采用承盘或插盘铸铁给水短管。安装时，阀门的手轮垂直向上，两法兰之间加3~4mm厚的橡胶垫，以十字对称法拧紧螺母。

步骤六：室外消火栓安装

室外消火栓的安装形式分为地上和地下两种。前者装于地上，后者装于地下消火栓井内。通常消火栓的进水口为*DN*100，出水口有*DN*100和*DN*50两种。

步骤七：管道的水压试验

管道养护期满即可进行水压试验。进行水压试验时，环境温度应在3℃以上。试验时，管道全线长度大于1000m的应分段进行；管道全线长度小于1000m的可1次试压。试验压力为工作压力加0.5MPa，但不超过1MPa。

（1）试压前的准备工作

试压之前，将管道的始、末端设置堵板、弯头和三通等处以道木顶住。在管道的高点设放气阀，低点设放水阀。管道较长时，在其始、末端各设压力表1块；管道较短时，只在试压泵附近设压力表1块。将试压泵（一般使用手压泵）与被试压管道连接上，并安装好临时上水管道，向被试压管道内充水至满，先不升压并养护24h。

（2）试压过程

以手压泵向被试压管道内压水，升压要缓慢。当升压至0.5MPa时暂停，进行初步检查；无问题时缓慢升压至试验压力（1MPa，特指高压给水铸铁管道的工作压力）；在此压力下恒压10min，若压力无下降或下降小于0.05MPa时，即可下降到工作压力。经全面检查以不渗、不漏为合格。

（3）试压安全注意事项

管道水压试验具有危险性，因此要划定危险区，严禁无关人员进入。操作人员也应远离堵板、三通、弯头等处，以防发生危险。

试压前向被试压管道内充水时，要打开放气阀，待管道内的空气排净后关闭。试压全过程要保持升压缓慢，且无较大的振动。试压完毕应打开放（泄）水阀，将被试压管道内的水全部放干。

步骤八：管道的防腐

给水铸铁管在出厂之前已在表面涂刷有沥青漆，一般不再进行涂装，但在清理接口时承口内侧和插口外侧的沥青除掉了，故应补刷沥青漆；吊装和运输管道时，被钢丝绳损伤的部位也应补刷沥青漆。

步骤九：回填土

试压、防腐之后可进行回填土作业。在填土之前进行全面检查，确认无误后方可回填。回填土内不得有石块，要具有最佳的含水量。回填时应分层夯实，每层宜100~200mm；最后一层应高出周围地面30~50mm。

【考核与评价】

单元考核与评价见表6-2。

表6-2 单元考核与评价

考核内容	考核要求与标准（100分）	学生自我评价	教师评价
1. 管道	管道的坐标、标高和坡度是否符合设计或规范要求（40分）		
2. 接口	管道的连接点或接口应清洁整齐、严密不漏；管节敷设直顺，管口缝带圈平整、密实，无开裂等现象（30分）		
3. 基础	管道基础混凝土表面应平整、密实，侧面蜂窝不得超过该表面积的1%，深度不超过10mm（30分）		

2. 排水管线工程施工技术

步骤一：管沟的放线与开挖

参见给水管道工程施工。

步骤二：修筑管基

首先检查管沟的坐标、沟底标高、坡度、坡向及检查井位置等，要符合设计要求；沟底土质良好，确保管道安装后不下沉。然后修筑管基，管基通常为现浇混凝土，其厚度、坡度及坡向要符合设计要求。

步骤三：敷管

（1）检查管材

混凝土（或钢筋混凝土）管的规格要符合设计要求，不得有裂纹、破损和蜂窝麻面等缺陷。

（2）清理管口

将每根接管的两端接口以棉纱、清水擦洗干净。

（3）敷管

将沟边的管子以起重机（或人工）逐根放入沟内的管基上，使接口对正；然后通过直线管段上首、尾两检查井的中心点拉一粉线，该粉线即为管中心线，根据此粉线调整管子，使管道平直，并以水平尺检测其坡度、坡向，使管子符合设计要求。

步骤四：接口的养护

通常采用水泥砂浆为填料，其配合比（质量比）为52.5级水泥：河砂=1：(2.5~3)，加适量的水拌均匀；然后将其填满接口、抹平并突出接口。

接口的养护参见给水管道工程施工。

步骤五：筑井

砌筑检查井（或安装混凝土预制井圈）时，井壁要垂直，井底与上口的标高及截面尺寸应符合设计要求。

步骤六：灌水试验

灌水试验也称为闭水试验，应在管道覆土前进行。

（1）试验前的准备工作

将被试验管段的上、下游检查井内的管端以钢制堵板封堵。在上游检查井旁设一试验用的水箱，水箱内试验水位的高度，对于敷设在干燥土层内的管道应高出上游检查井管顶4m。试验水箱的底部与上游检查井内的管端堵板以管子连接。下游检查井内的管端堵板下侧接泄水管，并挖好排水沟。

（2）试验过程

先由水箱向被试验管段内充水至满，浸泡1～2d再进行试验。试验开始时，先量好水位；然后观察各接口是否渗漏，观察时间不少于30min。

在湿土壤内敷设的管道，需检查地下水渗入管道内的水量，当地下水位超过管顶4m以上时，每增加1m水头，允许增加渗入水量的10%；当地下水位高出管顶2m以内时，可按干燥土层做渗出水量试验。

排除带有腐蚀性污水的管道，不允许渗漏。

雨水管道及与雨水性质近似的管道，除大孔性土壤和水源地区外，可不做闭水试验。

步骤七：回填土

在灌水试验完成，并办理“隐蔽工程验收记录”后，即可进行回填土。管顶上部500mm以内不得回填直径大于100mm的石块和冻土块；500mm以上回填的块石和冻土不得集中；用机械回填时，机械不得在管沟上行驶。回填土应分层夯实，每层虚铺厚度：机械夯实为300mm以内，人工夯实为200mm以内。管道接口处必须仔细夯实。

【考核与评价】

单元考核与评价见表6-3。

表6-3　单元考核与评价

考核内容	考核要求与标准（100分）	学生自我评价	教师评价
1. 管道埋设前检查	管道埋设前必须做灌水试验和通水试验，排水应畅通，无堵塞，管接口无渗漏（10分）		
2. 管道	排水管道的坡度必须符合设计要求或规范规定，严禁无坡或倒坡（30分）		

（续）

考核内容	考核要求与标准（100分）	学生自我评价	教师评价
3. 接口	排水铸铁管采用水泥捻口时，油麻填塞应密实，接口水泥应密实饱满，其接口面凹入承口边缘且深度不得大于2mm（30分）		
4. 基础	浇筑混凝土管墩、管座时，应待混凝土的强度达到5MPa以上后方可回填土（30分）		

【知识链接】

1. 园林给水工程

普通给水管道的敷设方式多为埋地。常用的管材有钢管和给水铸铁管两种，其中多采用承插式给水铸铁管。承插式给水铸铁管的接口填料通常为两层：第一层，对于生产给水可采用白麻、油麻、石棉绳、胶圈等，对于生活给水一般采用白麻或胶圈；第二层，采用石棉水泥、自应力水泥砂浆、青铅等，其中多采用石棉水泥。

（1）管道的组成和管子、管路附件的标准化

1）管道的组成。管道也称为管路，通常是由管子、管路附件和接头配件组成。管路附件是指附属于管路的部分，如阀门、过滤器、混水器、水压表、流量表等。接头配件包括两部分：一是管件，如三通、四通、弯头、外接头、活接头等；二是连接件（紧固件），如法兰、螺栓、螺母、垫圈、垫片等。

2）管子、管路附件的标准化。管子和管路附件的标准化就是将管子、附件和接头配件的类型、规格、型号、质量等制定出统一的技术标准，以统一管子、附件和接头配件的设计、制造和供应，并为管道施工、维修、选用带来方便。

我国的技术标准分为国家标准、行业标准、地方标准和企业标准等。在管道工程中，使用最多的是国家标准和行业标准。技术标准，由类别代号（拼音字母缩写）、顺序号（阿拉伯数字）、颁发年份（阿拉伯数字）组成。例如《低压流体输送用焊接钢管》的标准代号为GB/T 3091—2008，其中GB为类别代号，指国家标准；加“/T”表示推荐性国家标准（否则为强制性国家标准）；3091为顺序号，是指第3091号国家标准；2008为颁发年份，为2008年颁发。另外，《喷灌与微灌工程技术管理规程》的标准代号为SL 236—1999，其中SL为类别代号，指水利行业标准；236为顺序号，是指第236号水利行业标准；1999为颁发年份，为1999年颁发。

（2）公称直径、公称压力、试验压力和工作压力

1）公称直径。管子、管件和管路附件的公称直径（也称为公称通径、名义直径），既不是实际的内径，也不是实际的外径，而是一种称呼直径。其直径数值近似于法兰式阀门和某些管子（如不镀锌钢管，镀锌钢管，上、下水铸铁管）的实际内径，例如公称直径25mm的白铁管，实测其内径数值为25.4mm左右。

公称直径可便于管子与管子、管子与管件、管子与管路附件的连接，保持接口的一致，所以无论管子的实际外径（或实际内径）有多大，只要公称直径相同就都能相互连接，并且具有互换性。

公称直径以符号“*DN*”表示，公称直径的数值写在符号后面，单位为“mm”（单位不

写)，例如 $DN50$ 表示公称直径为 50mm。

2）公称压力、试验压力和工作压力。公称压力、试验压力和工作压力均与介质的温度密切相关，都是指在一定温度下制品（或管道系统）的耐压强度，三者的区别在于介质的温度不同。

① 公称压力。管子、管件和附件的材质不同，耐压强度也不同；而且在不同的温度下，相同管子、管件和附件的耐压强度也不一样。为了判断和识别制品的耐压强度，必须选定某一温度为基准，该温度称为“基准温度”。制品在基准温度下的耐压强度称为公称压力。制品的材质不同，其基准温度也不同。一般碳素结构钢制品的基准温度采用 200℃。公称压力以符号“PN”表示，其单位为“MPa”，例如 PN1，表示公称压力为 1MPa。

② 试验压力。试验压力通常是指制品在常温下的耐压强度。管子、管件和附件等制品，在出厂之前及管道工程竣工之后，均应进行压力试验，以检查其强度和严密性。

试验压力以符号“Ps”表示，其单位为“MPa”，例如 Ps1.6 表示试验压力为 1.6MPa。

③ 工作压力。工作压力一般是指给定温度下的操作（工作）压力。

工作压力以符号“Pt”表示，其单位为“MPa”，“t”为缩小 10 倍之后的介质最高温度，例如 Pt252.3 表示在介质最高温度为 250℃下的工作压力是 2.3MPa。

公称压力、试验压力和工作压力之间的关系为 $Ps > PN \geqslant Pt$。

（3）常见给水管及阀门的类型及特性

1）钢管

常用给水排水管材焊接钢管的材质与特征：通常是用普通碳素结构钢中的软钢制造而成。管材特征为纵向有一条缝，缝隙有的明显，有的则不太明显。

分类与规格：按表面是否镀锌可分为镀锌钢管（内外表面镀一层锌）和不镀锌钢管（镀锌钢管又称为白铁管，不镀锌钢管又称为黑铁管）；按管端是否带螺纹可分为带螺纹和不带螺纹两种；按管壁的厚度可分为普通管、加厚管和薄壁管三种。

适用场合：给水工程中使用的多是普通管，其中镀锌钢管的常用直径范围为 $DN15 \sim DN80$，不镀锌钢管的常用直径范围为 $DN15 \sim DN150$。

直缝卷制电焊钢管：直缝卷制电焊钢管也称为卷板钢管，由普通碳素钢在工厂或现场卷制、焊接而成。管材特征为纵、横向均有直的焊缝。直缝卷制电焊钢管常用于工作压力≤1.6MPa，工作温度不超过 200℃的水、气等介质管道，例如水泵房管道（水泵配管）等。

2）铸铁管

给水铸铁管的材质：给水铸铁管通常用灰铸铁浇铸而成，出厂前在内外表面涂有一层沥青漆（有的在管内壁搪一层水泥）。

分类与规格：按接口形式可分为承插式和法兰式两种；按压力可分为高压给水铸铁管（工作压力为 1MPa）、中压给水铸铁管（工作压力为 0.75MPa）和低压给水铸铁管（工作压力为 0.45MPa）。高压给水铸铁管的常用规格有 $DN75$、$DN100$、$DN125$、$DN150$、$DN200$、$DN250$、$DN300$、$DN350$、$DN400$、$DN450$ 等。

适用场合：高压给水铸铁管通常用于室外给水管道；中、低压给水铸铁管可用于雨水管道。

排水铸铁管：排水铸铁管通常是用灰铸铁铸造而成。其管壁较薄，承口较小。出厂之前在内外表面不涂刷沥青漆。排水铸铁管的接口形式只有承插式一种。常用规格有 $DN50$、

*DN*75、*DN*100、*DN*125、*DN*150、*DN*200 等。排水铸铁管主要用于雨水及室内生活污水等重力流动的管道。

3）混凝土管。混凝土管包括素混凝土管和钢筋混凝土管。钢筋混凝土管分为轻型和重型两种，其中常用的是轻型。混凝土管按照接口形式分为平口和承插口两种，其中常用的是平口式。轻型钢筋混凝土管的常用规格有 *DN*700、*DN*800、*DN*900、*DN*1000、*DN*1100、*DN*1200、*DN*1350、*DN*1500、*DN*1650、*DN*1800 等。混凝土和钢筋混凝土排水管主要用于雨水及室外生活污水等排水管道工程。

4）陶土管。陶土管分为无釉、单面釉（内表面）和双面釉三种。其接口形式通常为承插式。陶土管的常用直径为 100 ~ 600mm，每根管的长度为 0.5 ~ 0.8m。带釉陶土管内表面光滑，具有良好的耐腐蚀性能，用于排除含酸、碱等的工业污、废水。

5）塑料管。塑料管质轻、输水性能好、便于施工，已广泛用于喷灌及微灌工程。

聚氯乙烯（PVC）管分为硬质聚氯乙烯管和软质聚氯乙烯管，公称直径为 20 ~ 200mm。绿地喷灌系统常使用承压能力为 0.63MPa、1.00MPa、1.25MPa 的三种硬质聚氯乙烯管。

聚乙烯（PE）管分为高密度聚乙烯管和低密度聚乙烯管。前者性能好但价格昂贵，使用较少；后者力学强度较低但抗冲击性好，适合在较复杂的地形敷设，是绿地喷灌系统常使用的管材。微灌系统中管径小于 50mm 时，应选用微灌用聚乙烯管。

聚丙烯（PP）管具有耐热性能优良，适用于移动或半移动喷灌系统的场合。由于太阳的直射，暴露在外的聚丙烯管需要具有一定的耐热性。

6）阀门。在给水管道系统中，阀门起着启闭管路、调节流量和水压，以及安全防护的作用。

阀门的型号由七部分组成：阀门类型、驱动方式、连接形式、结构形式、密封圈或衬里材料、公称压力和阀体材料。

阀门的公称压力直接以公称压力的数值表示。阀门型号举例：

Z944T—1，*DN*500 指公称直径 500mm，电动机驱动，法兰连接，明杆平行式双板闸阀，密封圈的材料为铜，公称压力为 1MPa，阀体材料为灰铸铁（灰铸铁阀体 PN≤1.6MPa 时，不写材料代号）。

J11T-1.6，*DN*32 指公称直径 32mm，手轮驱动（省略不写），内螺纹联接，直通式（铸造），密封圈的材料为铜，公称压力为 1.6MPa，阀体材料为灰铸铁（省略不写）。

H11T-1.6K，*DN*50 指公称直径 50mm，自动启闭（省略不写），内螺纹联接，直通式（铸造），密封圈的材料为铜，公称压力为 1.6MPa，阀体材料为可锻铸铁。

每种阀门都应包括名称、型号、规格三部分，顺序为名称、型号、规格。

阀门的名称要简明扼要地表明类别和连接形式。手动或自动启闭阀门的名称书写顺序为：先写阀门的连接形式，再写其类别；电动驱动的阀门则是：先写驱动方式，再写类别，如内螺纹截止阀，J11T—1.6，*DN*20；电动闸阀，Z944T—1，*DN*500。

2. 园林排水的基本特点

1）主要是排除雨水和少量的生活污水。

2）园林中地形起伏多变有利于地面水的排除。

3）园林中大多有水体，雨水可就近排入园中水体。

4）园林绿地通常植被丰富，地面吸收能力强，地面径流较小，因此雨水一般采取以地面排除为主，沟渠和管道排除为辅的综合排水方式。

5）可以利用排水设施创造瀑布、跌水、溪流等景观。

6）排水的同时还要考虑土壤能吸收到足够的水分，以利植物生长，干旱地区尤应注意保水。

3. 排水方式

（1）地形排水

地形排水是利用地面坡度使雨水汇集，再通过沟、涧、山道等加以组织引导，就近排入附近水体或城市雨水管渠。这是公园排除雨水的一种主要方法，此法经济适用，便于维修，而且景观自然，通过合理安排可充分发挥其优势。利用地形排除雨水时，若地表种植草皮，则最小坡度为0.5%。

（2）管渠排水

管渠排水指利用明沟、管道、盲沟等设施进行排水的方式。明沟排水主要是土质明沟，其截面形式有梯形、三角形和自然式浅沟，沟内可植草种花，也可任其生长杂草，通常采用梯形截面；在某些地段根据需要也可砌砖、石或混凝土明沟，截面形式常采用梯形或矩形。管渠排水在园林中的某些局部，如低洼的绿地、铺装的广场及休息场所，以及建筑物周围的积水及污水的排除，需要或只能利用敷设管道的方式进行。管渠排水的优点是不妨碍地面活动、卫生和美观，排水效率高；但造价也高，且检修困难。

盲沟排水中的盲沟是一种地下排水渠道，又名暗沟、盲渠，主要用于排除地下水，降低地下水位。盲沟排水适用于一些要求排水良好的全天候的体育活动场地、地下水位较高的地区，以及某些不耐水的园林植物生长区等（图6-4）。

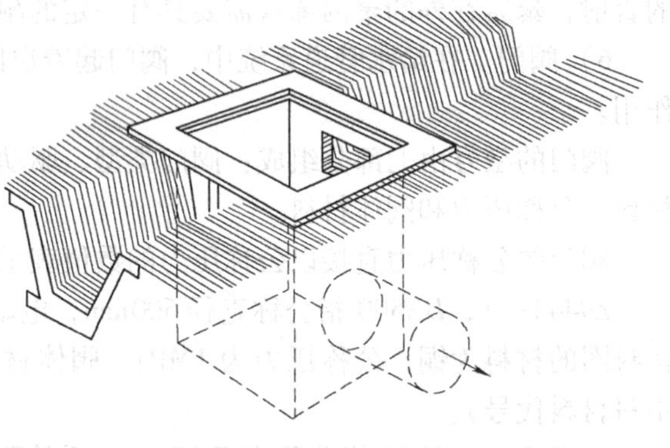

图6-4 边沟和排水管的连接

盲沟排水的优点：取材方便，可废物利用，造价低廉；不需附加雨水口、检查井等构筑物，地面不留"痕迹"，从而保持了园林绿地草坪及其他活动场地的完整性。盲沟排水的布置形式取决于地形及地下水的流动方向，常见的有四种形式，即自然式（树枝式）、截流式、箅式（鱼骨式）和耙式。自然式适用于周边高、中间低的山坞状园址地形；截流式适用于四周或一侧较高的园址地形情况，箅式适用于谷底或低洼积水较多处；耙式适用于一面坡的情况。

盲沟的埋深和支管间距：盲沟的埋深主要取决于植物对地下水位的要求、受根系破坏的影响、土壤质地、冰冻深度及地面荷载情况等因素，通常在1.2～1.7m；支管间距则取决于土壤种类、排水量和要求的排除速度，对排水要求高的全天候的场地，应多设支管（支管间距一般为8～24m）。

盲沟纵坡：盲沟沟底的纵坡不小于0.5%。只要地形等条件许可，纵坡坡度应尽可能取大些，以利地下水的排除。

4. 园林排水与水土保持

雨水径流对地表的冲刷，是地面排水所面临的主要问题。必须采取合理措施来防止冲刷，保持水土，维护园林景观。园林排水与水土保持通常从以下三方面着手：进行地形设计时应充分考虑排水要求，注意控制地面坡度，使其不至于过陡，否则应另采取措施以减少水土流失；同一坡度（即使坡度不大）的坡面不宜延伸过长，应该有起伏变化，以阻碍、缓冲径流速度，同时也丰富了园林地貌景观；用顺等高线的盘山道、谷线等拦截和组织排水。

【工程案例】

某科技公园给水排水施工方案

1. 给水管施工

1）给水管按设计要求选用管材。

2）主管及装有3个以上配水点的支管终点，均应安装可拆卸的连接件。

3）给水管道与排水管道平行敷设时，两管间的最小水平净距为500mm；交叉敷设时，垂直净距为150mm。给水管应敷设在排水管上面。

4）给水管道成排明装时，直线部分应互相平行；曲线部分当管道水平或垂直并行时，应与直线部分保持等距。管道水平上下并行时，曲率半径应相等。

5）阀门按设计规定选用，安装前应做耐压强度试验，试验应从每批（同牌号、同规格、同型号）数量中抽查10%。

6）管道支、吊、托架的安装，其位置应正确，埋设应平整牢固，与管道接触应紧密，固定应牢固。固定在建筑结构的管道支、吊架不得影响结构的安全，管道水平安装的支架间距不得大于设计要求或规范规定；立管管卡的安装高度为距地面1.5～1.8m。

7）管道穿过基础、墙壁和楼板时，应按设计规定预埋钢性套管或防水套管。

8）管道及设备安装前必须清除内部的杂物；安装中断或完毕的敞口处，应临时封闭。

9）试压应按规范执行，一般按系统分层、分段地进行试压，试压时要防止跑水、漏水，以免给建筑装修造成损失。

10）要合理安排施工程序，一般先装地下，后装地上；先装大口径管道，后装小口径管道；先装支、吊架，后装管道系统。

2. 排水管施工

1）按排水管道系统的设计位置、管道走向及各管段的中心线标志进行测量，结合设备排水口的尺寸与排水管管口的施工要求，绘制实测小样图，详细注明尺寸，在墙柱和楼地面上画出管道中心线；并确定排水管道预留管口的坐标，做好标志。

2）按实测小样图选用合格的管材和管件，进行配管和预制，预制的管段配制完成后应按实测小样图核对节点间的尺寸及管件接口的朝向。

3）按设计要求选定支架的形式，加工制作，涂装；按规范要求就位安装。

4）管道安装自下而上，分层进行；先安装立管，后安装横管，连续施工，按设计和规范要求设置伸缩节。

5）立管安装时先将管段吊正，安装伸缩节，将管端插口平直地插入伸缩节承口的橡胶圈中，用力应均衡，不可摇挤；安装完毕后，随即将立管固定。伸缩节每层设一只。

6）横管安装时应先将预制好的管段用钢丝临时吊挂，核对无误后再进行粘接。粘接后迅速摆正位置，按规定校正坡度，用木楔固定接口，固定住铁丝，临时加以固定；待粘接固化后，再紧固在支架上，拆除临时钢丝。横管每隔8m设一只伸缩节。

7）管道连接采用承插接口粘接法。管材或管件在粘接前用棉纱或干布将承口内侧和插口外侧擦拭干净，使被粘接的面层保持清洁，无杂质。当表面沾有油污时，用棉纱蘸丙酮擦净，用油刷蘸胶粘剂沿轴向涂刷插口外侧和承口内侧，动作要迅速，涂抹要均匀，胶粘剂要适量，不得漏涂或涂抹过厚。承插口涂刷胶粘剂后应立即找正方向，将管子插入承口，使其准直；再将挤出的胶粘剂用棉纱或干布蘸清洁剂擦拭干净。保证承插接口的平直度和接口位置正确，静待2~3min至接口固化，固化其间严禁振动管件。

8）排水管的支、吊架应固定在承重结构上，间距按规范要求取值。

9）排水管道安装完毕后应进行灌水试验和通水试验。

10）雨水斗应固定在屋面的承重结构上，雨水漏斗与屋面的连接处应严密不渗漏。

【思考与练习】

1. 简述给水排水管线工程的施工程序。
2. 简述常见给水管及阀门的类型及特性。
3. 盲沟的埋深和间距主要应注意哪几方面？
4. 灌水试验应该注意哪些环节？

任务3　园林喷灌工程

【技能要求】

1. 知道常见喷头的类型和形式。
2. 知道喷灌的原理。
3. 会安装普通喷灌系统。
4. 会安装微灌系统。
5. 能对园林喷灌工程进行验收。

园林喷灌作为现代节水灌溉的一种重要方式，与传统的灌溉方式相比，通过各种喷头将有压水流均匀地喷洒在园林绿地的表面，能有效地减少人工灌溉中多余水分下渗、蒸发和地表径流的损失，可节水30%~50%；与传统的浇灌法相比，在很短的时间内就可完成几百甚至几千平方米绿地的灌溉，从而可显著提高劳动效率。同时，喷灌的均匀度较高，能高效地对绿地进行灌溉，能满足现代园林中的浇灌需要；而且水经喷头喷射出后形成细小的水滴，可不冲刷土壤，能够保持土壤的结构，为植物的根系创造良好的土壤环境，从而可提高园林的养护质量，因此园林喷灌在园林绿化工程中得到了广泛应用。

【工作流程】

园林喷灌施工流程如图6-5所示。

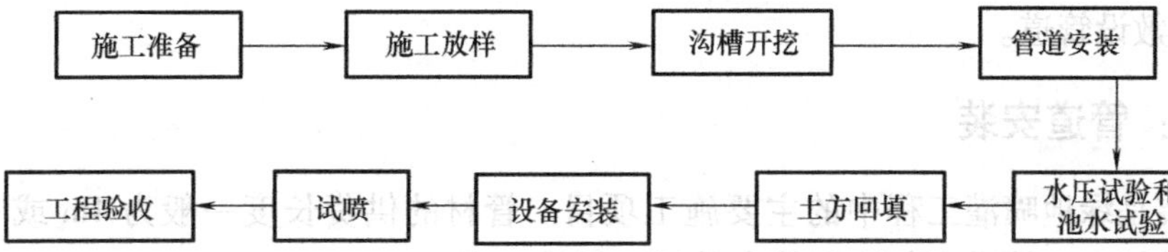

图6-5 园林喷灌施工流程

【学习与操作】

园林绿地喷灌系统的工作压力较高，隐蔽工程较多，工程质量要求严格。对于不同形式的喷灌系统，其施工的内容有所不同。施工时最好有设计人员和喷灌系统的管理人员参加。

步骤一：施工准备

现场准备工作的要求是施工场地范围内的绿化地坪、大树调整、土建工程、水源、电源、临时设施应基本到位。还应掌握喷灌区域内埋深小于1m的各种地下管线和设施的分布情况。

步骤二：施工放样

施工放样应尊重设计意图，尊重客观实际。在进行图样放线前，应观测绿地种植深度以下的土是否是原土，如是回填土且超过了喷灌的开槽深度，应先处理后再进行放样。放样时，应严格按照设计图样作业，石灰线应尽量洒直。在放样的过程中，应坚持喷洒均匀的原则，同时要避开有可能影响喷灌效果的障碍物等。

对每一块独立的喷灌区域，放样时应先确定喷头位置，再确定管道位置和管槽的深度。对于边界区域，喷头定位时应遵循点、线、面的原则。首先确定边界上拐点的喷头位置，再确定位于拐点之间沿边界上拐点的喷头位置，再确定位于拐点之间沿边界的喷头位置，最后确定喷灌区域内部与非边界的喷头位置。

步骤三：沟槽开挖

因喷灌管道的沟槽截面较小，同时也为了防止对地下隐蔽设施的损坏，一般不采用机械进行开挖。

在便于施工的前提下，沟槽应尽可能挖得窄些，只在各接头处挖成较大的坑。沟槽的截面形式可取矩形或梯形。沟槽的宽度一般可按管道外径加0.4m确定；沟槽的深度应满足地埋式喷头安装及管网泄水的要求。一般情况下，绿地中管顶的埋深为0.5m，普通道路下为1.2m（不足1m时，需在管道外加钢套管或采取其他措施）；冻层深度一般不影响喷灌系统管道的埋深，防冻的关键是做好入冬前的泄水工作，因此沟槽开挖时应根据设计要求保证槽床至少有0.2%的坡度，坡向指向指定的泄水点。

挖好的管槽，其上方的地面应平整、压实，具有均匀的密实度。除金属管道和塑料管外，对于其他类型的管道，还需在管槽挖好后立即在槽床上浇筑基础（100~200mm厚碎石混凝土)，再敷设管道。

步骤四：管道安装

管道安装是绿地喷灌工程中的主要施工项目。管材的供货长度一般为4m或6m，现场安装的工程量较大。管道安装用工约占总用工量的一半。

管道的材质不同，其连接方法也不同。目前，喷灌系统中普遍采用的是硬聚氯乙烯（PVC）管。

硬聚氯乙烯管的连接方式有冷接法和热接法。其中，冷接法无需加热设备，便于现场操作，故广泛用于绿地喷灌工程。根据密封原理和操作办法的不同，冷接法又分为以下3种：

1. 胶合承插法

胶合承插法适用于管径小于160mm的管道连接，是目前绿地喷灌系统中应用最广泛的一种形式。本方法适用于工厂已预先加工成TS接头的管材和管件的连接，操作简便、迅速，步骤如下：

（1）切割、修口

用专用切割钳（管径小于40mm时）或钢锯按照安装尺寸切割PVC管材，保证切割面平整，并与管道轴线垂直；然后将插口处的倒角锉成坡口，以便插接。

（2）标记

将插口插入承口，用铅笔在插口管端的外壁作出插入深度标志。插入深度应符合设计要求。

（3）涂胶、插接

用毛刷将胶粘剂迅速、均匀地涂刷在承口内侧和插口外侧。待部分胶粘剂挥发而塑性增强时，即可一边旋转管子一边用力插入（大口径管材不必旋转），同时使管端插入的深度达到插入深度标志并保证插口顺直。

2. 弹性密封圈承插法

弹性密封圈承插法易于解决管道因温度变化出现的伸缩问题，适用于管径为63～315mm的管道连接。

操作时应保证管道工作面及密封圈干净，不得有灰尘和其他杂物；不得在承口密封圈的槽内和密封圈上涂抹润滑剂；大、中口径管道应利用拉紧器（如电动葫芦等）插接；两管之间应留适当的间隙（10～25mm）以供伸缩；密封圈不得扭曲。

3. 管道加固

管道加固指用水泥砂浆或混凝土支墩对管道的某些部位进行压实或支撑固定，以减小喷灌系统在启动、关闭或运行时产生的水锤和振动作用，增加管网系统的安全性。管道加固一般在水压试验和泄水试验合格后实施。对于地埋管道，弯头、三通、变径、堵头及间隔一定距离的直线管道通常要加固。

步骤五：水压试验和泄水试验

管道安装完成后，先不装上喷头，而是开泵冲洗管路，将管路中的杂物全部冲干净，然后进行水压试验和泄水试验。水压试验的目的在于检验管道及其接口的耐压强度和密实性；泄水试验的目的是检验管网系统是否有合理的坡降，能否满足冬季泄水的要求。

1. 水压试验

水压试验的内容包括严密试验和强度试验，其操作要点如下：

1）大型喷灌系统应分区进行，最好与轮灌区的划分相一致。

2）应在被测试的管道上安装压力表，压力表的最小刻度不大于0.025MPa。

3）向施压管道中注水要缓慢，同时排出管道内的空气，以防发生水锤或气锤。

4）严密试验。将管道内的水压加到0.35MPa，保持2h；检验各部位是否有渗漏或其他不正常现象。在1h内压力下降的幅度小于5%，表明管道的严密试验合格。

5）强度试验。严密试验合格后再次缓慢加压至强度试验压力（一般为设计工作压力的1.5倍，并且不得大于管道的额定工作压力，不得小于0.5MPa），保持2h；观察各部位是否有渗漏或其他不正常现象。在1h内压力下降的幅度小于5%，且管道无变形，表明管道的强度试验合格。

6）水压试验合格后，应立即泄水，进行泄水试验。

2. 泄水试验

泄水时应打开所有的手动泄水阀，截断立管堵头，以免管道中出现负压，影响泄水效果，只要管道中无满管积水现象即为合格。一般采用抽查的方法进行检验，抽查的位置应选地势较低处，并远离泄水点。检验的方法之一是排烟法：将烟雾从立管排入管道，观察邻近的立管有无烟雾排出，以此判断两根立管之间的横管是否满管积水。

步骤六：土方回填

管道安装完毕并经水压及泄水试验合格后，可进行管槽回填，分两步进行：

1. 部分回填

部分回填是指管道以上约100mm范围内的回填。一般采用砂土或筛过的原土进行回填，管道两侧分层踩实，禁止用石块或砖砾等杂物单侧回填。对于聚乙烯管（PE软管），填土前应先对管道充水至接近其工作压力，以防止回填过程中管道挤压变形。

2. 全部回填

全部回填应采用符合要求的原土，分层轻夯或踩实。一次填土100~150mm厚，直至高出地面100mm左右。填土到位后对整个管槽进行水夯，以免绿化工程完成后出现局部下陷，影响绿化效果。

步骤七：设备安装

1. 首部安装

水泵和机电设备的安装施工必须严格遵守操作规程，确保施工质量。其操作要点主要包括：安装人员应具备设备安装的必要知识和实际操作能力，了解设备性能和特点；核实预埋螺栓的位置与高程；安装位置、高度必须符合设计要求；对直连机组，电动机与水泵必须同轴；对非直连卧式机组，电动机与水泵的轴线必须平行；电气设备应由具有低压电器安装资格的专业人员按电气接线图的要求进行安装。

2. 喷头安装

喷头安装施工应注意以下几点：

1）喷头安装前，应彻底冲洗管道系统，以免管道中的杂物堵塞喷头。

2）喷头的安装高度以喷头顶部与草坪根部或灌木的修剪高度平齐为宜。

3）在平地或坡度不大的场合，喷头的安装轴线与地面垂直；如果地形坡度大于20°时，喷头的安装轴线应取铅垂线与地面垂线所形成的夹角的平分线方向，以最大限度保证组合喷灌的均匀度。

4）为避免喷头将来自顶部的压力直接传给横管，造成管道断裂或喷头损坏，最好使用PE管连接管道和喷头。

步骤八：试喷

安装好喷头后要进行试喷，观测正常工作条件下各喷点能否达到喷头的工作压力，是否达到设计要求，检查水泵和喷头转动是否正常。

步骤九：工程验收

1. 中间验收

绿地喷灌系统的隐蔽工程必须进行中间验收。中间验收的施工内容主要包括：管道与设备的地基和基础，金属管道的防腐处理和附属构筑物的防水处理，沟槽的位置、截面和坡度，管道及控制电缆的规格与材质，水压试验与泄水试验等。

2. 竣工验收

竣工验收的主要项目有：供水设备工作的稳定性，过滤设备工作的稳定性及反冲洗效果，喷头平面布置与间距，喷灌强度和喷灌均匀度，控制井壁的稳定性、井底泄水能力和井盖标高，控制系统的工作稳定性，管网的泄水能力和进、排气能力等。

【考核与评价】

单元考核与评价见表6-4。

表6-4　单元考核与评价

考核内容	考核要求与标准（100分）	学生自我评价	教师评价	成绩评定
1. 沟槽开挖和回填	根据放样结果开挖。沟槽的深度应能保证地埋喷头有足够的安装高度；沟槽的坡度要保证管网泄水畅通（40分）			
2. 管道安装	管道的套箍、接口应牢固、紧密，管端要清理干净（30分）			
3. 管道与水源对接	在与水源对接前，要进行水源的运行试验，看是否能正常运转并查找是否有安装问题（30分）			

【知识链接】

1. 园林喷灌系统的组成与类型

园林喷灌系统的组成见表6-5。

表6-5　园林喷灌系统的组成

组成设施	设施内容	作　用
灌水器	各种喷头、滴头、滴灌管、微喷头	送水到喷洒区域终端

（续）

组成设施	设施内容	作 用
管网	不同管径的管道、阀门组成、一般用PVC、PC管、进排气阀、泄水阀	输送并分配水
首部	动力设备水泵、过滤器、施肥器、泄压阀、单向阀、水表、压力表及控制设备（自动灌溉施肥器）	取水、水质处理、肥料控制、系统控制
水源	井泉、湖泊、水库、河流、城市供水系统	供水

园林喷灌系统按灌水器的种类分为喷灌系统、滴灌系统、微灌系统；按系统的控制方式分为手动控制系统、自动控制系统、中央计算机控制系统；按主要组成设备的组装方式和移动特点分为固定式（一次性投资最高、运行费用最低）、移动式（费用介于固定式与半固定式之间）、半固定式（一次性投资最低、但运行费用最高）。

2. 灌溉需水量的确定

首先确定绿地喷灌的灌水量。一般在实际设计时，影响植物灌溉需水量的因素有气象条件（温度、光照、湿度、辐射及风速）、土壤的性质及含水状况、植物种植的环境、植物生长阶段等。当缺乏现场资料时，可参照表6-6中所列经验数据选取。

表6-6 灌溉需水量的参照

绿地类型	每周需水量/mm
草地	38~51
地被	13~25
灌木	25~38
乔木	25~38
多年生、一年生植物	38~51
蔬菜	51

3. 喷头类型和形式的选择

喷灌喷头分为固定喷头和旋转喷头。固定喷头一般包括喷嘴和喷体，喷嘴和喷体多数采用螺纹联接，其喷头在喷洒时是不动的（除头部外没有可移动部件），当供水系统的阀门关掉后，随着水压的消失，喷头的头部会自动退回到地面下。与固定喷头相比，旋转喷头可以转动一圈，其喷射半径最大可达到24m。如果浇灌大面积的草坪，采用旋转喷头更为经济有效。喷灌喷头可分为圆形、弧形、部分圆形等，具有360°的可调弧度，其中以圆形喷头最为常用。

4. 管件规格选择

一般喷灌所采用的管件应能承受一定的压力（$3\sim4kg/cm^2$），通过一定的流量（管径一般为50~300mm）。通常，固定管材有铸铁管、钢管、钢筋混凝土管、UPVC管；移动的管材有橡胶管、锦纶塑料管、维纶塑料管、软塑料管和硬塑料管等。在管道安装完成后，应进行水压试验以检验管道的密实性和耐压强度。强度试验的压力一般为设计工作压力的1.5倍，保持1~2h。

5. 喷头的配置形式

由于单个喷头只能给喷洒半径的2/3范围内的植物提供充足的水分，靠外侧的1/3区域内的植物则不能得到足够的水分，所以应保证喷头洒出的水能交叠覆盖。在无风时，喷头的布置间距宜为喷头洒水直径的66%；当有微风时，喷头的布置间距为喷头洒水直径的55%；当有和风时，喷头的布置间距为喷头洒水直径的50%。在对某区域进行喷头配置时，喷头布置宜采用等边三角形。当无法采用标准的等边三角形时，可进行适当调整，只要类似于等边三角形就可以了。

对于方形或矩形区域的绿地，首先应根据区域大小及风的情况选定喷头的类型；其次沿着不能超出的边界（如道路或建筑物外墙等）配置喷头，该边界就是控制界。用控制界的总长度除以理想喷头间距，就可以得出控制界上的喷头数量，最后以等边三角形的形式布置区域内的其他喷头，待整个区域布置初步完成后，再对不合适的地方进行适当的调整，以达到合理的喷头配置形式。

对于不规则的区域，首先应根据区域的大小及风的情况计算理想的喷头配置间距；其次沿着最需要均匀喷洒的边界配置喷头，该边界即是控制界；然后在其他边界上配置喷头，并在控制界和其他边界之间找出第三个喷头位置；最后在剩余区域内按等边三角形配置喷头，如有不合适的区域，再根据实际情况进一步调整，以完善喷头的布局。

6. 影响喷头布局的因素

在进行喷头布置时，应充分考虑到影响喷头布局的因素，其中影响较大的因素有：

（1）风

风对喷头布局的影响最大。设计时应根据当地的实际情况，按前面提到的无风、微风、和风三种情况合理地选择喷头的布置间距。

（2）压力

高压会使喷头喷出的水过度雾化而缩小喷洒面积，并使喷头附近的水量增多；低压则不能使水充分雾化，从而使整个喷洒面积上的水量减少。设计者应根据喷头说明书上的压力来考虑喷头的布置。

（3）旋转速度

喷嘴旋转的速度会直接影响喷头的喷洒效果。若旋转速度不均匀，则转速慢的地方水会过多，转速快的地方水会过少。

【施工案例】

某科技公园喷灌施工方案

喷灌系统施工的要求较高，最好能组成专业队伍，以保证施工质量。施工时最好有设计人员和喷灌系统的管理人员参加，这样一方面可以保证施工能符合设计要求，另一方面也可以使管理人员熟悉整个喷灌系统的情况，便于维修管理。在土地已经平整的地区，喷灌系统施工可大致分为以下几个步骤：定线、挖基槽和管槽、浇筑水泵基座、安装水泵和管道、冲洗、试压、回填和试喷。具体工艺要点如下：

1. 定线

定线就是把设计图样上的设计方案直接布置到地面上去。对于水泵定线，应确定水泵的轴线位置、泵房的基脚位置和开挖深度；对于管道系统，应确定干管的轴线位置，弯头、三通、四通及喷点（即竖管）的位置和管槽的深度。

2. 挖基槽和管槽

在便于施工的前提下管槽尽量挖得窄一些，只是在接头处挖一个较大的坑，这样管子承受的压力较小，土方量也小。

管槽的底面就是管子的敷设平面，所以要挖平以减少不均匀沉陷。基坑的管槽开挖后最好立即浇筑基础、敷设管道，以免长期敞开造成塌方和风化底土，影响施工质量及增加土方工作量。

3. 浇筑水泵基座

浇筑的关键在于严格控制基脚螺钉的位置和深度，常用一个木框架按水泵基脚尺寸打孔，按水泵的安装条件把基脚螺钉穿在孔内进行浇筑。

4. 安装水泵和管道

管道安装工作包括接收、装卸、运输、机械加工、接头、装配等。管道安装应注意以下几点：

1）在考虑管道的最小埋深时，干、支管均应埋在冰冻层以下，并应考虑地面上动荷载的压力。管子应有一定的纵向坡度，使管内残留的水能向水泵或干管的最低处汇流，并装有排空阀以便在灌溉结束后将管内积水全部排空。

2）对于脆性管道（如石棉水泥管等），装卸及运输应特别小心，以减少损失；敷设时每间隔一定距离（10～20m）应装有柔性接头。管槽应预先夯实并铺砂过水，以减少不均匀沉降造成的管内应力。在水流改变方向的地方（弯头、三通等）和支管末端，应设镇墩以承受水平侧向推力和轴向推力。

3）对于塑料管应装有伸缩节以适应温度变形。

4）安装过程中要始终防止杂物进入管道。

5）对于金属管道在敷设前应预先进行防锈处理。敷设时如发现防锈层有损坏或脱落，应及时修补。

6）水泵安装时要特别注意水泵的轴线应与动力机械的轴线一致，安装完毕后应用测隙规检查同心度，吸水管尽量短而直，接头要密封严密。

5. 冲洗

管子装好后先不装喷头，开泵冲洗管道，把竖管敞开任其自由溢流，把管中的杂物都冲洗出来，以免在后续使用时堵塞喷头。

6. 试压

将开口部分全部封闭，竖管用堵头不应当有漏水，如发现漏水应及时修补，直至不漏水为止。

7. 回填

经试压证明整个系统的施工质量合格后，才可以回填。如管子埋深较大，应分层轻轻夯实。喷灌管道采用塑料管时，应掌握回填时间，最好在环境温度等于土壤的平均温度时进行回填，以减少温度变形。

8. 试喷

上述步骤完成后，装上喷头进行试喷，必要时还应检查正常工作条件下各喷点处是否达到喷头的工作压力；用量雨筒测量系统的均匀度，检查是否达到设计要求；检查水泵和喷头的运转是否正常。

【思考与练习】

1. 一般喷灌工程的施工程序有哪些？
2. 常见喷头的配置形式有哪些？
3. 安装喷灌管道时应注意哪些问题？
4. 水压试验和泄水试验如何进行？

参考文献

[1] 陈科东. 园林工程施工技术 [M]. 北京：中国林业出版社，2007.
[2] 韩玉林，园林工程 [M]. 重庆：重庆大学出版社，2006.
[3] 陈祺，陈佳. 园林工程建设现场施工技术 [M]. 北京：化学工业出版社，2005.
[4] 王新华. 新编园林工程施工技术百科全书 [M]. 西安：中国知识出版社，2006.
[5] 苏晓敬. 园林工程施工（园林类）[M]. 北京：中国劳动社会保障出版社，2005.
[6] 吴戈军，田建林. 园林工程施工 [M]. 北京：中国建材工业出版社，2009.
[7] 本书编委会. 园林施工工程师手册 [M]. 北京：中科多媒体电子出版社，2003.
[8] 顾文卿. 新编园林工程施工新技术及工程预算实用手册 [M]. 西安：中国建筑科技出版社，2005.
[9] 廖振辉. 最新园林工程建设实用手册—园路、园桥、场地设计与施工分册 [M]. 合肥：安徽文化音像出版社，2010.
[10] 筑龙网. 园林工程施工方案范例精选 [M]. 北京：中国电力出版社，2006.
[11] 邓仕抄. 浅谈园路的施工技术 [J]. 科技资讯，2009（31）：104.
[12] 刘显国. 岭南园林中塑石假山的工艺特点 [J]. 广东建材，2010（3）：177-179.
[13] 许国庆. 驳岸工程施工技术流程与要点 [J]. 现代园艺，2009（4）：67-68.
[14] 史南君. 园林工程中景观挡土墙的种类与处理手法 [J]. 山西建筑，2008（26）：338-339.
[15] 陈镇艺. 广州地铁晓港站 A1 风亭施工方案分析 [J]. 广东水利水电，2002（4）：34-35.
[16] 卢海新. 钢筋混凝土结构重檐八角亭施工技术 [J]. 建筑技术，1998（11）：760-762.
[17] 崔彦波. 泥木花架的施工工艺 [J]. 现代园艺，2009（4）：46-47.
[18] 本书编委会. 最新景观喷泉、园林喷灌设备安装施工技术操作要点与维修维护疑难问题解析及技术经济评估应用手册 [M]. 北京：科学技术出版社，2009.
[19] 雍振华. 园林照明研究 [J]. 苏州科技学院学报（工程技术版），2003（4）：84-88.
[20] 黄金霞. 黄根平. 景观照明灯具类型与选用 [J]. 中国照明电器，2008（6）：19-21.
[21] 黄永越. 喷灌设计在园林施工中的应用 [J]. 科学之友，2010（14）：164-166.
[22] 洪飞宇，白家波. 城市道路绿地的自动喷灌设计 [J]. 交通节能与环保，2010（1）：45-47.
[23] 吴践明，余海. 浅谈园林绿化喷灌设计 [J]. 给水排水，2000（8）：45-47.